全国计算机类优秀教材

高职高专电子信息类系列教材

通信工程勘察与设计
项目化教程

主　编　杜文龙

副主编　乔　琪　王小飞　苏红艳

西安电子科技大学出版社

内 容 简 介

“通信工程勘察与设计”是高职高专院校网络通信类专业的核心课程。本书共包括 3 个项目 12 个任务，通过××校园内无线网接入光缆工程中架空线路工程、直埋线路工程、管道工程和基站设备安装工程的勘察、图纸设计和概预算编制，详细介绍了通信综合工程项目勘察和设计的基本过程和方法。全书强调专业知识的实用性，并注重行业标准及规范的应用，旨在让学生在完成任务的过程中掌握分析问题和解决问题的基本方法。

本书适合作为高职高专通信类专业、计算机网络专业的教材，也可作为通信工程技术人员的学习资料。

图书在版编目(CIP)数据

通信工程勘察与设计项目化教程 / 杜文龙主编. —西安：西安电子科技大学出版社，2022.2 (2024.11 重印)
ISBN 978-7-5606-6247-3

Ⅰ. ①通… Ⅱ. ①杜… Ⅲ. ①通信工程—工程设计—教材 Ⅳ. ①TN91

中国版本图书馆 CIP 数据核字(2021)第 237874 号

策　　划　李惠萍
责任编辑　李惠萍
出版发行　西安电子科技大学出版社(西安市太白南路 2 号)
电　　话　(029)88202421　88201467　　邮　　编　710071
网　　址　www.xduph.com　　电子邮箱　xdupfxb001@163.com
经　　销　新华书店
印刷单位　咸阳华盛印务有限责任公司
版　　次　2022 年 2 月第 1 版　2024 年 11 月第 3 次印刷
开　　本　787 毫米×1092 毫米　1/16　印 张 17.5
字　　数　411 千字
定　　价　41.00 元
ISBN 978-7-5606-6247-3
XDUP 6549001-3

前　　言

一、背景

2018 年 7 月 31 日，国务院总理李克强在考察三大基础电信企业中明确提出，信息通信业是国民经济中最具成长性的关键性、基础性产业，对我国经济转型升级起到基础性、关键性支撑作用。“十三五”期间，国家将建设新一代信息通信基础设施，包括推动高速光纤宽带网络的跨越发展，加快建设泛在先进的无线宽带网，优化国际通信网络部署等。2019 年，伴随 5G 牌照的发放，通信行业迎来了发展的战略机遇。

根据中国信息通信研究院的估算，预计 2020—2025 年，中国的 5G 网络总投资额将在 0.9 万亿元至 1.5 万亿元之间。据中国信息通信研究院预测，2020—2025 年，中国因 5G 将新增就业岗位 300 万个。通信工程勘察和设计是通信工程施工的重要内容，岗位人才需求量非常大。

2015 年，《教育部关于深化职业教育教学改革 全面提高人才培养质量的若干意见》中指出，职业教育应强化行业企业对教育教学的指导，推进专业教学紧贴技术进步和生产实际，有效开展实践性教学。这就要求职业教育的教学内容应符合行业发展的要求，应满足企业岗位的需求。

在这样的大背景下，我们以行业发展为背景，以岗位需求为导向，以项目为载体，以任务为驱动，邀请行业企业专家、教育专家、一线技术人员和专业教师，共同组成开发团队，编写了这本工学结合、教学做一体化的新形态教材。全书内容丰富新颖，语言简洁，使读者既能够学习到理论知识，又能够通过实际操作来培养实用技能。

二、内容架构

本书通过××校园内无线网接入光缆工程中架空线路工程、直埋线路工程、管道工程和基站设备安装工程的勘察、图纸设计和概预算编制，详细介绍了通信综合工程项目勘察和设计的基本过程和方法。全书共分为 3 个项目 12 个任务，具体安排如下：

项目一　××校园内无线网接入光缆工程勘察，包括如下四个任务：

任务 1　架空线路工程勘察，详细介绍通信工程建设流程、通信线路工程勘察、架空线路杆位选择原则、架空线路定位测量方法、测量工作注意事项等内容。

任务 2　直埋线路工程勘察，详细介绍直埋光缆路由选择、光缆路由标石的设置、直埋光缆要求等内容。

任务 3　管道工程勘察，详细介绍管道路由选择原则、管道埋设位置的确定、通信管道段长要求、地下管道勘测过程中的安全注意事项等内容。

任务 4　基站设备安装工程勘察，详细介绍基站系统的组成、机房站址选择原则、机房工艺要求、机房布局要求等内容。

项目二　××校园内无线网接入光缆工程图绘制，包括如下四个任务：

任务 5　架空线路工程图绘制，详细介绍架空电杆的设计、杆路吊线的设计、拉线的设计、避雷线和接地线的设计、架空光(电)缆的设计、架空线路工程常用图例、架空线路工程图绘制要求等内容。

任务 6　直埋线路工程图绘制，详细介绍直埋光缆的埋深及沟宽要求、直埋光缆的安装要求、直埋光缆线路的防护、直埋光缆线路工程图例、直埋光缆线路工程图的绘制要求等内容。

任务 7　管道工程图绘制，详细介绍管道的平面设计、管道的剖面设计、通信管道的地基处理、管道的基础设计、通信管道工程图例、通信管道工程图的绘制要求等内容。

任务 8　基站设备安装工程图绘制，详细介绍基站设备的安装要求、基站的设计、基站工程图例、基站工程图的绘制要求等内容。

项目三　通信工程概预算编制，包括如下四个任务：

任务 9　架空线路工程预算编制，详细介绍信息通信工程费用的构成、概预算编制流程、架空线路工程的工作流程、架空线路工程的工程量统计、架空线路工程预算的编制方法等内容。

任务 10　直埋线路工程预算编制，详细介绍直埋线路工程的工作流程、直埋线路工程的工程量统计、直埋线路工程预算的编制方法等内容。

任务 11　管道工程预算编制，详细介绍通信管道工程的工作流程、通信管道工程的工程量统计、管道线路工程的工作流程、管道线路工程的工程量统计、管道线路工程预算的编制方法等内容。

任务 12　基站设备安装工程预算编制，详细介绍基站设备安装工程的工作流程、基站设备安装工程的工程量统计、基站设备安装工程预算的编制方法等内容。

三、特色与创新

(1) 行企指导，工学结合，教学做一体化。

本书以通信工程勘察设计岗位需求为目标进行内容选取；以工作过程为主线、以企业真实项目为载体组织教材内容；以满足 CAD 工程师和概预算工程师技能认证为依据把握内容难度，实现课证融通；以通信工程真实情境实现教材内容；以任务为驱动实施教学，培养学生分析问题、解决问题的能力。

(2) 教材内容组织遵循学生职业成长规律，由简单到复杂，层层推进。

每个任务分成 5 个模块。

任务描述——提出问题，让学生明确学习目标。

任务分析——分析问题，提出解决问题的思路。

任务实施——详细给出完成任务的工作过程。

知识解读——讲述解决问题必备的理论知识。

课后习题——巩固本任务所学内容。

(3) 提供立体化的教材配套资源。

针对本书，我们开发了立体化的教材配套资源，包括微课、PPT 教学课件、所有任务的教学指南(教学设计)和学习指南(任务单)、案例素材、题库等。

四、编写分工及致谢

江苏省电子信息职业学院杜文龙担任本书主编，江苏省电子信息职业学院乔琪和苏红艳以及中邮建技术有限公司王小飞担任副主编。杜文龙负责全书架构设计及统稿工作，并编写了任务 1～任务 5；乔琪编写了任务 6～任务 10；苏红艳编写了任务 11～任务 12；江苏省电子信息职业学院谌梅英负责案例整理；王小飞提供技术支持。本书在编写过程中得到了中邮建技术有限公司等企业的大力支持，在这里表示诚挚的感谢。

由于编者水平有限，书中难免存在不妥之处，恳请广大读者提出宝贵意见。

编　者

2021 年 8 月

目　　录

项目一

××校园内无线网接入光缆工程勘察

工程勘察是运用多种科学技术方法，通过现场测量、测试、观察、勘探、试验、鉴定等手段，查明工程建设项目地点的地形、地貌、土质、水文等自然条件，搜集工程设计所需要的各种业务、技术、经济以及社会资料，在全面调查研究的基础上，结合初步撰写的工程设计方案，进行认真的分析、研究、综合评价。

项目介绍

江苏省××市联通公司为解决××高校校园内实现 LTE-FDD 无线网络深度覆盖问题，决定在校园内实训楼 1(共 5 层)的三楼原有 A 机房新增三扇区定向基站，基站天线在楼顶采用铁塔安装，需要安装一套嵌入式华为无线基站 3900 设备，采用 BBU+RRU 方式，新安装的设备通过新建一条 36 芯光缆线路与上一级的××设备连通，上一级××设备已通过管道引入校园内专家楼南边的落地式光缆交接箱中。

本次工程需要新建一条 36 芯光缆线路，由校园内的光缆交接箱引出光缆至实训楼 1 的三楼原有 A 机房的 ODF 架上。勘测中，结合校园内的实际环境，可以利用原有杆路及管道，或者根据情况新建杆路、管道，合理设计本次光缆的安装位置，并要求对原有机房进行勘察，按照机房工艺及布局要求合理布放新安装设备的位置。要求对此项目进行一阶段设计。××高校校园内已有的实际资料如图 1-1 所示。

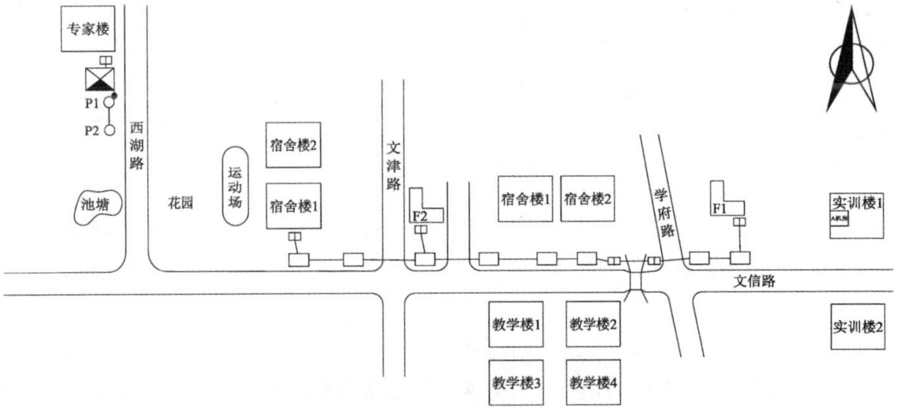

图 1-1　××高校校园内已有的实际资料图

××设计咨询有限公司与××市联通公司签订了勘察设计合同，承接了此项目，公司委托项目经理小王组成项目组对该项目进行勘察设计。小王根据项目要求及实地状况，将该项目细分为架空线路工程勘察、直埋线路工程勘察、管道工程勘察、基站设备安装工程勘察等任务。

任务1　架空线路工程勘察

1.1　任务描述

小王与××市联通公司核定总体建设方案后，安排项目组成员对方案中的架空线路部分进行现场勘察，绘制勘察草图，并将勘察情况进行全面总结，形成勘察表单，上报给××市联通公司，形成最终方案。

1.2　任务分析

项目组中的勘察人员首先要熟悉项目介绍中的要求及××高校所处的地理位置及气象条件，再根据架空线路工程设计标准，对目标建设段的架空杆路路由进行现场勘察，记录架空光缆引入交接箱的方式、原有电杆位置及原有电杆间距、新建电杆位置及电杆间距、拉线地锚出土位置。

1.3　任务实施

在任务分析的基础上，项目经理小王携带任务书、勘察工具等带领大旗组、测距组、测绘组、测防组人员进入现场进行勘察。具体操作步骤如表1.1所示。

表1.1　架空线路工程勘察步骤

操作步骤	操作过程
步骤一 明确查勘要求	(1) 明确总体要求： ① 根据已确定的建设方案，会同联通公司、校方规划等部门拟订杆路路由为西湖路西边到文信路交叉路口再沿文信路北边向东，了解沿线的地形、地貌、建筑设施等情况。 ② 平坦及直线段用测距仪测量长度，拐角处钉桩，当直线段内存在主要障碍(如河流、池塘等)时，需要增设障碍桩，并需测量障碍离桩的位置及障碍宽度，以方便今后排列电杆时能避开障碍。 ③ 测出线路跨越池塘处的跨距、池塘最高水位等来确定特殊杆的杆高，并在勘察草图中注明跨越挡、飞线段正辅吊线程式、拉线设置规格与位置。 ④ 当杆路沿线与电力线或其他通信线路等发生交越时，应提出本线路与电力线等交越的保护措施。

续表一

<table>
<tr><th>操 作 步 骤</th><th>操 作 过 程</th></tr>
<tr><td>步骤一
明确查勘要求</td><td>(2) 明确钉桩要求：
① 直线段，每 200～300 m 定桩。
② 一些比较大的障碍(如河流、池塘)，需要增设障碍桩。
③ 终端杆、转角杆处需要三点定位。拐弯处需要测量转向角，当转角小于 45° 时，新设单股拉线，当转角大于 45° 时，应分设顶头拉线。
(3) 明确记录要求：
查勘过程中，记录路由方向、拐弯角度、道路路名、离路距离、周围建筑环境、地形地貌、其他运营商线路、电力线、河流名称、桥梁名称、地名、道路坡度等。此外，对于沿线遇到的主要障碍，如辅助吊线过河，钢管过桥，顶管过路、过铁路、过高速公路、过涵洞等，要绘出相应的平面图和侧面图，必要时应与建设方沟通，确定保护方式</td></tr>
<tr><td>步骤二
现场测量</td><td>(1) 利旧杆路测量。
① 测距组人员使用 GPS 测量 P1、P2 电杆的位置信息，使用轮式测距仪或皮尺测量 P1 与 P2 电杆间的距离。
② 测防组人员使用地阻测试仪测量当前地阻值，并观察电杆防雷设施。
③ 测绘组人员负责绘制草图并记录上述勘察数据。
(2) 新建杆路测量。
① 西湖路西边的架空杆路测量。
a. 大旗组人员负责在西湖路和文信路交叉口与 P2 杆看成一条直线的地方插一面大旗，如图 1-2 所示。
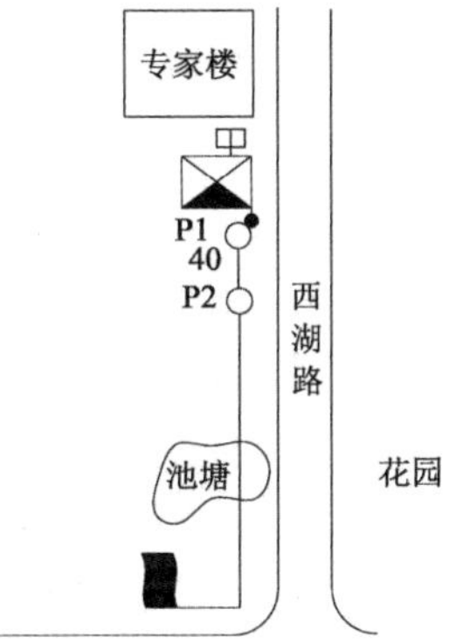

图 1-2　插一面大旗
b. 测距组人员从 P2 起以每隔 35～40 m 位置设置标杆的方式，标出接续新建电杆 P3 的位置，如图 1-3 所示。
c. 使用 GPS 测量杆的位置信息，同时选定地锚出土位置，再使用轮式测距仪或皮尺测量 P2 与新建 P3 电杆间的距离，如图 1-4 所示。
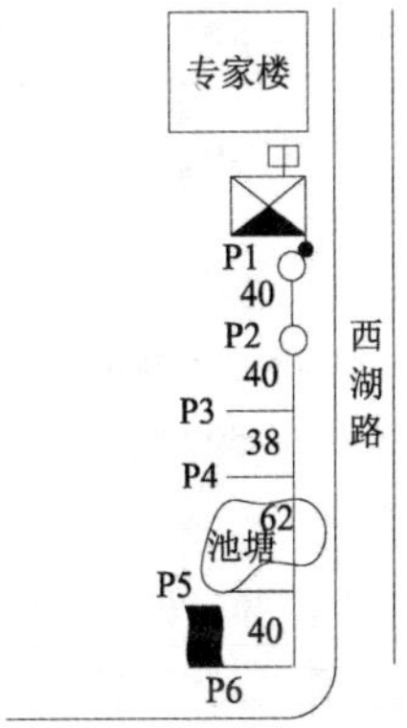

图 1-3　标出 P3 的位置
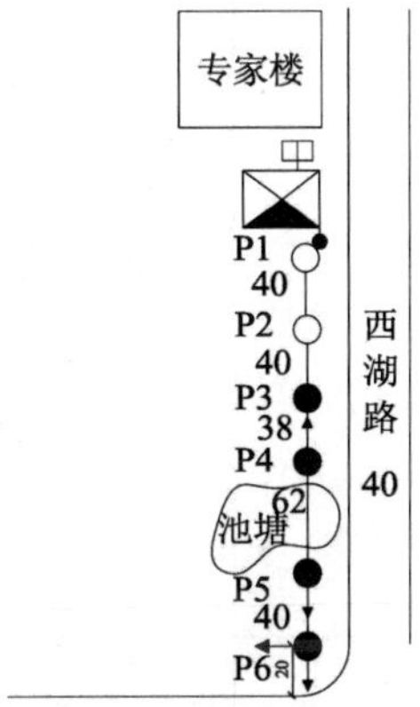

图 1-4　测量 P2 与 P3 的距离</td></tr>
</table>

续表二

<table>
<tr><th>操 作 步 骤</th><th>操 作 过 程</th></tr>
<tr><td>步骤二
现场测量</td><td>d. 采用上述测量方法，标出 P4 杆的位置并适当调整 P3 到 P4 之间的距离，考虑拉线地锚的位置。
e. 在池塘对岸设置标杆，标出 P5 电杆的位置，测量该电杆及拉线地锚的 GPS 位置信息，使用飞线杆间距测量方法测量 P4 与 P5 之间的距离，也可用激光测距仪测量池塘宽度。P4、P5 电杆位置土质松软，需要采用底盘加固。
f. P5 与 P6 电杆间距的测量方法与 P3 至 P4 电杆间距的测量方法相同。
② 文信路北边新建杆路测量。
a. 大旗组人员负责在花砖小路西边(留有拉线地锚位置)、文信路北边与 P6 杆看成一条直线的地方插一面大旗。
b. 如图 1-5 和图 1-6 所示，测距组人员从电杆 P6 起向大旗标齐位置连续立 2 根标杆。对于第一根标杆的位置，应考虑跨越西湖路的路面宽度 40 m 再加上两边安全距离各 15 m，标出接续新建电杆 P7 的位置；第二根标杆与第一根标杆间的距离按照标准杆距 40 m 来确定，标出接续新建电杆 P8 的位置；再移动第一根标杆向大旗靠近到新第一根标杆位置(距离为 40 m 到 P9 位置)；接下来用测距仪确定 P9 到大旗位置为 P10，并测出 P10 终端杆拉线地锚的位置及引下位置。
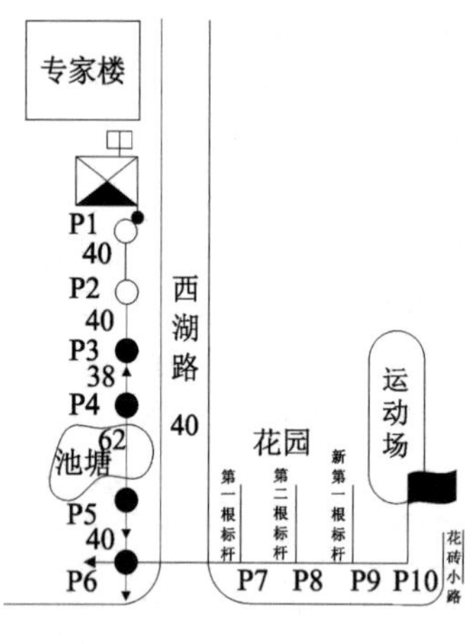

图 1-5　标出 P7～P10
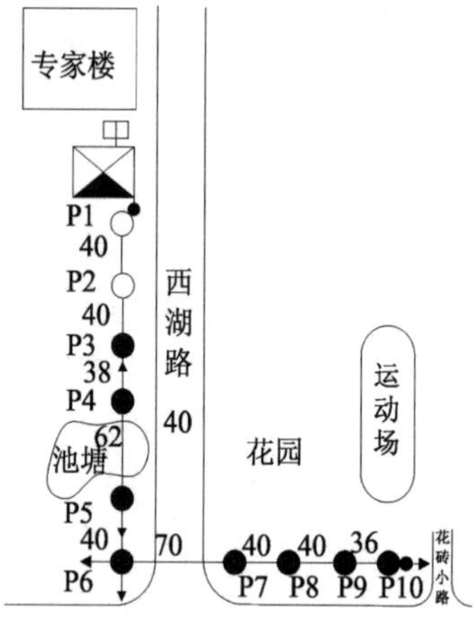

图 1-6　测出 P7～P10 的位置
c. 测防组人员使用地阻测试仪每 1km 处测 ρ_2(即 2 m 深处土壤电阻率)一次，每 2km 处测 ρ_{10}(即 10 m 深处土壤电阻率)一次，依此提出需要安装防雷接地的地点。
d. 测绘组人员负责绘制草图并记录上述勘察数据</td></tr>
<tr><td>步骤三
勘察数据填表</td><td>将勘察数据填入表 1.2 中</td></tr>
</table>

表 1.2　架空线路勘察表

基　本　情　况	
路由走向	西湖路西边：测量总长度 220 m 文信路北边：测量总长度 186 m
所处地形特征	☑平原　□丘陵　□其他
所处地理环境	☑市区　□郊区　□乡村
工程性质	□新建　☑原有+新建　□改建　□扩建
建设方法	☑架空　□直埋　□管道
线路类型	☑光缆　□电缆
沿途所遇障碍及标志性设施	□农田　□果园　□树林　□河流　☑公路　□铁路 □高压线　□厂矿　□桥梁　□高大建筑　□其他　☑池塘

架　空　杆　路		
项　目	原　有	新　建
测量长度	80 m	326 m
电杆数	2 根	8 根
引上杆	1 处	1 处
电杆材质与规格	水泥杆 8 m	水泥杆 8 m
落地交接箱	1 处	无
土　质	☑普通土　□沙砾土　□硬土 □软石　□坚石	
电杆加固	☑需要　□不需要　设置 2 处	
预留情况说明	无	
线路防护说明 (防雷、防强电及其他防护)	无	

1.4　知识解读

1.4.1　通信工程建设流程

通信网一般由国际网、长途网、本地网组成。这些网络都需要通过通信线路工程建设来完成组网。通信工程建设流程如图 1-7 所示。

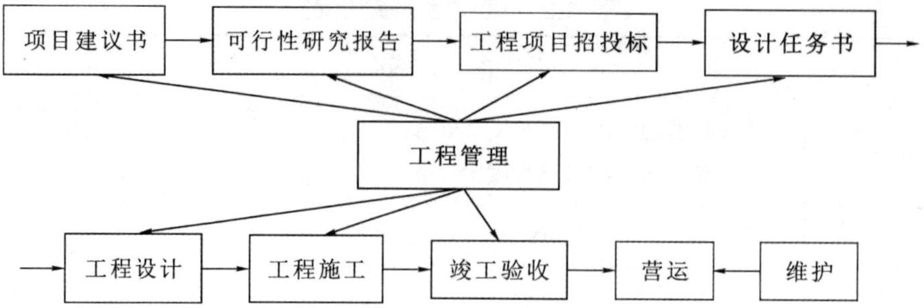

图 1-7　通信工程建设流程图

1. 项目建议书

项目建议书是建设单位向国家提出的要求建设某一建设项目的建议文件，是对建设项目的轮廓设想。项目建议书包括建设项目的大致设想、项目建设的必要性分析、技术上的可行性分析和经济上的可行性分析以及兴建的目的、要求、计划等内容。项目建议书应以报告形式完成，之后向主管部门申请批准。

2. 可行性研究报告

可行性研究报告是依据国民经济计划和通信的规划，对大中型建设项目在技术上和经济上是否合理和可行进行分析、论证，并做出评估，通过多方案的比较，提出评价意见，推荐最佳方案。例如：在兰—西—拉光缆工程的可行性研究中，就曾提出过四种路由方案——新藏线、滇藏线、川藏线、青藏线路由方案，最后选中青藏线作为进入拉萨的进藏线路。

可行性研究报告可为项目决策、编制和审批设计任务书提供可靠的依据，也是初步设计的依据。一般情况下，小项目不需要进行可行性研究，如需要也要参照相关规定进行技术和经济论证。

可行性研究报告的内容根据行业的不同而各有所侧重。通信建设工程的可行性研究报告一般应包括总论、需求预测与拟建规模、建设与技术方案论证、建设可行性条件、配套及协调建设项目的建议、建设进度安排的建议、维护组织劳动定员与人员培训、主要工程量与投资估算、经济评价(包括财务评价和国民经济评价)、需要说明的有关问题等内容。

3. 工程项目招投标

1) 定义

招标是指项目建设单位(业主)将工程项目的内容和要求以文件的形式标明，招引项目承包单位(承包商)来报价(投标)，经过比较，选择理想的承包单位并达成协议的活动。

投标是指承包商向招标单位提出承包该工程项目的价格和条件，供招标单位选择以获得承包权的活动。

2) 作用

采用招投标有利于通过承包商之间的竞争来优化建设方案，促进技术进步，确保采购质量或施工质量达标，缩短施工工期，降低工程造价。

3) 招标方式

常见的招标方式有公开招标、邀请招标、协商招标、两段招标和国际招标五种方式。

4) 招标内容

招标内容主要包括总承包招标和分项招标。

5) 招投标程序

招投标程序有标准备、投票准备、开标评标、决标签约四个阶段。

4. 设计任务书

设计任务书是确定建设方案的基本文件，也是进行工程设计的主要依据，它应根据可行性研究推荐的最佳方案编写，报请有关部门批准生效后下达给设计单位。设计任务书的主要内容如下：

(1) 建设目的、依据和建设规模。

(2) 预期增加的通信能力，如线路和设备的传输容量。

(3) 线路走向与终端局、各中间站的配置及配套情况。

(4) 与全网的关系及对今后扩容改造的预计。

5. 工程设计

1) 定义

工程设计是指根据批准的设计任务书按照国家的有关政策、法规、技术规范，在规定的范围内，考虑拟建工程在综合技术的可行性、先进性及其社会效益和经济效益，结合客观条件，应用相关的科学技术成果和长期积累的实践经验，按照建设项目的需要，利用查勘、测量所取得的基础资料和技术标准以及现阶段提供的材料等，把可行性研究中推荐的最佳方案具体化，形成图纸、文字，为工程施工提供依据的过程。

2) 设计原则

工程设计遵守的基本原则如下：

(1) 工程设计必须贯彻执行国家基本建设方针和通信技术的经济政策。

(2) 工程设计必须保证通信质量，做到技术先进，经济合理，安全适用，能够满足施工、运营和使用的要求。

(3) 设计中应进行多方案比较，兼顾近期与远期通信发展的需求，合理利用已有的网络设施和装备，以保证建设项目的经济效益和社会效益，不断降低工程造价和维护费用。

(4) 设计中所采用的产品必须符合国家相关标准与行业标准，未经试验和未鉴定合格的产品不得在工程中使用。

(5) 工程设计应广泛采用适合我国国情的国内外成熟的先进技术。

此外还应考虑到系统容量、业务流量、投资额度、经济效益发展，以及保证系统正常工作的其他配套设施和结构合理、施工、安装、维护方便等相关因素，以满足对系统建设的总体要求。

3) 工程设计程序及其内容

(1) 设计程序。

进行通信线路工程设计之前，应首先由建设单位根据电信发展的长远计划，结合技术和经济等方面的要求，编制出设计任务书，经上级机关批准后，进行设计工作。

设计任务书应该指出设计中必须考虑的原则，如工程的规模、内容、性质和意义，对本次设计的特殊要求，建设需要的投资、时间和利旧的可能性等。

设计必须根据工程规模和技术复杂程度等具体情况来划分阶段，并严格按设计程序进行。目前建设项目的设计工作一般按两阶段进行，即初步设计和施工图设计。也有按三阶段进行的建设项目，包括初步设计、技术设计、施工图设计。规模较小，技术简单的工程可按一阶段进行。对于建设规模较大，技术上较复杂的工程，可根据主管部门的指定，对线路的干线路由、局站地址、大城市通信枢纽建筑方案等重大技术要求及安全措施等问题，首先通过方案查勘，提出方案查勘报告，然后在此基础上进行初步设计的勘测工作。

(2) 设计内容。

工程设计内容包括设计说明、概预算、设计图纸三个部分。

① 设计说明包括概述、设计标准、技术措施和其他需要说明的问题。

② 概预算包括概预算编制说明和概预算表。

③ 图纸包括线路方案比较图、线路路由图、线路系统配置图、杆面图、光电缆配线图、管道施工图等。

4) 设计要点

(1) 工程勘察。

工程勘察是运用多种科学技术方法，通过现场测量、测试、观察、勘探、试验和鉴定等手段查明工程建设项目地点的地形、地貌、土质、岩性、地质构造、水文地质等自然条件， 搜集工程设计所需要的各种业务、技术、经济以及社会等有关资料，在全面调查研究的基础上，结合初步拟订的工程设计方案，进行认真的分析、研究和综合评价等工作。其目的是为设计和施工提供可靠的依据。

工程勘察包括工程可行性研究报告查勘、工程方案查勘、初步设计查勘和施工图测量等内容。

(2) 初步设计。

初步设计是工程设计的关键阶段，主要任务是确定建设方案，决定重大技术措施，设备选型和编制工程概算。初步设计经过批准后就是确定建设项目总规模和总投资额、编制固定资产计划、进行项目承包的依据，是控制基本建设拨款和基本建设规模的依据，是进行施工图设计、控制工程建设质量以及考核设计经济合理性的依据。

(3) 施工图设计。

施工图设计是根据批准的初步设计文件和施工图设计勘测资料、主要材料和设备的订货情况进行编制的。它是施工单位据以进行施工的文件。其中，施工图预算是确定工程预算造价、签订建筑安装合同、实行建设单位和施工单位投资包干和办理工程结算的依据。施工图设计文件一般包括设计说明、施工图设计预算与图纸等内容。

(4) 技术设计。

技术设计偏重于论述工程建设中各系统(传输限额、中继方式、信号系统、监控等)的技术方案、技术措施的选择。

5) 设计流程

工程设计的基本流程如图 1-8 所示。

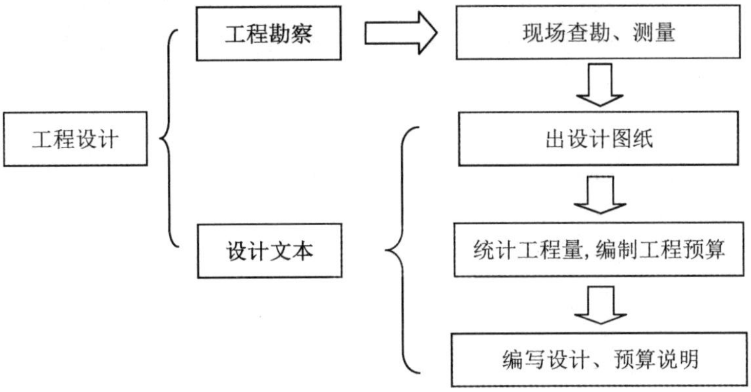

图 1-8　工程设计的基本流程图

6. 工程施工

工程施工是施工单位按照设计文件、施工合同和施工验收规范、技术规程的规定，通过生产诸要素的优化配置和动态管理，组织通信建设工程项目实施的一系列生产活动的统称。工程施工一般可以分为施工准备和组织施工两个阶段。

7. 竣工验收

验收是工程建设单位及其上级主管部门分别将工程建设的设计和施工质量、投资效果转入生产或使用的一系列活动的统称。验收分为随工验收、单项工程验收、初步验收和竣工验收。

1.4.2　通信线路工程勘察

勘测是工程设计工作中的重要环节，勘测测量所获取的信息是工程设计的基础。通过现场实地勘测，可获取工程设计所需要的各种业务、技术和经济方面的有关资料，并在全面调查研究的基础上，结合初步拟订的工程设计方案，会同有关专业机构和单位，认真进行分析、研究、讨论，为制订具体的设计方案提供依据。实地勘测后，若发现与设计任务书有较大出入，应上报给下达任务书的单位重新进行审定，并在设计中加以论证说明。

线路勘测工作是线路工程设计的重要阶段，它会直接影响到设计的准确性、施工进度及工程质量。线路工程设计中的勘察包括查勘和测量两个工序。一般大型工程又可分为方案查勘(可行性研究报告)、初步设计查勘(初步设计)和现场测量(施工图)三个阶段。

1. 查勘

1) 准备工作

(1) 人员组织。查勘小组应由设计、建设维护、施工等单位共同组成，人员多少视工程规模大小而定。

(2) 熟悉研究相关文件。勘察人员需要了解工程概况和要求，明确工程任务和范围，如工程性质、规模大小、建设理由、近远期规划等。

(3) 收集资料。一项工程的资料收集工作将贯穿线路勘测设计的全过程，主要资料应在查勘前和查勘中收集齐全。为避免和其他部门发生冲突，或造成不必要的损失，应提前向相关单位和部门调查了解、收集相关的其他建设方面的资料，并争取他们的支持和配合。相关部门包括计委、建委、电信、铁路、交通、电力、水利、农田、气象、冶金工业、地质、广播电台、军事等部门。对改扩建工程，还应收集原有工程的相关资料。

(4) 制订查勘计划。根据设计任务书和所收集的资料，对工程概貌提出一个粗略的方案。可将粗略方案作为制订查勘计划的依据。

(5) 查勘准备。可根据不同查勘任务准备不同的工具以及查勘时所需要的表格、纸张、文具等。一般通用工具有望远镜、测距仪、地阻测试仪、罗盘仪、皮尺、绳尺(地链)、标杆、随带式图板、工具袋等。

2) 现场查勘

(1) 路由选择。根据设计规范要求和前期确定的初步方案，进行路由选择。

① 光缆路由的方案选择，应该以工程设计委托书和通信网络规划为基础。进行各种方案对比时，必须在保证通信质量、线路安全可靠、经济合理和便于施工、维护的前提下进行合理选择。

② 选择光缆线路路由时，应以现有的地形地物、建筑设施和既定的建设规划为主要依据，并充分考虑铁路、公路水利、长途管线等有关部门发展规划对其影响。

③ 光缆线路路由在符合大的路由走向的前提下，宜沿靠公路(便于施工及维护)，但应顺路取直(减少工程量并降低投资)，避开路边设施和计划扩建改建的地段(预防拆迁)。

④ 光缆线路路由应选择在地质稳固、地势较为平坦的地段，尽量减少翻山越岭，并避开可能因自然和人为因素造成危害的地段。路由的选择还应充分考虑到线路的稳固、运行安全、施工及维护方便和投资经济的原则，宜选择在地势变化不剧烈、土石方工程量较少，避开滑坡、崩塌、泥石流、采矿区等对线路安全有害的地方。在障碍较多的地方应合理绕行，不宜强求长距离直线。

⑤ 光缆在穿越河流时，当过河地点附近存在可供光缆敷设的永久性坚固桥梁时，光缆宜在桥上通过，采用在桥侧建筑管道敷设光缆的方案。

⑥ 在保证安全的前提下，也可以采用定向钻孔或者架空的方式敷设光缆过河。

⑦ 长途光缆不应在水坝上或坝基下敷设，如果必须在该地段通过时，必须报请工程主管单位和水坝主管单位相互协调，获得批准后方可实施。

⑧ 长途光缆不宜穿越大的工业用地(大型工矿企业等)，当必须要从该处经过时应考虑对线路的安全影响，并采取有效的保护措施。

⑨ 光缆不宜穿越已经规划和正在规划中的开发区。当必须时，必须考虑到对建设规划的影响。

⑩ 光缆线路不宜穿过森林区、果园及其他经济林区或防护林带。对于地面建筑和电力设施、通信线路也应尽量避开。

⑪ 光缆线路设计时应考虑到强电影响，不宜选择在易遭雷击、腐蚀和机械损伤的地段。

⑫ 光缆路由应考虑到建设地域内的文物保护、环境保护等事宜。减少对原有水系及地面形态的扰动及破坏。

(2) 站址选择。根据工程设计任务书和设计规范的有关规定选择分路站、转接站、有人增音站、光传输中继站，站址选择具体要求不尽相同。

(3) 对外联系。管道、光电缆需穿越铁路、公路、重要河流、其他管线以及其他有关的重要工程设施时，应与有关单位联系，重要部位需取得有关单位的书面同意。发生矛盾时应认真协商取得一致意见，问题重大的应签订正式书面协议。

(4) 资料整理。根据现场查勘的情况进行全面总结，并对查勘资料进行如下整理和检查。

① 将主体路由、选择的站址、重要目标和障碍在地图上标注清楚。

② 整理出站间距离及其他设计需要各类数据。

③ 提出对局部路由和站址的修正方案，分别列出各方案的优缺点并进行比较。

④ 绘制出向城市建设部门申报备案的有关图纸。

⑤ 将查勘情况进行全面总结，并向建设单位汇报，认真听取意见，以便进一步完善方案。

2. 测量

通信线路查勘工作结束后，应进行线路测量。测量工作很重要，它直接影响到线路建筑的安全、质量、投资、施工维护等。同时设计过程中很大一部分问题需在测量时解决，因此测量工作实际上是与现场设计工作的结合过程。

1) 测量前准备

(1) 人员配备。根据测量规模和难度，配备相应人员，并明确人员分工，定制日程进度。人员配备如表 1.3 所示。

表 1.3　人员配备表

<table>
<tr><th>序号</th><th colspan="2">工作内容</th><th>技术人员</th><th>技工</th><th>普工</th><th>备注</th></tr>
<tr><td>1</td><td colspan="2">大旗组</td><td></td><td>1</td><td>2</td><td rowspan="7">人员可视情况适度增减</td></tr>
<tr><td rowspan="3">2</td><td rowspan="3">测距组</td><td>登记和障碍处理</td><td>1</td><td></td><td></td></tr>
<tr><td>前链、后杆、传标杆</td><td></td><td>1</td><td>2</td></tr>
<tr><td>钉标桩</td><td></td><td>1</td><td>1</td></tr>
<tr><td>3</td><td colspan="2">测绘组</td><td>1</td><td>1</td><td>1</td></tr>
<tr><td>4</td><td colspan="2">测防组</td><td></td><td>1</td><td>1</td></tr>
<tr><td>5</td><td colspan="2">对外调查联系</td><td></td><td>1</td><td></td></tr>
<tr><td colspan="3">合　计</td><td>2</td><td>6</td><td>7</td><td>—</td></tr>
</table>

(2) 工具配备。根据工程类别和测量方法的需要，配备相应的测量工具。常用的工具有红白大旗(及附件)、经纬仪、标尺、绳尺、皮尺、砍刀、指南针、望远镜、榔头、手锯、手水准仪、雨伞、测距仪、绘图用品、工具袋。另外还应准备标桩、红黑漆等辅助材料。随着技术的进步，现在的勘察和测量工具也发生了一些变化，工器具如表 1.4 所示。

表 1.4　查勘、测量用工器具表

序号	测量工具名称	序号	测量工具名称
1	全站仪	11	室内红外测距仪
2	经纬仪	12	军用望远镜
3	地下管线测试仪	13	工作用数码照相机
4	便携式测距仪	14	军用指北针
5	便携测高仪	15	军用滚图仪
6	激光测距仪	16	量地链
7	对讲机	17	皮尺
8	手推式测距仪	18	花杆
9	接地电阻测试仪	19	大旗
10	GPS 定位仪	20	标桩

2) 线路测量分工和工作内容

线路测量分工和工作内容如表 1.5 所示。

表 1.5　线路测量分工和工作内容

组别	任务分工	工 作 要 求
大旗组	(1) 负责确定光缆敷设的具体位置。 (2) 大旗插定后，在 1∶50 000 地形图上标入该旗位置。 (3) 发现新修公路、高压输电线、水利及其他重要建筑设施时，在 1∶50 000 地形图上补充绘入	(1) 与初步设计路由偏离不大，不涉及与其他建筑物的隔距要求，在不影响协议文件规定时，允许适当调整路由，使其更为合理和便于施工维护。 (2) 在发现路由不妥时，应返工重测，个别特殊地段可测量两个方案，以便用作技术经济比较。 (3) 注意穿越河流、铁路、输电线等的交越位置，注意与电力杆的隔距要求。 (4) 与军事目标及重要建筑设施的隔距，符合初步设计要求。 (5) 如果大旗位置选择在路由转弯点或高坡点，直线段较长时，中间增补 1～2 面大旗
测距组	(1) 负责路由测量长度的准确性。 (2) 登记和障碍处理由技术人员承担，并对现场测距工作全面负责。 (3) 配合大旗组用花杆定线定位、量距离、钉标桩、登记累计距离、登记工程量和对障碍物的处理方法，确定 S 弯预留量	(1) 保证丈量长度准确性的措施。 ① 至少每隔三天，用钢尺核对测绳长度一次。 ② 遇上坡，下坡，沟坎和需要 S 形上、下的地段，测绳要随地形与光缆的布放形态一致。 ③ 先由拉后链的技工，将每测挡距离写在标桩上。负责登记、钉标桩，测绘组的工作人员到达每一标桩点时，都要进行检查，对有疑者可进行复量，并在工作过程中相互核对。每天工作结束时，总核对一遍，发现差错随时更正。 (2) 登记和障碍处理的工作内容。 ① 编写标桩编号。以累计距离作为标桩编号，一般只写百位以下三位数。

续表一

组别	任务分工	工 作 要 求
测距组		② 登记过河、沟渠、沟坎的高度、深度、长度，穿越铁路、公路的保护民房，靠近坟墓、树木、房屋、电杆等的距离，各项防护加固措施和工程量。 ③ 确定S弯预留和预留量。 (3) 钉标桩。 ① 登记各测挡内的土质、距离。 ② 每千米终点、转弯点、水线起止点、直线段每100 m钉一个标桩
测绘组	(1) 现场测绘图纸，经整理后作为施工图纸。 (2) 负责所提供图纸的完整性与准确性	(1) 图纸绘制内容与要求。 ① 直埋光缆线路施工图以路由为主，将路由长度和穿越的障碍物准确地绘入图中。路由50 m范围以内的地形地物要详绘，50 m以外的选择重要参照物进行绘制。与车站、村镇等的距离，也要在图上标出。 ② 光缆穿越河流、渠道、铁路、公路、沟坎等所采取的各项防护加固措施。 ③ 图框规格：285 mm × 800 mm(直埋光缆线路路由)。 ④ 绘图比例z：直埋、架空、桥上光缆施工图为1∶2000，市区管道施工图平面为1∶500 或1∶1000，断面为1∶100；水底光缆施工图平面为1∶1000 或1∶2000，断面为1∶100。 ⑤ 每页中需标出指北方向。 ⑥ 进入城市规划区内光缆施工图绘图比例按1∶5000 或1∶10 000地形图正确放大后，按比例补充给入地形地物。 (2) 与测距组共同完成的工作内容。 ① 丈量光缆线路与孤立大树、电杆、房屋、坟堆等的距离。 ② 测定山坡路由中坡度大于20°的地段。 ③ 三角定标：路由转弯点、穿越河流、铁路、公路和直线段每隔一千米左右定标一次。 ④ 测绘光缆穿越铁路、公路干线、堤坝的平面、断面图。 ⑤ 绘制光缆引入局(站)进线室、机房内的布缆路由及安装图。 ⑥ 绘制光缆引入无人再生中继站的布缆路由及安装图。 ⑦ 复测水底光缆线路平面、断面图。 ⑧ 测绘市区新建管道的平面、断面图，原有管道路由及主要人孔展开图。 ⑨ 绘制光缆附挂桥上安装图。 ⑩ 绘制架空光缆施工图，包括配杆高，定拉线程式，定杆位和拉线地锚位置，登记杆上设备及安装内容

续表二

组别	任务分工	工 作 要 求
测防组	配合测距组、测绘组提出防雷、防蚀的意见	(1) 土壤 PH 值和含有机质等按初步设计需查勘的抽测值。 (2) 土壤电阻率的测试: ① 平原地区:每 1000 m 测 ρ_2 值一处,每 200 m 测 ρ_{10} 值一处。 ② 山区: a. 每 1000 m 测值 ρ_2 和 ρ_{10} 各一处。 b. 土壤电阻率有明线变化的地段。 ③ 需要安装防雷接地的地点。
其他	协调处理其他事务	(1) 对外调查联系。 (2) 需要用毒土防蚁的地段

3) 整理图纸

(1) 检查各项测绘图纸。

(2) 整理登记资料、测防资料和对外调查联系工作记录。

(3) 统计光缆长度，各种工作量。

1.4.3 架空线路杆位选择原则

杆路测量工作内容主要包括杆路定位、测定每一挡杆距和杆位、角杆及拉线杆、抗风杆和防凌杆及其他特殊装置。杆路定位也就是需选择路由，路由选择原则如下所示。

(1) 要选择最近的路由，尽量走直线，减少角杆。

(2) 要选择地势平坦的路由，减少坡度杆。

(3) 杆路与绿化要保持适当的距离。

(4) 杆位应根据地形、地物的情况，避免妨碍其他建设，妨碍交通。

(5) 在测量杆路时，应逐段确定直线，在直线上丈量杆路距离来确定杆位。一般情况下，杆距规定：市区为 35～40 m；郊区为 45～50 m。

(6) 在确定杆位时应看清周围环境，架空电缆要与其他建筑物及电力线等保持一定的距离。

1.4.4 架空线路定位测量方法

1. 直线段的测量

1) 长线段

先选定角杆或终端杆位置，树立标旗或标杆(远树标旗、近树标杆)，如图 1-9 所示。参加测量的工作人员明确分工，统一指挥，互相积极配合。

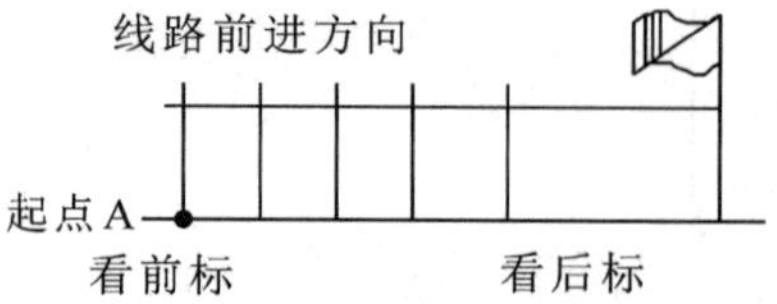

图 1-9　直线段看标示意图

从起点 A 处开始向标旗方向丈量杆距，每一杆距立一标杆，由看标人看直方向及标杆，以三根标杆对准标旗为准。在立好第四、第五根标杆后，可将第一、第二根标杆拔掉，继续向标旗方向续标，如此前后倒换着前进。凡测定的标杆位置均应打入标桩，做好记录，以备制图和查找。

2) 立杆定标

先在挖好杆坑旁的标桩点处，连续立 3～4 根标杆，看直。再树立终端杆或角杆与标杆对直(角杆必须留有内移量，水泥杆内移值为100～150 mm，木杆内移值为200～300 mm)。确定杆标之后，以此杆为准往前立下去。当立第二根电杆时，将标杆往前移动继续定标。当立好四棵杆后，可以只采取用一根标杆观测电杆的方式。

目测立杆时，目测者应首先检查杆坑位置挖得是否准确，否则应在立杆前修整。目测者立姿要端正，上下观测时头稳目动，左右观测时头随腰动，其左右摆度要一致。观测时，上下看，电杆稍部垂直于根部；左右看电杆时要看成细杆条，如果看成粗杆条，说明前后电杆有稍微交错的现象。这时需要在左右侧面观看其与后面电杆暴露杆面是否一致，如果杆面暴露有多有少，则说明杆位有偏差，应立即纠正。

2. 角杆测量

线路转角(弯)的电杆叫作角杆，角杆所承受的不平衡张力的大小与线路所夹内角角度的大小有关。内角角度越小，角杆所承受的不平衡张力越大，内角角度越大，角杆所承受的不平衡张力越小，可用角度表示，也可用角深表示。在实际工作中，现场测量角度比较麻烦，且不易准确，通常采用丈量角深的办法来代替角度测量(测角深的目的是确定拉线的程式)。角深测量方法如图 1-10 所示。

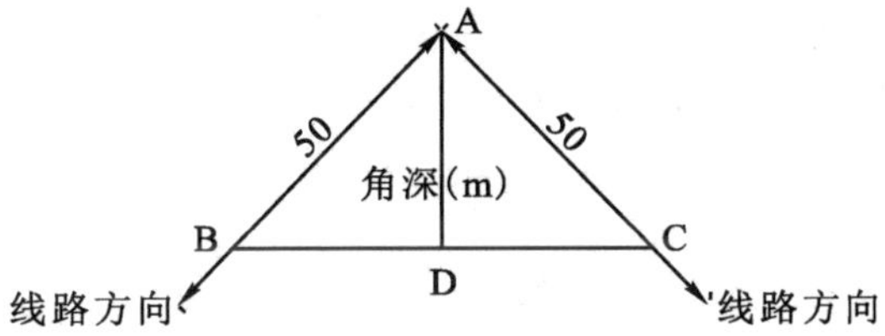

图 1-10　角深测量方法

1) 角深的定义

图 1-10 中 A 为角杆位置，自角杆 A 向两侧线路进行方向各量取标准距离 50 m，得 B、C 两点(AB = AC = 50 m，量取 BC 连线的中点 D，则角杆 A 到 D 点的长度就叫作角深，角深的计量单位是米)，角深与线路夹角角度的换算关系可参见表 1.6(角深与角度关系公式：$AD = 50\cos(\alpha/2)$，假设角 BAC 为 α)。

2) 角深的测量方法

在角深实际测量中，常用比例方法缩小边长，丈量结果再乘以同一的倍数，才是所测量的角深。如果取比例 1∶10 的缩尺，测量边长为 AB = AC = 5 m，则最后求得角深 = 10AD。

3) 角深与角度换算

角深与角度换算如表 1.6 所示。

表 1.6　角深与角度换算表

角深/m		角度/(°)	角深/m		角度/(°)
边长 30 m 时	边长 50 m 时		边长 30 m 时	边长 50 m 时	
1.5	2.5	174	12	20	133
3	5	169	13.5	22.5	127
4.5	7.5	163	15	25	120
6	10	157	16.5	27.5	113
7.5	12.5	151	18	30	106
9	15	145	19.5	32.5	99
10.5	17.5	139	21	35.5	90

3. 拉线定位

拉线定位是指要测出拉线方向，量出拉距，确定拉线入土点位置和拉线洞的位置(只是撑杆方向与拉线方向相反)。

拉距：拉线出土点到电杆的垂直距离(L)。

拉高：拉线上把固定位置到地面的垂直距离(H)。

1) 角杆拉线方位的测量

先在顺角杆的方向的直线上量出相等的两个点(B、C)然后用一段皮尺，把 10m 两头放在 B、C 两点上，捏住 10m 皮尺的中点 5 m 处，朝外拉出去，拉直，那么得到的 D 点便是角杆拉线的方向，如图 1-11 所示。

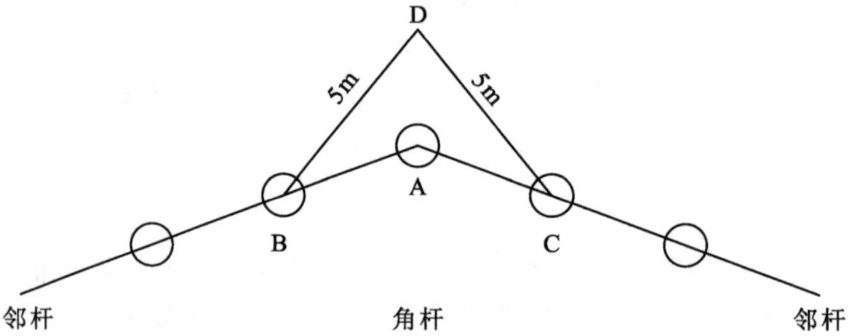

图 1-11　角杆拉线方位的测量方法

2) 三方拉线方位的测量

三方拉线，其中一根 AM′和线路同方向，另两根 AN、AN′和线路各成 60° 角，测量方法是先确定线路同方向上的一根拉线杆并量得拉距，打好标桩 M′，然后再从拉线杆 A 处从相反方向直线上量得 M 点，使 AM 等于 AM′，拉出皮尺，使它的长度等于 M′M 即 2AM′，把皮尺的两头分别按在拉线杆 A 和 M 点上，中间拉直到 N 点，N 点就是第二根拉线的位置，同样把皮尺拉向反方向，得到 N′点，则 N′点就是第三根拉线的位置，如图 1-12 所示。

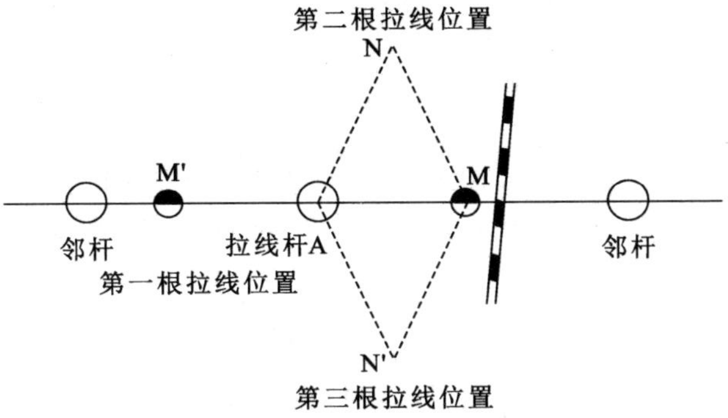

图 1-12　三方拉线的测量方法

3) 二方拉线方位的测量

用一根长度 12m 的皮尺，两端捏合在一起，于 3m 和 4m 的两点上拉直，就成为一个直角三角形，把三角形的底 AB，顺杆路方向摆好，另一条直角边 AC 就是第一条拉线位置。另一条拉线方向按住 A、B 二点将 C 点向反方向拉直得到 AC′就是第二条拉线位置，如图 1-13 所示。

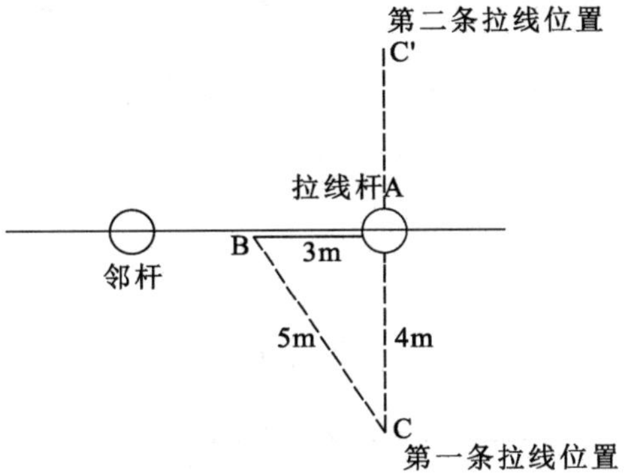

图 1-13　二方拉线的测量方法

4) 拉线入土点测量(测 L 的值)

拉线入土点位置，可按杆高比从角杆向拉线方向丈量拉距测定。

5) 拉线洞的测量

拉线洞的位置与拉线的距高比及拉线洞深浅有关系。当拉线的距高比等于 1 时，拉线入土点到拉线洞中心线之间的距离等于拉线地锚的埋深，当拉线距高比不为 1 时，拉线入土点到拉线洞中心之间的距离为 $h\times L/H$(画相似三角形)，h 为拉线地锚埋深。

4. 飞线杆间距的测量

在河的两岸建立飞线杆时，首先在立杆处 A、B 两点各立一根标杆，延长 AB 到 C 点，做 CD 垂直 AC，BE 垂直 AB，使 AED 成一直线，再作 EF 垂直 CD，则形成三角形 ABE 相似 EFD，如图 1-14 所示。得 AB=BE×EF/DF 或 AB=BE×EF/(CD−BE)，可见只要测出 BC、BE、CD 的直

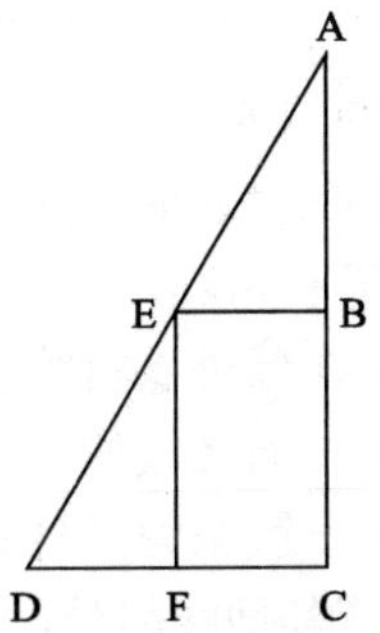

图 1-14　飞线杆间距的测量方法

线长度，就可求出 AB 的长度，即飞线杆间距。

5. 杆高测量

1) 标杆测高法

杆根 A 点，杆顶 G 点，取 B、C 两根标杆，分别立在适当的位置上，AG=CE×BA/BC 量出 CE、BA、BC 的长度，即可求出 AG 高度，标杆测高法如图 1-15 所示。

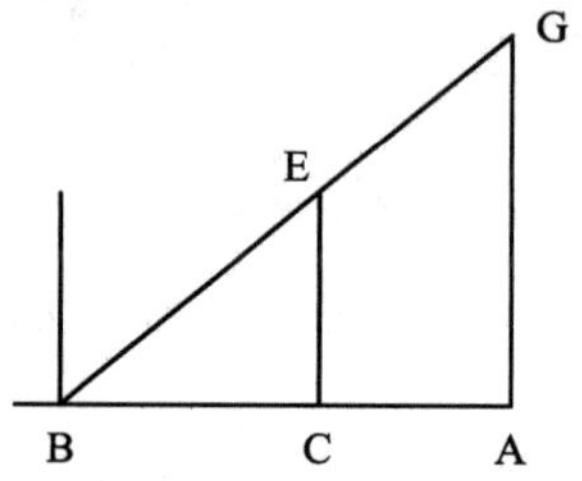

图 1-15　标杆测高法

2) 投影测高法

在被测电杆 A 近旁立一标杆 B，分别测量出杆 A 和标杆 B 的日光投影 DA 和 CB 的长度，则被测电杆 A 的高度 AG=BE×DA/BC。投影测高法如图 1-16 所示。

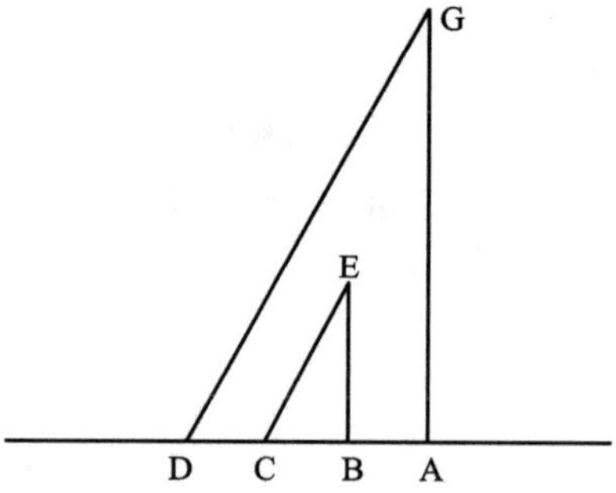

图 1-16　投影测高法

1.4.5　测量工作注意事项

(1) 使用花杆应爱护，不可用花杆挑东西，或当标旗戏耍抛掷。

(2) 在市区测量应注意不损伤地下设备，在确定所有的杆位时，应考虑其不妨碍交通信号、邮筒、消防栓等设备的使用。杆位的中心离人行道的石界30～50cm。不得将杆位定在房屋的门前。

(3) 在交通繁忙或行人较多的地段进行测量工作时，要注意来往车辆，应注意尽可能不妨碍交通和市容。

(4) 在郊外农村测量时，要爱护田里的庄稼，尽可能走田间小路和大路。

(5) 过河飞线如遇曲线路由，应于河岸的两边各立一根直线杆。

(6) 一般来说郊外农村杆距，弯线路的杆距、较直线路的杆距可以略短，除了跨越、回避铁路或其他线路外，原则上不可作直角转弯，角杆角深最大以 12　m 为限。

拓展案例

随着江苏省××县××村(位于农村)内接入网用户数量的增加，需要从现有的落地交接箱内布放一根 48 芯光缆到已有的 A 机房内(一层)。已知金郑大道的北侧有排水沟，南侧有电力杆，A 机房和落地式交接箱都位于金郑大道的北侧，其水平距离为 6000 m，已有 P2 电杆到排水沟的距离为 60 m，排水沟宽 5 m，具体路由如图 1-17 所示。要求根据架空线路工程设计标准，对 A 机房到落地交接箱段的架空杆路路由进行现场查勘，记录沿途路由的地理状况、原有电杆位置及完成原有电杆间距测量，确定新建电杆位置及电杆间距测量、拉线地锚出土位置测量。

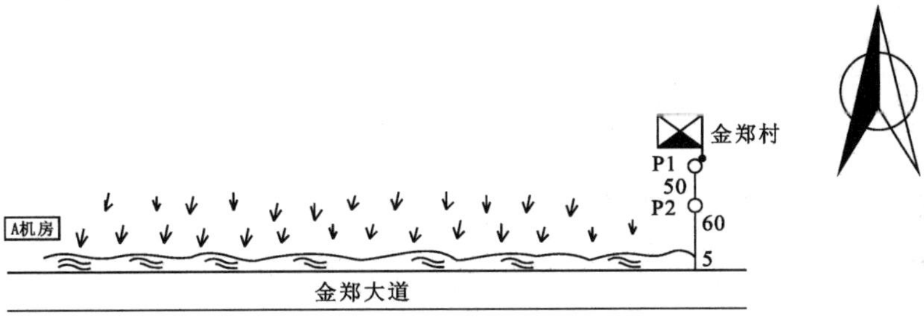

图 1-17　金郑村原有路由状况

课后习题

1. 单项选择题

(1) 下列(　　)不是通信线路工程查勘所用的工具。

A. 望远镜　　B. 测距仪　　C. 光时域反射仪　　D. 罗盘仪

(2) 在角深的实际测量中，常用比例方法来缩小边长，将丈量结果再乘以统一的倍数才是所测量的角深。比例一般取(　　)。

A. 1∶20　　B. 1∶50　　C. 1∶100　　D. 1∶10

(3) 在测量过程中，负责提供图纸的完整性与准确性的是(　　)组。

A. 大旗组　　B. 测距组　　C. 测绘图　　D. 测防组

(4) 在测量过程中，负责路由测量长度的准确性的是(　　)组。

A. 大旗组　　B. 测距组　　C. 测绘图　　D. 测防组

2. 填空题

(1) 通信网一般由国际网、______________和本地网组成。

(2) 招投标程序有招标准备、投票准备、______________和决标签约四个阶段。

(3) 工程设计内容包括设计说明、______________、设计图纸三部分。

(4) 工程施工一般可以分为施工准备和______________两个阶段。

(5) 线路工程设计中的勘察包括查勘和______________两个工序。

(6) 测量人员一般可分为大旗组、测距组、______________、测防组和对外调查联系人员。

(7) 在直线上丈量杆路距离来确定杆位。一般情况下，杆距规定：市区____________m，郊区____________m。

(8) 角杆应在线路转角点内移，水泥杆内移值为____________mm，木杆内移值为____________mm。

(9) 拉线出土点到电杆的垂直距离称为____________。

3. 简答题

(1) 简述通信工程建设的流程。

(2) 简述通信工程设计的流程。

(3) 简述招投标的概念。

(4) 简述角深的测量方法。

(5) 简述角杆拉线方位的测量方法。

(6) 简述三方拉线方位的测量方法。

(7) 简述二方拉线方位的测量方法。

任务2　直埋线路工程勘察

2.1　任务描述

小王与××市联通公司核定总体建设方案后，安排项目组成员对方案中的直埋线路部分进行现场勘察，绘制勘察草图，并将勘察情况进行全面总结，形成勘察表单，上报给××市联通公司，形成最终方案。

2.2　任务分析

项目组中勘察人员首先要熟悉项目介绍中的要求及××高校所处的地理位置及气象条件，再根据直埋线路工程设计标准，对目标建设段的直埋线路路由进行现场勘察，记录直埋光缆引入方式，对直埋线路总长度进行测量，定点画线、做标记，明确光缆沟的开挖方式、光缆穿越障碍物的保护措施、光电缆预留方式等。

2.3　任务实施

在任务分析的基础上，项目经理小王携带任务书、勘察工具等带领大旗组、测距组、测绘组、测防组人员进入现场进行勘察。具体操作步骤如表2.1所示。

表2.1　直埋线路工程勘察步骤

操作步骤	操作过程
步骤一 明确查勘要求	(1) 明确总体要求。 ① 勘察前先由王经理对全程路由分段进行熟悉，确定大致路由和测量分界点，随后安排人员进行测量。 ② 对选定的路由进行详细测量，对花砖小路采用钢管保护的处理方法，并在现场定点打桩以做标记。标桩和油漆记号等现场标志必须醒目易找，符号正确，距离准确。 ③ 定标杆确定的路由位置必须和现场有关各种地下管线在平面上和立面上相互之间不受任何影响，力求达到各自行业标准的要求。对路由上的主要障碍(如是否过大桥、大河、涵洞、铁路等)进行合理的处理，并就处理这些障碍的赔补等问题征求××市联通公司代表孙工的意见。 ④ 对直埋线路中心线两侧6～12 m周边的地面上下一切设施状况进行测量，如地面上的树木、广告牌、消防栓、信号箱、路程桩、花台、燃气井盖、自来水盖、下水道盖、化粪池盖、地下管线的规格、程式、数量，横穿的直埋线路上下情况及相互距离。

续表

操作步骤	操 作 过 程
步骤一 明确查勘要求	⑤ 查勘时应估计各段的土石比例，记录开挖的各种路面数据。 (2) 明确钉桩要求： ① 对于直线段，每隔 200～300 m 定桩。 ② 对于比较大的障碍，如过河、塘，需要增设障碍桩。 (3) 明确记录要求。 查勘过程中，记录路由方向、道路路名、离路边的距离、周围建筑环境、地形地貌、其他运营商线路、电力线、河流名称、桥梁名称、地名、道路坡度等。另外，对于沿线遇到的主要障碍，如钢管过桥、顶管过路、过铁路、过高速公路、过涵洞等，要绘出相应平面图和侧面图，必要时应与建设方沟通，确定其保护方式
步骤二 现场测量	(1) 大旗组人员负责在原有 1#人孔位置插一面大旗，如图 2-1 所示。 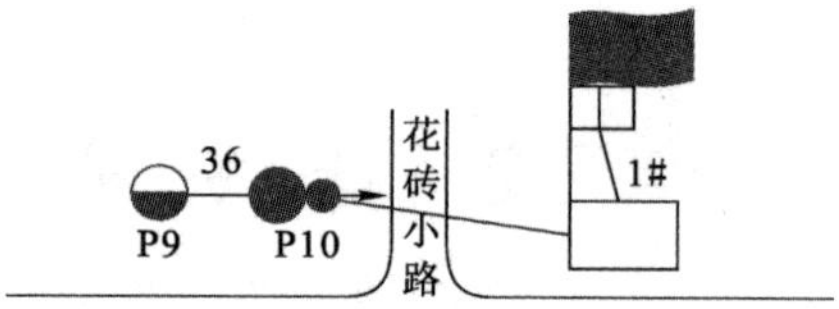 图 2-1　在 1# 人孔位置插一面大旗 (2) 测距组人员从 P10 电杆起到花砖小路两边各设置一根标杆，使每根标杆与大旗为一条直线。使用轮式测距仪或皮尺测量 P10 与花砖小路之间、两标杆之间、花砖小路与 1# 人孔即大旗之间的距离，并在两标杆位置钉上标桩，如图 2-2 和图 2-3 所示。 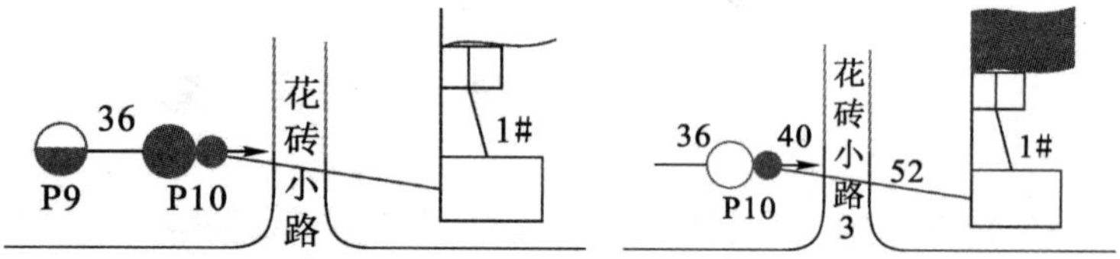 图 2-2　设置标杆并测距(1) 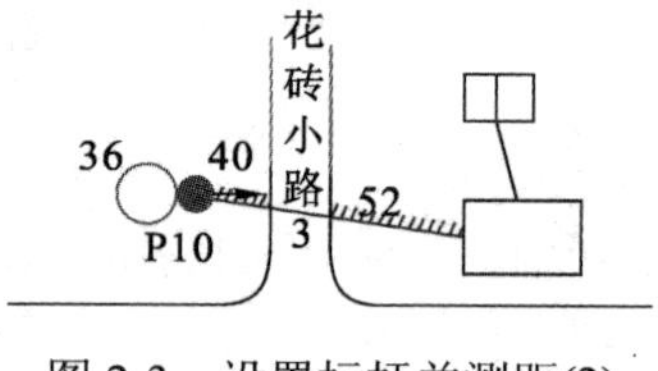 图 2-3　设置标杆并测距(2) (3) 用皮尺测量此直埋线路路由两边地面上下一切设施状况，未发现有其他设施。 (4) 测防组人员使用地阻测试仪每一公里处测 ρ_2 (即 2 m 深处土壤电阻率)一次，每二公里处测 ρ_{10} (即 10 m 深处土壤电阻率) 一次，据此提出直埋线路的防雷措施。本工程无须设置防雷排流线。 (5) 测绘组人员负责绘制草图并记录上述勘察数据
步骤三 勘察数据填表	将勘察数据填入表 2.2 中

表 2.2　直埋线路勘察表

基　本　情　况					
路由走向	文信路北边：测量总长度为 95 m				
所处地形特征	☑平原	□丘陵	□其他		
所处地理环境	☑市区	□郊区	□乡村		
工程性质	☑新建	□改建	□扩建		
建设方法	□架空	☑直埋	□管道		
线路类型	☑光缆	□电缆			
沿途所遇标志性设施	□广告牌 □路程桩 □化粪池盖	□消防栓 □花台 □其他	□树木 □燃气井盖	□信号箱 □自来水盖	□车站 □下水道盖

直　埋　线　路				
项目	基　本　情　况			
测量长度	95 m			
过路路面形式	□混凝土 ☑水泥花砖 □150 mm 以下	□柏油 □条石 □250 mm 以下	□沙石 □450 mm 以下 □350 mm 以下	□混凝土砌块
土质	☑普通土 □冻土	□硬土 □软石	□沙砾土 □坚石	
直埋线路塑料管道类型	□硬管	☑波纹管	□栅格管	□蜂窝管
过路地段采用开挖方式	□人工开挖	☑机械开挖		
光缆沟放坡方式	□不放坡	☑放坡		
沟底宽度	0.2 m			
障碍类型	□落差地形	□斜坡地形	☑花砖小路	□河流　□其他
障碍保护方式	☑钢管保护	□塑料管	□水泥盖板	□其他
接头坑情况说明	无			
接续情况	☑不需要	□需要		
线路防护说明 (防雷、防强电及其他防护)	无			

2.4　知 识 解 读

2.4.1　直埋光缆路由选择

1. 宜于敷设直埋光缆线路的路由条件

(1) 路线短，弯曲少，不易发生塌陷、地裂等的地质条件稳定的地段。

(2) 障碍少、土壤腐蚀性小、机械损伤可能性小的地段。

(3) 在城市中，尽量选在人行道下，以减小对城市交通的影响，并减轻开挖路面的困难。

(4) 穿越公路、铁路及其他地下管线时，尽可能选择狭窄、交越处中心线尽量互相垂直的地段。

(5) 尽量与公路或街道平行，减少光缆线路往返穿越公路或街道的地段。

(6) 对于直埋光缆线路路由，当考虑光缆的引接使用时，其埋设位置应靠近公路或街道引接侧。

2. 直埋光缆线路应避开的地方

(1) 预留发展用地或规划未确定的地区，以及将来可能建设为高等级公路或快车道的地段和位置。

(2) 其他地下隐蔽设施设备复杂、出现故障及挖掘修复时容易伤及直埋光缆线路的地段。

(3) 直埋光缆线路与已建或规划待建的地下其他隐蔽设施的隔距达不到最小隔距要求的地段。

(4) 地表下为岩石路基、路基不结实有塌陷可能的地段。

(5) 经常有积水、冰冻层较深、腐蚀严重的地段。

(6) 制造或储藏危险物品的场所。

2.4.2 光缆路由标石的设置

光线路由标石的作用是标定光缆线路的走向、线路设施的具体位置，以供维护部门日常维护和故障查修等。

1. 必须设置标石的部位

(1) 光缆接头；

(2) 光缆拐弯点；

(3) 同沟敷设光缆的起止点；

(4) 敷设防雷排流线的起止点；

(5) 按规划预留光缆的地点；

(6) 与其他重要管线的交越点；

(7) 穿越障碍物寻找光缆有困难的地点；

(8) 直线路由段超过 200 m，郊区及野外超过 250 m 寻找光缆困难的地点。

注：当有可以利用的标志时，可用固定标志代替标石。对于需要监测光缆金属内护层对地绝缘的接头点，应设置监测标石，其余均为普通标石。

2. 标石的分类

标石的分类如图 2-4 所示。

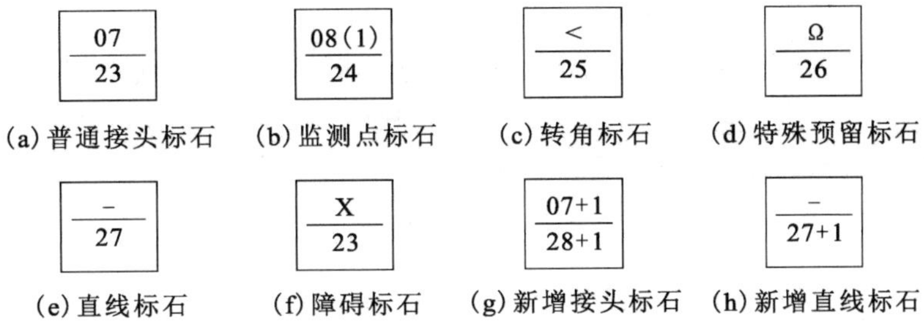

图 2-4　各种标石(d、e、f、h 属路由标石)

2.4.3　直埋光缆要求

1. 光缆结构的选择

光缆结构为 PE 内护层＋防潮铠装层＋PE 外护层，或防潮层＋PE 内护层＋铠装层＋PE 外护层，宜选用 GYTA53、GYTA553、GYTA23、GYTS、GYTY53 等结构。

2. 距离要求

直埋光缆与其他建筑设施、树木的距离要求如表 2.3 所示。

表 2.3　直埋光缆与其他建筑设施、树木的距离要求

设施名称		最小间隔距离/m	
		平行时	交越时
给水管	直径在 300 mm 及以下	0.5	0.5
	直径为 300～500 mm	1.0	0.5
	直径在 500 mm 以上	1.5	0.5
排水管		1.0	0.5
热力管		1.0	0.5
煤气管	压力≤300 kPa	1.0	0.5
	300 kPa＜压力≤800 kPa	2.0	0.5
通信管道		0.75	0.25
市外大树		2.0	—
市内大树		0.75	—
建筑红线或基础		1.0	—
马路边石		1.0	—
排水沟		0.8	0.5
电力电缆	35 kV 及 35 kV 以下	0.5	0.5
	35 kV 以上	2.0	0.5
高压线支座		2.0	—
铁路轨道外侧		2.0	—

3. 保护处理

直埋光缆时，在可能被挖掘的地段，应在直埋光缆上方铺设红砖或混凝土盖板，并在线路上方加设标志片，以起到警示作用；在过路、过桥的地方，应采用钢管来保护；在过河时，应采用砌漫水坡、护岸、坡度挡土墙等方式来保护。

拓展案例

通过任务 1 和任务 2 的实施，已经勘察到 1#人孔位置。为了继续勘察本项目的 36 芯光缆线路路由，项目经理小王安排项目组成员对校园内已有管道线路进行勘察(1#人孔开始到 10′#止)，已有管道线路如图 2-5 所示。要求记录每人(手)孔之间的距离(不需测量 1—1′#、3—3′#的距离)，打开人(手)孔盖，记录人(手)孔中管孔的占用情况、本次工程光缆穿放子孔的位置、敷设光缆及预留长度、人(手)孔中是否有积水，并将其记录填写在表 2.4 中。

表 2.4　已有管道线路情况表

项　目	基　本　情　况
管道线路总长度	________m
1—10#人孔各孔之间的距离	________m ________m ________m ________m ________m ________m ________m ________m ________m
各人孔是否有积水	□有　　□无
管孔类型	□钢管　　□波纹管　　□栅格管
管孔数量	________孔
本次工程占用管孔	占孔图________

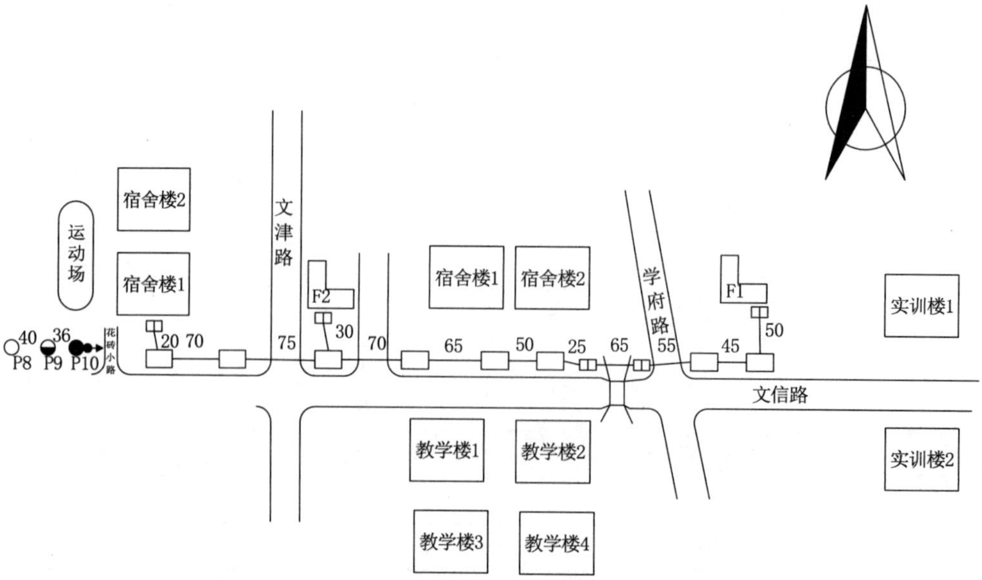

图 2-5　已有管道线路

课后习题

1. 单项选择题

(1) 直埋光缆线路路由在转弯处应设置(　　)。

A. 普通接头标石　　B. 监测点标石　　C. 转角标石　　D. 特殊预留标石

(2) 直埋光缆线路路由在新增接头应设置(　　)。

A. 直线标石　　B. 监测点标石　　C. 障碍标石　　D. 新增接头标石

2. 填空题

(1) 在标石表示符号中，$\boxed{\frac{07}{23}}$ 表示____________标石。

(2) 直埋光缆与直径 300～500 mm 的给水管平行时的最小间隔距离为____________m。

(3) 直埋光缆与市内大树平行时的最小间隔距离为____________m。

(4) 直埋光缆与热力管交越时的最小间隔距离为____________m。

(5) 直埋光缆与热力管平行时的最小间隔距离为____________m。

(6) 直埋光缆与排水管平行时的最小间隔距离为____________m。

(7) 直埋光缆与排水管交越时的最小间隔距离为____________m。

3. 简答题

(1) 直埋光缆路由选择适宜用在哪些地方？

(2) 直埋光缆路由选择应避开哪些地方？

(3) 直埋光缆线路的哪些位置上必须设置标石？

任务 3　管道工程勘察

3.1　任务描述

小王与××市联通公司核定总体建设方案后，安排项目组成员对方案中的新建管道部分进行现场勘察，绘制勘察草图，并将勘察情况进行全面总结，形成勘察表单，上报给××市联通公司，形成最终方案。

3.2　任务分析

新建管道由人(手)孔、管道、管材等组成，项目组中勘察人员首先要熟悉项目介绍中的要求及××高校所处的地理位置及气象条件，再根据通信管道工程设计标准，对目标建设段的管道路由进行实地勘察。先确定管道路由，再确定管道建筑位置，最后记录新建人(手)孔类型、管道段长、塑料管道类型、管孔排列方式、现场土质、管道包封类型、管道光缆引出方式等信息。

3.3　任务实施

在任务分析的基础上，项目经理小王携带任务书、勘察工具等带领大旗组、测距组、测绘组、测防组人员进入现场进行勘察。具体操作步骤如表 3.1 所示。

表 3.1　管道线路工程勘察步骤

操作步骤	操作过程
步骤一 明确查勘要求	(1) 明确总体要求。 ① 勘察前先由王经理对全程路由分段进行熟悉，确定大致路由和测量分界点，随后安排人员进行测量。 ② 对选定的路由进行详细测量，对过障碍的地方要给出保护的处理方法，并在现场定点打桩做标记，在现场的标桩和油漆记号等标志必须醒目易找，符号正确，距离准确。 ③ 查勘定标确定的路由位置必须和现场的各种地下管线，在平面上和立面上相互间不受任务影响，力求达到各自行业标准的要求。对路由上的主要障碍(如是否过大桥、大河、涵洞、铁路等)进行合理的处理，并就处理这些障碍的赔补等问题征求××市联通公司代表孙工的意见。

续表

操作步骤	操 作 过 程
步骤一 明确查勘要求	④ 对在管道线路中心线两侧 6～12 m 周边的地面上下一切设施状况进行测量，如地面上的树木、广告牌、消防栓、信号箱、路程桩、花台、燃气井盖、自来水盖、下水道盖、化粪池盖、地下管线的规格、程式、数量，横穿的管道路由上下情况及相互之间的距离。 ⑤ 查勘时应估计各段土石方比例，记录开挖的各种路面数据。 (2) 钉桩要求： ① 对于直线段，每 200～300 m 定桩。 ② 对于比较大的障碍，如过河、塘，需要增设障碍桩。 (3) 明确记录要求。 查勘过程中，记录管道路由及人(手)孔间段长、人(手)孔的位置
步骤二 现场测量	(1) 大旗组人员负责在原有实训楼 1 处与原有 10′# 手孔 A 对齐处插一面大旗，如图 3-1 所示。 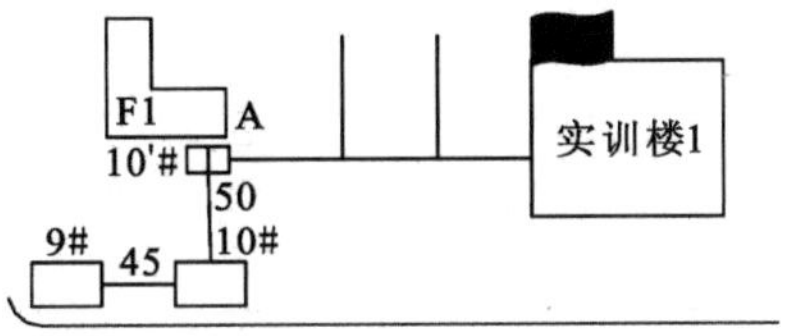 图 3-1　在实训楼 1 处与原有 10′# 手孔 A 对齐处插一面大旗 (2) 测距组人员中看标人站在 10′# 手孔 A 处，另一人使用轮式测距仪到距 A 处 45 m 位置设置一根标杆，使标杆与大旗呈一条直线。观察该段管道路由路面情况并记录当前新建的 11# 手孔的位置信息。 (3) 看标人再到新建的 11# 手孔处，另一人用使用轮式测距仪到距 11# 手孔处 45 m 位置设置一根标杆，使之与大旗呈一条直线，观察该段管道路由路面情况并记录当前新建的 12# 手孔的位置信息。 (4) 看标人再到新建的 12# 手孔处，另一人使用轮式测距仪直线测量到大旗处，观察该段管道路由路面情况并记录当前新建的 13# 手孔的位置信息，如图 3-2 所示。 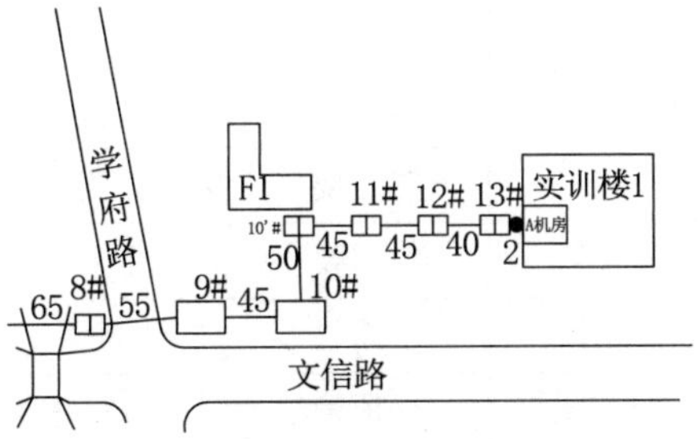 图 3-2　确定 12# 和 13# 的位置 (5) 测绘组人员负责绘制草图并记录上述勘察数据。
步骤三 勘察数据填表	将勘察数据填入表 3.2 中

表 3.2　新建管道勘察表

基　本　情　况	
路由走向	西东走向：测量总长度为 132 m
所处地形特征	☑平原　☐丘陵　☐其他
所处地理环境	☑市区　☐郊区　☐乡村
工程性质	☑新建　☐改建　☐扩建
建设方法	☐架空　☐直埋　☑管道
线路类型	☑光缆　☐电缆
沿途所遇标志性设施	☐广告牌　☐消防栓　☐树木　☐信号箱　☐车站　☐路程桩 ☐花台　☐燃气井盖　☐自来水盖　☐下水道盖　☐化粪池盖　☐其他
新　建　管　道	
测量长度	132 m
路面形式	☐混凝土　☐柏油　☐沙石　☐混凝土砌块 ☐水泥花砖　☐条石　☑普通土 ☐150 mm 以下　☐250 mm 以下　☐350 mm 以下　☐450 mm 以下
土质	☑普通土　☐硬土　☐沙砾土　☐冻土 ☐软石　☐坚石
新建人(手)孔类型	☐小号　☐中号　☐大号　☑手孔 ☑直通型　☐三通型　☐四通型　☐斜通型
管道断面组合选择	2　孔(2 × 1)
管道剖面图	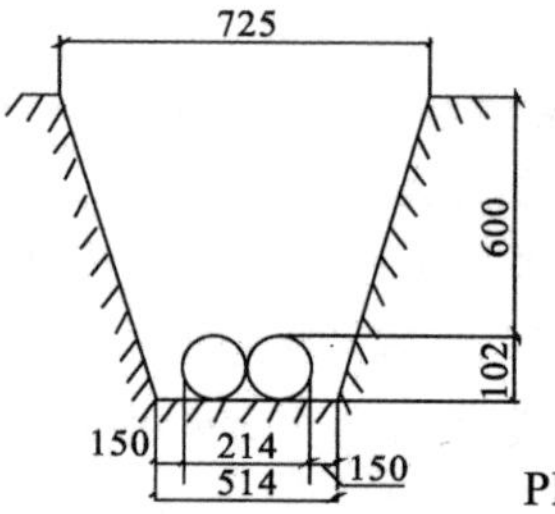 PEϕ102 × 2
塑料管道类型	☐硬管　☑波纹管　☐栅格管　☐蜂窝管
管道基础	☐需要　☑不需要
管道包封	☐需要　☑不需要
有无穿越公路、铁路情况	☐需要　☑无
过路地段采用的开挖方式	☐顶管法　☐分段开挖　☐微孔定向钻　☑无
接续情况	☑不需要　☐需要
预留情况	无
手孔内采取的保护措施	无
光缆入局方式	ϕ50 钢管引上

3.4 知识解读

3.4.1 管道路由选择原则

(1) 通信管道应建在城市主要道路和住宅小区，对于城市郊区的主要公路，也应考虑建设通信管道。

(2) 管道路由应在管道规划的基础上充分研究分路建设的可能性(包括在道路两侧建设的可能性)。

(3) 通信管道路由应远离电蚀和化学腐蚀的地带。

(4) 宜选择在地上、地下障碍物较少的路段。

(5) 避免选择在规划尚未成型，或已成型但土未沉实的道路上。

(6) 交通繁忙的道路管道施工的过程中，要有能临时疏通行人及车辆的可能性。

3.4.2 管道埋设位置的确定

(1) 管道宜在人行道上。当人行道上无法建设时，可在慢车道下建设管道。管道不宜建在快车道上。

(2) 高等级公路上的通信管道建筑位置选择顺序是：中央分隔带下、路肩及边坡和路侧隔离栏以内。

(3) 管道位置宜与杆路同侧建设。这样将有利于将管道内的光电缆引出，减少跨越马路和与其他管线交越的可能性。

(4) 通信管道中心线应平行于道路中心线与建筑红线。

(5) 通信管道建设位置不宜选在埋设较深的其他管线旁边。

(6) 避免在城市规划将来要改扩建或废除的道路中埋设管道。

(7) 管道埋设位置不宜紧靠房屋基础，应留有适当距离。

(8) 通信管道应避开与燃气管道、高压电力电缆在道路同侧敷设，不可避免时可参照表3.3的最小净距来敷设。

表 3.3　通信管道与其他设施净距表

<table>
<tr><th colspan="2">其他地下管线和建筑物名称</th><th>平行净距/m</th><th>交叉净距/m</th></tr>
<tr><td colspan="2">已有建筑物</td><td>2.0</td><td>—</td></tr>
<tr><td colspan="2">规划建筑物红线</td><td>1.5</td><td>—</td></tr>
<tr><td rowspan="3">给水管</td><td>$D \leqslant 300$ m</td><td>0.5</td><td rowspan="3">0.15</td></tr>
<tr><td>300 m $< d \leqslant$ 500 m</td><td>1.0</td></tr>
<tr><td>$D >$ 500 m</td><td>1.5</td></tr>
<tr><td colspan="2">污水管/排水管</td><td>1.0</td><td>0.15</td></tr>
</table>

续表

其他地下管线和建筑物名称		平行净距/m	交叉净距/m
热力管		1.0	0.25
通信电缆或通信管道		0.5	0.25
通信电杆、照明杆		0.5	—
绿化	乔木	1.5	—
	灌木	1.0	—
道路边的石边沿		1.0	—
铁路钢轨		2.0	—
沟渠(基础底)		—	0.5
涵洞(基础底)		—	0.25
电车轨底		—	1.0
铁路轨底		—	1.5

3.4.3 通信管道段长要求

(1) 管道段长根据人孔位置来确定，在直线路由情况下，水泥管的段长最大不超过150 m，塑料管的段长最大不超过200 m；高等级公路上的通信管道段长最大不超过250 m。对于郊区光缆专用塑料管道，根据选用的管材形式和施工方式不同，段长最大可达1000 m。

(2) 每段管道应按直线铺设。如遇道路弯曲或需绕开地上、地下障碍物且弯曲点设置人孔时管道段又太短，就可建弯曲管道，弯曲管道的段长应小于直线管道的最大允许段长。

(3) 水泥管道弯管道的曲率半径不应小于 36 m，塑料管道的曲率半径不应小于 10 m，弯管道中心夹角宜尽量大，同一段管道部分应有反向弯曲(即S形弯)或中心夹角小于90° 的弯管道(即U形弯)。

(4) 市区手孔管道段长可根据实际现场情况进行缩短。

3.4.4 地下管道勘测过程中的安全注意事项

1. 测量

(1) 测量仪器的放置地点，以不妨碍交通为原则。支撑三脚架时，应拧紧螺丝，以免仪器突然倒下摔损。

(2) 在十字路口和公路上测量时，应注意行人和各种车辆，必要时应与交警联系，取得协助。测量动作应迅速，根据现场实际情况，可分两三次丈量。皮尺、钢卷尺横过公路或在路口丈量时，注意切勿被车辆滚压。

(3) 进行测量时，仪器由使用人员负责保护，如果使用人员因故需要离开仪器，应指定专人看守。测量仪器与工具不使用时，应放置在安全的地方，以防仪器被损坏。

(4) 沿管线所打水平桩或中心桩，不得高出路面1 cm。

(5) 挖土前，测量人员应熟悉并掌握图纸中地上、地下障碍物的情况，将障碍物的具体位置与土方挖掘的负责人和挖掘机司机讲清楚，施工中紧密配合，以免损坏地上、地下设备和发生人身安全事故。

2. 土方

(1) 施工前，按照正式批准的设计位置，与有关部门办好挖掘手续，并与有关的居委会、工厂、学校、机关进行联系，做好施工前的安全宣传工作，劝告居民、教育小孩不要在沟边或沟内玩耍。

(2) 在开始挖土时，必须在两端放置标志(如红旗或红灯、绳索等)，以免发生危险。

(3) 人工挖沟时，相邻的工人必须要有 2 m 以上的距离。

(4) 在流沙、疏松土坡操作时如沟深超过 1 m，均应装置护土板。一般结实土壤，其侧壁与沟底面所成夹角小于 115° 时，也必须装置护土板。挖沟与装置护土板必须视具体情况配合进行，工作人员不得相距太近，以免发生意外。

(5) 当挖交叉地沟或者挖填平的老沟(填土未沉落密实)时，在两沟互相穿通之处必须支撑得特别牢固。

(6) 挖沟时如发现在挖沟地区有坑道枯井，应立即停止作业并报告上级处理。

(7) 在斜坡地区挖沟时，必须防止由于松散的石块、悬垂的土层及其他可能坍塌的物体滚下而发生危险。

(8) 挖沟时，对地下各种障碍物，如电力线、煤气管道、热力管道、防空洞以及非邮电部门的通信电缆等，应做如下处理，确保人身和设备的安全。

① 在施工图纸上标有位置高程的地下设施，当挖到接近其 30 cm 时，应采用铁锹轻挖。当进行机械化挖沟时，若遇到这种情况，应停止机械作业，采用人工挖掘。

② 当没有标记明确位置高程但已知有地下建筑物时，应事先指定有经验的工人进行深挖。

③ 在挖沟时若突然发现地下建筑物，如古坟和不能识别的物品，应该立即报告上级处理，不得将其损害，严禁随意敲击或玩弄。

④ 挖出地下任何管线时，应于沟上横架足以负重的圆木或工字钢，并用适当的木板托住管线，采用棕绳或铁线吊起以防止其沉落。

⑤ 如遇污水、雨水管道有漏水的情况，应予封堵，难以一时修复的应用木板、油毡做临时过渡流水槽，引至沟外下水道。在工作中臭味太大时应戴口罩。

⑥ 如遇上水管漏水，煤气热力管道漏气，特别是有毒的、易燃的气体管道出现故障，及时请求有关单位配合修复。

⑦ 如遇电力电缆、通信电缆出现意外故障，也应请求有关单位配合修复。

⑧ 在以上各种管线故障未修复前，工地负责人应指派专人维持现场，停止工作，防止意外中毒、触电等事故发生。待修复后，吊装牢固，方可复工，并加以标记，防止其他人员乱动。

(9) 由地沟内抛出土石到沟外时，应注意以下事项，以防伤人伤物。

① 使土石不致回落于有人的沟内。

② 不应堆积过高，并且必须有适当的坡度。

③ 及时运清行人要道及妨碍交通之处的土石。

④ 注意周围情况，不得乱扔工具、石子、土块。

⑤ 从沟中或土坑向上掀土，应注意沟、坑上边是否有人。沟深在 1.5 m 及以上时，必须有专人在上面清土，清除之土应堆在距离沟、坑沿 60 cm 以外。

⑥ 所挖出的土与石块，不得堆在沟边的消火栓井、邮政信筒、上下水道井、雨水口及各种井盖上面。

⑦ 挖掘土方石块，应该从上而下施工，禁止采用挖空底脚的方法；在雨季施工时应该做好排水措施。

⑧ 在靠近建筑物旁挖土方的时候，应该视挖掘深度，做好必要的安全措施。当采取支撑的办法无法解决时，应拆除容易倒塌的房屋墙壁等。

(10) 挖沟后，必须视需要在里弄口、机关、市民等门口及时搭建临时木桥或钢板桥，维持交通。所搭各种临时便桥，必须事前检查，不得有断裂、移动的情况，并充分估计不会有压断的可能性。支搭以后，每日应由专人检查，并应符合下列要求。

① 人行便桥的木板厚度不得小于 3 cm，板宽不得小于 60 cm。

② 通行人力小车的便桥板厚不得小于 5 cm，板宽不得小于 150 cm。

③ 通行机动车的便桥板厚不得小于 10 cm，或采用钢板，一般应在板下加设横挡，必要时用铁钩或铁线连牢。

④ 所搭各种便桥和木板的间隔不得大于 1 cm，两端均应延长 50 cm 以上，如沟壁土质松软，应视具体需要加长木板，并贴在地面上。

⑤ 在繁华地区，便桥左右必须加设挡板和明显标志。

(11) 挖隧洞时的注意事项如下：

① 根据地区不同，目前大部分采用顶大口径水泥管(与洞顶大小相同口径水泥管)，然后在大管内铺设电信管道的办法。

② 一般通过高级路面和穿越各种建筑物下铺设电信管道时，使用挖隧道的办法铺设电信管道。

③ 在挖隧道时，应随时注意上顶与两侧土质有无变化情况，如发现有松裂现象，全体人员应退出洞外，并向上级报告，待支好护土板与撑架后，再进行工作。工作人员不得将工具碰撞撑架及护土板。

④ 遇天气炎热时，挖洞人员应轮流在洞内、洞外工作，班组长应注意掌握情况。

⑤ 挖隧道时应有足够的照明设备和通风设备，必须用具有低压电源和高质量胶皮电缆的工作手灯和排风设备。

⑥ 在挖隧道快贯通时，必须通知对方挖洞人员留意，以防碰伤对方人员。

⑦ 隧道内应保持通风，注意对有毒气体的检查，遇到可疑现象时，应立即停止工作，并报告上级处理。

(12) 每天早上开工前，或雨后复工时，必须检查地洞顶壁和地沟帮是否有裂缝，撑木是否有变动，如有必要，应先加固，才能下去工作。

(13) 雨后洞内、沟内泥泞不堪，应先将烂泥挖出。在发现土质有裂缝坠下之势时，应立即用工具将松土打下或加支撑。

(14) 严禁工作人员在沟坑内或隧道中休息或玩耍，以免发生危险。

(15) 在旧有人孔处改建与增添新人孔或新管道时，严禁将人孔中的电缆损坏。必要时，应加横杆悬吊保护。

(16) 回土的一般要求如下：

① 回土打夯时，注意平稳，用力均匀。电动打夯机，要用橡皮绝缘线，夯机不得碰伤电源线。使用内燃打夯机时，必须防止喷出的气体及废油伤人。

② 对原有的地下建筑物，回土时不得将其损坏。

③ 在土洞内回土，应逐步拆去护土板和撑架，并逐步垂直地一层层夯实，不能夯实的地方用砖填实，不得一次将所有护土板或撑木架拆去。

拓展案例

假设本项目中的××校区内的实训楼2的1楼B机房也需要再布放一根36芯光缆，如图3-3所示。请从原有的管道路由中新建一段管道路由到实训楼2的1楼B机房，为此勘察设计管道路由，并设计勘察表单。

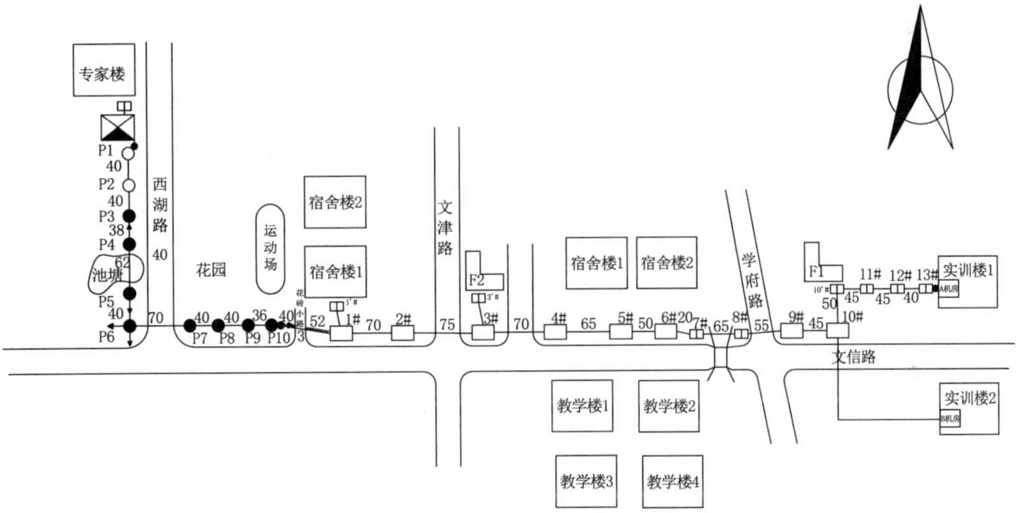

图3-3　实训楼2的B机房管道接入

课　后　习　题

1. 填空题

(1) 通信管道与已有建筑物的平行净距为__________m。

(2) 通信管道与直径300～500 mm的给水管平行时的最小间隔距离为__________m。

(3) 通信管道与直径大于500 mm的给水管平行时的最小间隔距离为__________m。

(4) 通信管道与热力管平行时的最小间隔距离为__________m。

(5) 通信管道与热力管交越时的最小间隔距离为__________m。

(6) 通信管道与排水管平行时的最小间隔距离为__________m。

(7) 通信管道与排水管交越时的最小间隔距离为__________m。

(8) 通信管道与道路边石边沿平行时的最小间隔距离为__________m。

(9) 管道段长根据人孔位置确定，在直线路由情况下，水泥管的段长最大不超过__________m。

2. 简答题

(1) 简述管道路由的选择原则。

(2) 简述如何确定管道的埋设位置。

(3) 地下管道勘测在测量过程中有哪些安全注意事项？

任务 4　基站设备安装工程勘察

4.1　任务描述

小王根据项目介绍中的建设背景可知，本工程主要解决××校区内的4G深度覆盖问题，需要在实训楼1的A机房对基站进行扩容，新增华为BBU3900设备一台、RRU设备三台、定向天线三面，其中室外部分不在本次勘察的范围中。小王安排项目组成员对方案中的A机房基站进行勘察设计作业，从而获取现场资料，绘制勘察草图，并将勘察情况进行全面总结，形成勘察表单，上报给××市联通公司。

4.2　任务分析

项目组中勘察人员首先要熟悉实训楼1的A机房的建筑类型、地面类型、机房外围建筑尺寸，以及已有的设备尺寸；然后根据现行YD/T5230－2016《移动通信基站工程技术规范》行业标准，对新增设备分布位置进行勘察，确定其走线方式，记录机房类型、机房结构、地面情况、建筑物楼层、机房所在楼层，了解市电引入情况或机房内交直流供电情况、机房防雷接地、照明情况、空调设备、GPS位置信息等；最后结合室外天面草图画出机房设备平面草图及设备线缆布线图(走线架图)。

4.3　任务实施

在任务分析的基础上，项目经理小王携带任务书、原有机房图纸、勘察工具等带领相关人员进入现场进行勘察。具体操作步骤如表4.1所示。

表4.1　移动基站工程勘察步骤

操作步骤	操作过程
步骤一 A机房信息获取	获取实训楼1总楼层为5层、A机房位于3层、建筑类型为框架、地面为防静电地板、地面满足承重要求、不需要加固等相关信息
步骤二 现场尺寸测量	(1) 测量机房尺寸。 现场测量机房内净尺寸，长×宽×高＝4500 mm×6700 mm×3000 mm，如图4-1所示。

续表一

<table>
<tr><th>操作步骤</th><th>操 作 过 程</th></tr>
<tr><td>步骤二
现场尺寸测量</td><td>

图 4-1　机房内净尺寸
(2) 测量已有设备。机房已有设备测量结果如图 4-2 所示。
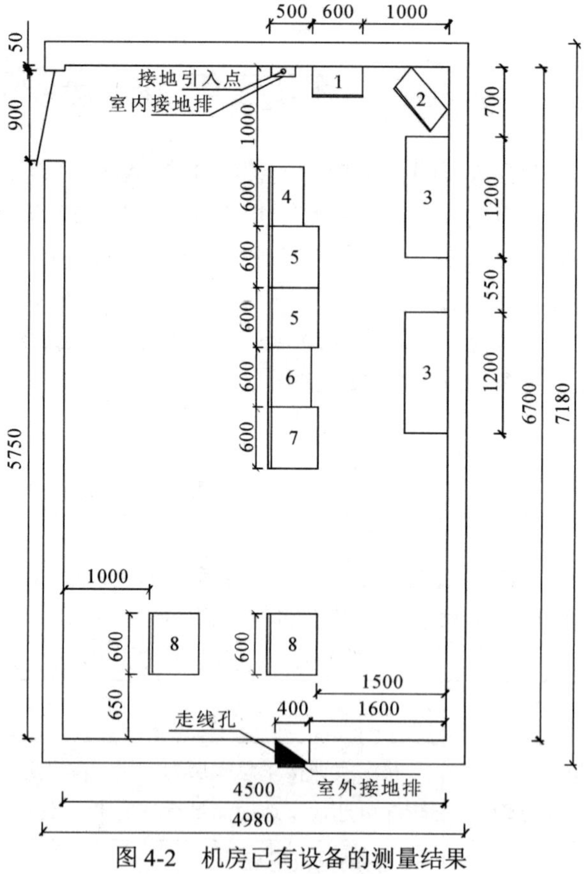

图 4-2　机房已有设备的测量结果
注：图中尺寸单位均为 mm，本书中除特别说明的之外，均如此设定。
从已有设备的安装情况来看，本机房能满足扩容设备的安装要求
</td></tr>
</table>

续表二

操作步骤	操 作 过 程
步骤三 新安装设备位置勘察	根据同列机架的设备面板应处于同一平面上，基站设备与机房内其他设备及墙体之间应留有足够的维护走道空间和设备散热空间的原则，新安装的综合柜可放在移动机柜 8 的北边，也可放在电信机柜 7 的南边。但考虑维护设备方便，最好还是放在移动机柜 8 的北边，初步规划结果如图 4-3 所示。 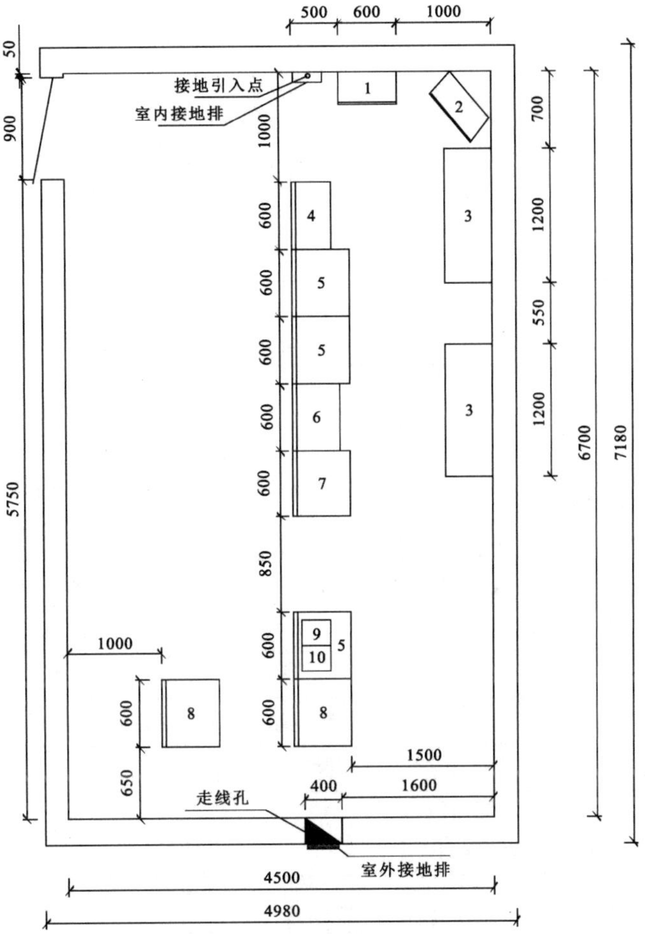 图 4-3　初步规划结果 A 基站设备配置表如表 4.2 所示
步骤四 电源柜勘察	使用万用表测量电源柜接口，读取电压数据，观察电源柜是否预留空开位置。结果为：接口电压为 −48 V，有预留空开位置
步骤五 机房走线架勘察	查勘机房内走线架布线情况，判断是否有预留空间。结果为：有走线架预留空间
步骤六 勘察数据填表	将勘察数据填入表 4.3 中

表 4.2　A 基站设备配置表

序号	设备名称	设备尺寸[(高 × 宽 × 深/(mm × mm × mm)]	单位	数量	备注
1	交流配电箱	800 × 600 × 300	台	1	铁塔提供
2	空调室内机	1800 × 600 × 300	台	1	铁塔提供
3	蓄电池(500 A · h)	400 × 1200 × 500	架	2	铁塔提供，单层双列
4	综合开关电源	1600 × 600 × 400	架	1	铁塔提供
5	综合柜	1800 × 600 × 600	架	3	铁塔提供，新增 1 架
6	华为机柜	600 × 600 × 500	架	1	铁塔提供
7	电信机柜	1800 × 600 × 600	架	1	铁塔提供
8	移动机柜	1800 × 600 × 600	架	2	铁塔提供
9	BBU		台	1	新增设备
10	DCDU		台	1	新增设备

表 4.3　A 基站勘察表

<table>
<tr><td>机房所在地</td><td colspan="5">实训楼 1 的 A 机房</td></tr>
<tr><td>建筑类型</td><td colspan="5">☑框架　□砖混　□活动机房　□其他　☑租用　□自建</td></tr>
<tr><td>机房面积/m^2</td><td colspan="5">总面积：4.5 m × 6.7 m = 30.15 m^2
机房尺寸：长 × 宽 × 高 = 4500 mm × 6700 mm × 3000 mm</td></tr>
<tr><td>地面</td><td colspan="5">☑防静电地板　□防静电地砖　□普通水泥地</td></tr>
<tr><td>地面承重</td><td colspan="5">□需要加固　☑无须加固</td></tr>
<tr><td>总楼层数</td><td>5</td><td>基站所在楼层</td><td>3</td><td>机房梁下净高</td><td>3 m</td></tr>
<tr><td>工程性质</td><td colspan="5">□新建站　☑扩容站</td></tr>
<tr><td>新增设备位置空间是否足够</td><td colspan="5">□否　☑是</td></tr>
<tr><td>走线架是否有足够空间布放线缆，是否需要增加空间</td><td colspan="5">☑有　□无　□需增加　☑不需增加</td></tr>
<tr><td>照明灯管数量，是否需要增加</td><td colspan="5">☑三只　□两只　□一只
☑否　□是</td></tr>
<tr><td>交流电引入</td><td colspan="5">☑220 V 市电　□380 V 市电　□高压引入</td></tr>
<tr><td>是否有预留空开</td><td colspan="5">☑有　□无　□需增加</td></tr>
<tr><td>室内接地排</td><td colspan="5">☑有　□无　□需增加</td></tr>
<tr><td>室外走线架</td><td colspan="5">☑有　□无　□需增加</td></tr>
<tr><td>楼顶铁塔高度</td><td colspan="5">18 m</td></tr>
<tr><td>已有天线</td><td colspan="5">☑TD-LTE　☑TD-SCDMA　☑CDMA　□GSM</td></tr>
<tr><td>天线安装方式</td><td colspan="5">☑楼顶铁塔　□地面铁塔　□楼顶拉线塔　□楼顶抱杆</td></tr>
</table>

4.4　知识解读

4.4.1　基站系统的组成

基站系统主要由 BBU、RRU、天馈系统、基站电源系统、基站附属设备等组成。在移动通信领域，BBU＋RRU 模式是目前经常用到的一种新型基站，BBU 和 RRU 之间通过光纤进行连接。

1. BBU 基带处理单元

华为 BBU3910 主要包括通用主控传输板、基带处理板、时间单元板、电源单板、通用环境监控接口扩展板、风扇单板。

2. RRU 射频拉远单元

RRU 是将基带的光信号转换成射频信号并放大传送的设备。RRU 与基站主设备 BBU 之间通过两根单模光纤来传输基带信号，一根用于发射，另一根用于接收。RRU 与天线之间通过上跳线连接，一般根据不同的上跳线长度选择不同类型的馈线。

3. 天馈系统

天馈系统包括基站天线、GPS 天线和馈线。基站天线可分为全向天线和定向天线两种；GPS 天线一般采用有源的，用于定位和提供时钟同步信号，可将接收到的 GPS 卫星信号进行放大，提供一定的增益；馈线可分为 1/2 英寸以下、1/2 英寸以上且 7/8 英寸以下、7/8 英寸以上三种。室外跳线用于连接天线与 7/8 英寸主馈线，一般采用 1/2 英寸馈线，长度为 3 m；室内软跳线用于连接主馈线与基站主设备时也常用 1/2 英寸馈线，长度为 2～3 m。

4. 通信电源系统

交流电源：市电、备用油机发电机组、通信逆变器提供的低压交流电源。

直流电源：为各类通信设备、通信逆变器和直流变换器提供直流电压的电源，其额定电压为 −48 V，通常由 24 只铅蓄电池组成。

接地系统：接地方式有交流接地、直流接地、保护接地、防雷接地、联合接地(各类通信设备的接地、直流接地、保护接地及防雷接地共用一组接地体的接地方式)。

5. 基站附属设备

基站附属设备包括机房空调、防雷箱、走线架、馈线窗、接地排等。

机房空调为基站的通信设备的安全、稳定、可靠运行提供保障。

防雷箱是一种防雷击的设备，主要安装在配电房、配电柜、交流配电屏、开关箱和其他重要设备上，以及容易遭受雷击设备的电源进线处，以保护设备免遭沿电源线路侵入的雷击过电压造成的损害。

走线架是用于绑放所有光、电缆的铁架设备，可用于水平、垂直及多层分开布线的场合，可实现电源线、接地线、信号线的分离。

馈线窗是馈线进出机房的通道，一般安装在室内走线架上沿水平的位置。

接地排起保护接地和工作接地的作用。

4.4.2 机房站址选择原则

机房站址选择应依据 YD5003—2014《通信建筑工程设计规范》和 GB8702—2014《电磁环境控制限值》标准中的有关规定执行。

(1) 局站址应有安全的环境，不应选择在易燃易爆建筑物和堆积场的附近。

(2) 局站址应选择在平坦地段，应避开断层，土坡边缘，河道和有可能塌方、滑坡和有开采价值的地下矿藏和古迹遗址的地方。

(3) 局站址不应选在易受洪水淹灌的地区。当无法避开时，可选在基地高程高于要求洪水水位在 0.5 m 以上的地方。

(4) 局站址应有好的卫生环境，不宜选择在生产过程中散发毒害气体、毒害物质、粉尘的工矿企业附近。

(5) 局站址应有安静的环境，不宜选择在城市广场、闹市地区、影剧院、汽车站、火车站等会发生较大震动和较强噪声的工业企业附近，必要时还应采取隔音、消声措施，降低噪声干扰。

(6) 局站址的占用面积要满足业务发展需要，不占用或少占用农田。

(7) 站址周围应比较开阔，周围无高层建筑或障碍阻挡。

(8) 站址宜选择在有可靠电源和适当高度的建筑物或铁塔可利用的地点，如果建筑物的高度不能满足基站天线的高度要求，应有屋顶设塔或地面立塔的条件，并征得当地城市规划或土地管理部门的同意。

(9) 机房应选择靠近顶层，最好是倒数第二层，以缩短传输线的长度，避免机房受太阳照射，节约空调消耗的能量。

(10) 不应有圆形机房、三角形机房，但现在机房选址比较困难，一般都租用或直接购买机房，最大限度地利用机房面积。

4.4.3 机房工艺要求

1. 机房的空间

机房内使用面积应能满足通信建设长远规划的要求，能满足将来业务需求的设备安装要求，可根据现有装机容量及可预见的装机要求确定机房的建筑面积。

2. 机房的地面、墙面、屋顶

(1) 对地面的要求。地面应坚固、耐久，防止不均匀下沉。表面光洁、不起灰，易于清洁。建议采用水磨石或深灰色地面。无论是平房地面还是楼层地面，其承重都要考虑设备的荷载。

(2) 对墙面的要求。墙面应坚固耐久，防止起皮、脱落。墙面应平整，以防止积灰，也易于清洁。墙的饰面色彩应以明快、淡雅为宜。

(3) 对房顶的要求。房顶应坚固耐久，防止起皮、脱落。房顶应平整，以防止积灰，且能做吊挂，使灯具安装牢固。顶面和墙面颜色及喷涂材料应一致。房顶上面应做防水处理，应有隔热层。

3. 机房的门窗

(1) 各机房的大门应向外开，采用单扇门，门洞宽 1.0 m，门扇高不小于 1.0 m；大门采用防盗门，条件许可应加装门禁系统，以便统一管理和安全防范。

(2) 为了减少外部灰尘渗入机房内部，机房不设窗户。

4. 机房的照明

(1) 机房的主要光源应采用 40 W 荧光灯，灯管的安装位置不能在走线架正上方，尽量采用吸顶安装，交换机房照度为 150 lx。

(2) 照明电缆应与工作电缆(设备用电及空调用电)分开布放。

(3) 各机房内均应安装(单相、三相)1 个电源插座，插座应安装在设备附近的墙上，距地 0.3 m。

5. 机房的耐火等级

(1) 每个机房内均应设烟感报警器和灭火装置(两套)，耐火等级不低于二级。

(2) 在标准耐火试验条件下，建筑构件、配件或结构从受到火的作用开始到失去稳定性、完整性或隔热性时截止的这段时间用小时表示。具体的耐火等级如表 4.4 所示。

注：耐火等级是衡量建筑物耐火程度的分级程度，它由组成建筑物构件的燃烧性能和耐火极限来确定。

表 4.4　耐 火 等 级

构件名称		耐 火 等 级			
		一级	二级	三级	四级
墙	防火墙	不燃烧体 2.00	不燃烧体 2.00	不燃烧体 2.00	不燃烧体 2.00
	承重墙	不燃烧体 2.00	不燃烧体 1.50	不燃烧体 1.00	不燃烧体 0.50
	楼梯间和电梯井的墙	不燃烧体 1.00	不燃烧体 1.00	不燃烧体 1.50	不燃烧体 0.50
	疏散走道两侧的隔墙	不燃烧体 1.00	不燃烧体 1.00	不燃烧体 0.50	不燃烧体 0.25
	非承重外墙	不燃烧体 0.75	不燃烧体 0.50	不燃烧体 0.50	不燃烧体 0.25
	房间隔墙	不燃烧体 0.75	不燃烧体 0.50	不燃烧体 0.50	不燃烧体 0.25
柱		不燃烧体 2.00	不燃烧体 1.50	不燃烧体 1.00	不燃烧体 0.50
梁		不燃烧体 1.00	不燃烧体 1.50	不燃烧体 1.00	不燃烧体 0.50
楼　板		不燃烧体 1.50	不燃烧体 1.00	不燃烧体 0.75	不燃烧体 0.50
屋顶承重构件		不燃烧体 1.50	不燃烧体 1.00	不燃烧体 0.50	燃烧体
疏散楼梯		不燃烧体 1.50	不燃烧体 1.00	不燃烧体 0.75	燃烧体
吊顶(包括吊顶搁栅)		不燃烧体 0.25	不燃烧体 0.25	不燃烧体 0.15	燃烧体

6. 机房的温湿度

(1) 电信机房及控制室应设置长年运转的恒温恒湿空调设备，并要求机房在任何情况下均不得出现结露状态。电信机房内按原邮电部所提的规范要求，其温湿度范围应符合如下标准：温度 15～28℃(设计标准为 24℃)，湿度 40%～65%(设计标准为 55%)。

(2) 机房的温湿度主要依靠空调设备调节，所安装的空调应具备来电自启动功能及远程监控接口。空调电源线应从交流配电箱中引接，空调电源线不能在走线架上布放，应沿墙壁布放，并用 PVC 管保护。

7. 走线方式

(1) 基站机房采用上走线方式，机房内电源线和信号线在走线架上应分开布放。

(2) 电缆走线架宽度应根据线缆规格、数量来定制。

(3) 线缆布放距离尽量短而整齐，排列有序，信号电缆与电力电缆应分别由不同路由敷设，如采用同一路由布放，电缆之间平行距离应保持至少 100 mm。电力电缆应加塑料管保护。

8. 防雷与接地

(1) 移动通信基站机房应有完善的防直击雷及抑制二次感应雷的防雷装置(避雷网、避雷带、接闪器等)。

(2) 机房顶部的各种金属设施均应分别与屋顶避雷带就近连通。机房屋顶的彩灯应安装在避雷带下方。

(3) 机房内走线架吊挂铁件、机架或机壳、金属通风管道、金属门窗等均应作保护接地。保护接地引线一般宜采用截面积不小于 35 mm^2 的多股铜导线。

(4) 机房地网应沿机房建筑物外设环形接地装置，利用机房建筑物基础横竖梁内两根以上主钢筋来组成。当机房建筑物基础有地桩时，应将地桩内两根以上主钢筋与机房地网焊接连通。

(5) 地网与机房地网之间应每隔 2～5 m 相互焊接连通一次，连接点应不少于两点。当通信铁塔位于机房屋顶时，铁塔四脚应与楼顶避雷带就近不少于两处焊接连通，同时宜在机房地网四角设置辐射式接地体，以利于雷电流散流。

9. 市电引入

接入机房供电至少为三类市电，要求有 1 路可靠的市电引入。市电引入是采用直埋或架空电力电缆引入基站机房的方式。交流电源质量要求如下。

(1) 供电电压：三相 380 V，电压波动范围为 323～418 V。

(2) 市电引入容量：计算后容量应满足规划机房的容量。

(3) 交流引入线采用三相五线：保护接地线单独引入。交流零线严禁与保护接地线、工作地线相连。如果机房所在区域地处偏远，引入交流电压不稳，有较大的波动，可在市电引入机房后加装交流稳压器或采用专用变压器。

10. 机房节能环保

机房节能环保主要包括通信设备节能、配电系统节能、机房环境节能以及机房建筑节能等。

4.4.4 机房布局要求

1. 设备布置的基本原则

(1) 基站内的设备应落地或挂墙加固安装，不得将设备随意(无加固措施)放置在地面或走线架上。

(2) 为有效利用机房空间，便于维护，基站机房内基站、传输、开关电源等设备机柜应并排放置，开门应能看到设备正面。交流配电箱、防雷箱、环境监控箱等设备应壁挂安装，挂高离地 1.4 m 以上，交流配电箱应靠门安装，离门距离 0.3～1 m。

(3) 基站机房内基站、传输、开关电源等设备应预留维护空间，设备前面预留至少 0.8 m。

(4) 在机房面积受限且设备支持靠墙安装时，设备后面板可靠墙或背靠背安装。

(5) 无线设备安装在非电信专用房屋中时，应根据基站设备重量、尺寸及设备排列方式等对楼面载荷进行核算，以便决定是否采取必要的加固措施。采用壁挂式设备安装方式的，应在机房内满足承重要求的墙体上预留安装位置。

(6) 基站主设备应尽量靠近馈线窗，以缩短馈线长度。

(7) 在机房空间允许的情况下，应考虑预留扩容设备安装的位置。

(8) 设备安装的位置应有利于机架间的布线。

(9) 在与其他系统共站的情况下，各系统之间的设备排列应保持一定间距，以满足设备的维护及远期发展的要求。

2. 机房平面布局实例

机房平面布局图如图 4-4、图 4-5 所示，设备清单如表 4.5 所示。

★ 设计方案一：

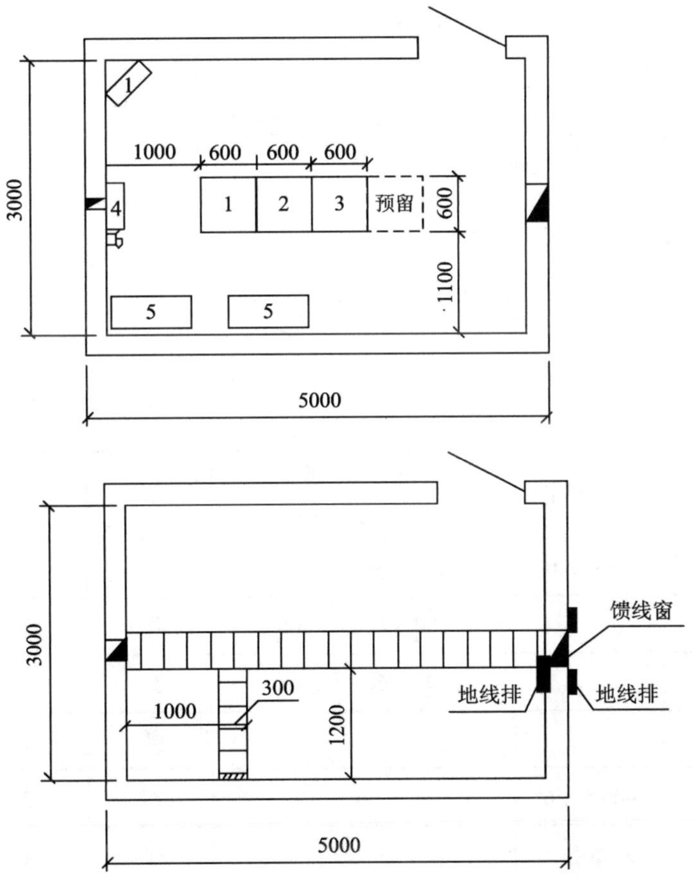

图 4-4　基站设备布局设计方案(一)

★ 设计方案二：

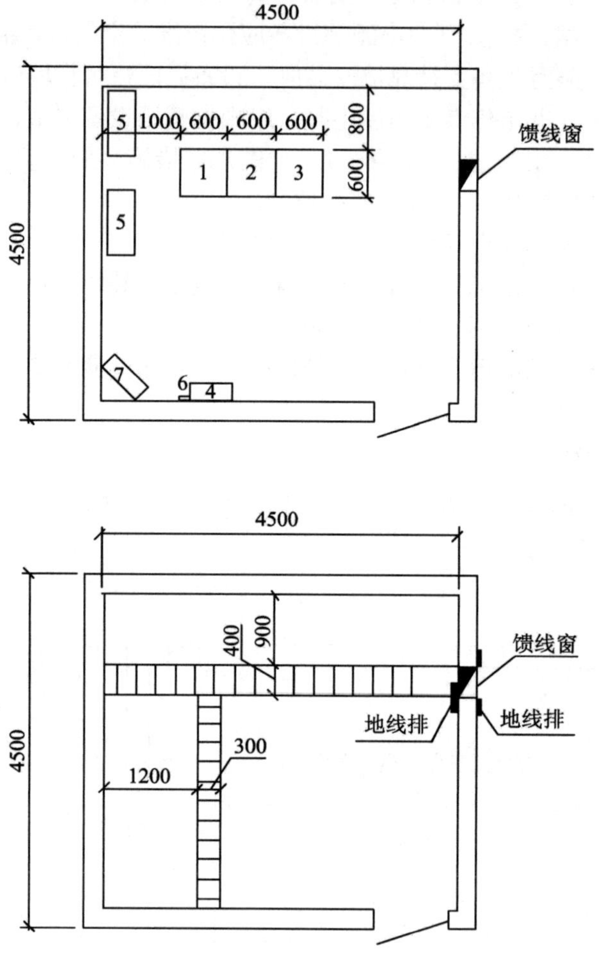

图 4-5　基站设备布局设计方案(二)

表 4.5　基站设备表

序号	设备名称	设备规格	设备尺寸/[高 × 宽 × 深 /(mm × mm × mm)]	单位	数量	备注
1	开关电源	PS48300	600 × 600 × 2000	架	1	
2	综合柜		600 × 600 × 2000	架	1	
3	基站设备		600 × 600 × 1560	架	1	
4	交流配电箱			架	1	
5	蓄电池	400 A • h		组	2	
6	浪涌抑制器			个	1	
7	空调			架	1	

拓展案例

假设本项目中的××校区内的实训楼 2 的 1 楼 B 机房已有设备布局及配置表如图 4-6 所示，本次工程需在此机房进行 LTE 设备扩容，新增华为 BBU3900 一台、RRU 三台、定向天线三副，其中室外部分不在本次勘察范围中。小王安排项目组成员对方案中的 B 基站进行勘察设计作业，从而获取现场资料，绘制勘察草图，并将勘察情况进行全面总结，形成勘察表单，上报给××市联通公司。

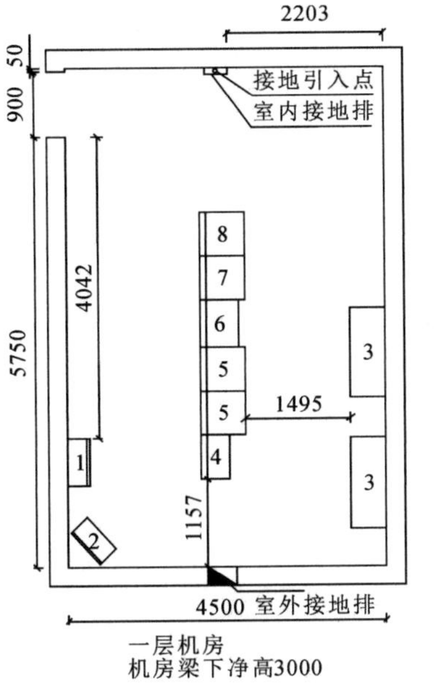

设置配置表					
序号	设备名称	设备尺寸/[(高 × 宽 × 深)(mm × mm × mm)]	单位	数量	备注
1	交流配电箱	800 × 600 × 600	台	1	铁塔提供
2	空调室内机	1800 × 600 × 600	台	1	铁塔提供
3	蓄电池(500 A • h)	400 × 1200 × 500	架	2	铁塔提供，单层双列
4	综合开关电源	1600 × 600 × 400	架	1	铁塔提供
5	综合柜	1800 × 600 × 600	架	3	铁塔提供
6	华为机柜	600 × 600 × 500	架	1	铁塔提供
7	电信机柜	1800 × 600 × 600	架	1	铁塔提供
8	联通机柜	1800 × 600 × 600	架	1	铁塔提供

图 4-6　一楼机房已有设备布局图及配置表

课 后 习 题

1. 填空题

(1) 基站系统主要由 BBU、______________、天馈系统、基站电源系统、基站附属设备等组成。

(2) BBU 和 RRU 之间通过______________进行连接。

(3) 天馈系统包括基站天线、______________天线和馈线。

(4) 基站天线可分为______________和定向天线两种。

(5) 基站接地系统的接地方式有交流接地、______________、保护接地和防雷接地、联合接地。

(6) 基站附属设备包括机房空调、防雷箱、走线架、______________、接地排等。

(7) 机房温度范围应有如下标准：______________～______________℃。

(8) 基站机房采用____________(填写上或下)走线方式，机房内电源线和信号线在走线架上应分开布放。

(9) 机房节能环保主要包括____________、配电系统节能、机房环境节能以及机房建筑节能等。

(10) 机房的交流配电箱、防雷箱、环境监控箱等设备应壁挂安装，挂高离地____________m。

2. 简答题

(1) 简述机房站址选择的原则是什么。

(2) 简述机房地面、墙面、屋顶有哪些工艺要求。

(3) 简述机房门窗有哪些工艺要求。

(4) 简述机房设备布置的基本原则是什么。

项目二

××校园内无线网接入光缆工程图绘制

项目介绍

江苏省××市联通公司在接到××设计咨询有限公司项目一的勘察方案后，决定采纳此方案，要求××设计咨询有限公司将项目一的方案形成正规的通信工程图纸，以便于后期施工单位按图纸进行施工。于是××设计咨询有限公司项目经理小王在对项目一××校园内无线网接入光缆工程勘察后，根据现场勘察的情况进行了全面总结，并对勘察资料进行了整理，检查各项测绘草图，安排项目组成员用 CAD 软件将其草图绘制成能指导工人施工的正规图纸。

小王根据项目要求及实地状况，将该项目细分任务为架空线路工程图绘制、直埋线路工程图绘制、管道工程图绘制、基站设备安装工程图绘制。

任务 5　架空线路工程图绘制

5.1　任务描述

为了将项目一中的任务一架空线路工程勘察的结果用 CAD 软件把草图绘制成能够指导工人施工的通信工程图纸，小王要求项目组人员绘制出架空线路杆路路由平面图及杆路路由侧视图。

5.2　任务分析

项目组中绘图人员首先要熟悉项目介绍中的要求及××高校所处的地理位置及气象条件，再根据 GB51158－2015《通信线路工程设计规范》、YD/T5015-2015《通信工程制图与图形符号规定》的规定及现场勘察的实际数据，用 CAD 软件把勘察草图绘制成正规的通信工程图纸，图纸要素要齐全，即要有主图 P3～P10 路由走向、参照物花园、图例、技术说明、指北针、图衔等，便于后期指导工人施工。

因该项目地点位于江苏省××市区，属轻负荷区，所以杆距选择 35～40 米范围，根据实地勘察资料，选择电杆为 8 m 水泥杆，又因架空线路中仅挂光缆为 1 条 36 芯光缆，所以吊线程式选择为 7/2.2；因过池塘需调整杆距，实测为 62 m，属于长杆挡，所以在 P4 和 P5 的位置各做一根 7/2.6 的拉线；P6 杆属于角杆，也处于不平衡状态，也需设置拉两根 7/2.6 的拉线；P7 杆也属于长杆挡电杆，也需做一根 7/2.6 的拉线；P10 杆为终端杆，需设置比吊线程式大一级，即一根 7/2.6 的拉线。另外，因为 P6 和 P7 杆之间过路挡距较大，从安全性考虑需做一挡辅助吊线。其架空线路平面路由效果如图 5-1 所示，侧视图效果如图 5-2 所示。

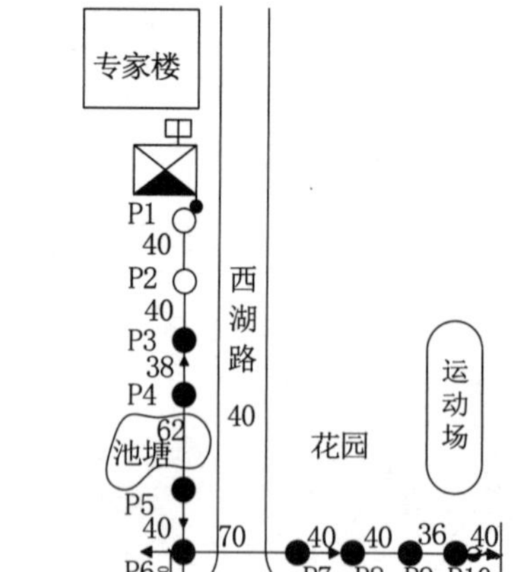

图 5-1　架空杆路平面图

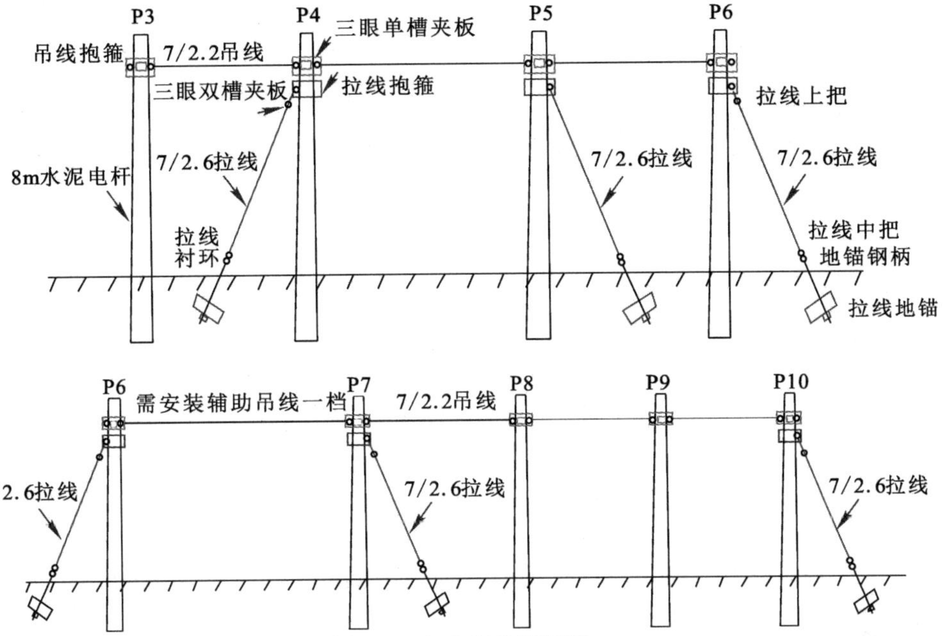

图 5-2　架空杆路侧视图

5.3 任 务 实 施

在任务分析的基础上我们用 CAD 软件绘制架空线路平面路由图，参考操作步骤如表 5.1 所示。

表 5.1　架空线路工程图绘制步骤

操作步骤	操 作 过 程

步骤一
高校校园架空工程路由图绘制
	(1) 绘制吊线。
	打开原“××校园内无线网接入光缆工程图”
	命令: _line ↙
	指定第一个点:
	// 自动捕捉 P2 的第四象限点
	指定下一点或 [放弃(U)]: 40 ↙
	//打开正交功能，方向向下
	指定下一点或 [放弃(U)]: 38 ↙
	//方向向下
	指定下一点或 [放弃(U)]: 62 ↙
	//方向向下
	指定下一点或 [放弃(U)]: 40 ↙
	//方向向下
	指定下一点或 [放弃(U)]: 70 ↙

续表一

操作步骤	操 作 过 程

步骤一
高校校园架空工程
路由图绘制
	//方向向右
	指定下一点或 [放弃(U)]: 40 ↙
	//方向向右
	指定下一点或 [放弃(U)]: 40 ↙
	//方向向右
	指定下一点或 [放弃(U)]: 36 ↙
	//方向向右
	指定下一点或 [放弃(U)]: ↙
	//方向向右
	(2) 绘制电杆。
	命令: _circle ↙
	指定圆的圆心或 [三点(3P)/两点(2P)/切点、切点、半径(T)]: ↙
	//捕捉 P3 的圆心
	指定圆的半径或 [直径(D)] <5.0000>: 5 ↙
	命令: _catch
	拾取内部点或 [选择对象(S)/放弃(U)/设置(T)]:
	正在选择所有对象…
	拾取内部点或 [选择对象(S)/放弃(U)/设置(T)]: ↙
	//填充 P3 圆
	命令: _copy ↙
	选择对象: 找到 1 个
	选择对象: 找到 1 个，总计 2 个
	//选择 P3 圆
	选择对象:
	当前设置: 复制模式 = 多个
	指定基点或 [位移(D)/模式(O)] <位移>:
	//捕捉 P3 的圆心
	指定第二个点或 [阵列(A)] <使用第一个点作为位移>: 38 ↙
	//方向向下
	指定第二个点或 [阵列(A)/退出(E)/放弃(U)] <退出>: 90 ↙
	//方向向下
	指定第二个点或 [阵列(A)/退出(E)/放弃(U)] <退出>: 130 ↙↙
	//方向向下
	命令: _copy
	选择对象: 找到 1 个
	选择对象: 找到 1 个，总计 2 个

续表二

操作步骤	操 作 过 程

步骤一
高校校园架空工程
路由图绘制
	选择对象:
	//选择 P6 圆
	当前设置:　复制模式 = 多个
	指定基点或 [位移(D)/模式(O)] <位移>:
	//捕捉 P6 圆的圆心
	指定第二个点或 [阵列(A)/退出(E)/放弃(U)] <退出>: 70 ↙
	//方向向右
	指定第二个点或 [阵列(A)/退出(E)/放弃(U)] <退出>: 110 ↙
	//方向向右
	指定第二个点或 [阵列(A)/退出(E)/放弃(U)] <退出>: 150 ↙
	//方向向右
	指定第二个点或 [阵列(A)/退出(E)/放弃(U)] <退出>: 186 ↙
	//方向向右
	(3) 绘制拉线。
	命令: _line ↙
	指定第一个点:
	//捕捉 P4 圆的第 2 象限点
	指定下一点或 [放弃(U)]: 20 ↙↙
	命令: _pline ↙
	指定起点: ↙
	//捕捉刚绘制直线的端点
	当前线宽为 0.0000
	指定下一个点或 [圆弧(A)/半宽(H)/长度(L)/放弃(U)/宽度(W)]: w ↙
	指定起点宽度 <0.0000>: 0
	指定端点宽度 <0.0000>: 5
	指定下一个点或 [圆弧(A)/半宽(H)/长度(L)/放弃(U)/宽度(W)]: 10
	指定下一点或 [圆弧(A)/闭合(C)/半宽(H)/长度(L)/放弃(U)/宽度(W)]: ↙
	命令: _copy ↙
	选择对象: 找到 1 个
	选择对象: 找到 1 个，总计 2 个
	//选择刚绘制的拉线
	指定基点或 [位移(D)/模式(O)] <位移>:
	//捕捉 P4 圆的第 4 象限点
	指定第二个点或 [阵列(A)] <使用第一个点作为位移>: 62 ↙
	//方向向下
	指定第二个点或 [阵列(A)/退出(E)/放弃(U)] <退出>: 102 ↙

续表三

操作步骤	操 作 过 程

步骤一
高校校园架空工程
路由图绘制
	//方向向下
	指定第二个点或 [阵列(A)/退出(E)/放弃(U)] <退出>: 102 ↙
	//方向向下
	命令: _rotate ↙
	UCS 当前的正角方向: ANGDIR = 逆时针　ANGBASE = 0
	选择对象: 指定对角点: 找到 2 个
	//P5 圆的拉线
	选择对象:
	指定基点:
	//P5 圆的第 4 象限点
	指定旋转角度，或 [复制(C)/参照(R)] <0>: 180 ↙
	命令: ↙
	命令: _rotate
	UCS 当前的正角方向:　ANGDIR = 逆时针　ANGBASE = 0
	选择对象: 指定对角点: 找到 2 个
	//P6 圆的第 4 象限点
	选择对象:
	指定基点:
	//P6 圆的第 4 象限点
	指定旋转角度，或 [复制(C)/参照(R)] <0>: 180 ↙
	命令: ↙
	命令: _rotate
	UCS 当前的正角方向:　ANGDIR = 逆时针　ANGBASE = 0
	选择对象: 指定对角点: 找到 2 个
	//捕捉最后绘制的拉线
	选择对象:
	指定基点:
	//P6 圆的第 3 象限点
	指定旋转角度，或 [复制(C)/参照(R)] <0>: 90 ↙
	命令: _copy ↙
	选择对象: 找到 1 个
	选择对象: 找到 1 个，总计 2 个
	//P6 圆的左侧拉线
	选择对象:
	当前设置:　复制模式 = 多个
	指定基点或 [位移(D)/模式(O)] <位移>:

续表四

操作步骤	操 作 过 程

步骤一
高校校园架空工程路由图绘制
	//P6 圆的第 1 象限点
	指定第二个点或 [阵列(A)] <使用第一个点作为位移>: 70 ↙
	//方向向右
	指定第二个点或 [阵列(A)/退出(E)/放弃(U)] <退出>: 186 ↙
	//方向向右
	命令: _rotate ↙
	UCS 当前的正角方向: ANGDIR = 逆时针　ANGBASE = 0
	选择对象: 指定对角点: 找到 2 个
	//P7 圆的拉线
	选择对象:
	指定基点:
	//P7 圆的第 4 象限点
	指定旋转角度，或 [复制(C)/参照(R)] <0>: 90 ↙
	命令: ↙
	命令: _rotate
	UCS 当前的正角方向: ANGDIR = 逆时针　ANGBASE = 0
	选择对象: 指定对角点: 找到 2 个
	//P10 圆的拉线
	选择对象:
	指定基点:
	//P10 的第 1 象限点
	指定旋转角度，或 [复制(C)/参照(R)] <0>: 90 ↙
	(4) 输入文字。
	命令: _mtext
	当前文字样式: 小字　文字高度: 10.0000　注释性: 否
	指定第一角点: //P10 的上方
	指定对角点或 [高度(H)/对正(J)/行距(L)/旋转(R)/样式(S)/宽度(W)/栏(C)]:
	输入文字内容 P3
	命令: ↙
	重复以上命令，完成 P4～P10 等文字内容的输入。
	绘制结果如图 5-3 所示

步骤二 P3～P6 侧视图绘制	**(1) 水泥杆绘制。** 命令: _line ↙ 指定第一个点: //自动捕捉任意点，打开正交功能 指定下一点或 [放弃(U)]: 6 ↙

续表五

操作步骤	操 作 过 程

步骤二
P3～P6 侧视图绘制
	//水平向右
	指定下一点或 [放弃(U)]: 260 ↙
	//垂直向下
	指定下一点或 [放弃(U)]: 12 ↙
	//水平向左
	指定下一点或 [闭合(C)/放弃(U)]: c
	命令: 选中垂直线
	命令: 单击 delete 键
	命令: _.erase 找到 1 个
	命令: _mirror ↙
	选择对象: 指定对角点: 找到 3 个
	//捕捉刚绘制的三条直线
	选择对象:
	指定镜像线的第一点:
	//指定第一条水平直线的右端点
	指定镜像线的第二点:
	//指定第二条水平直线的右端点
	要删除源对象吗？[是(Y)/否(N)] <否>: ↙
	(2) 夹板组件绘制。
	命令: _line ↙
	指定第一个点:
	//第一条水平直线的右端点
	指定下一点或 [放弃(U)]: 20 ↙
	//垂直向下
	指定下一点或 [放弃(U)]: 15 ↙
	//水平向左
	指定下一点或 [放弃(U)]: 15 ↙
	//垂直向下
	指定下一点或 [放弃(U)]: 15 ↙
	//水平向右
	指定下一点或 [放弃(U)]: 4 ↙
	//垂直向上
	指定下一点或 [放弃(U)]: 4 ↙
	//水平向左
	指定下一点或 [放弃(U)]: 7 ↙
	//垂直向上

续表六

操作步骤	操 作 过 程

步骤二
P3～P6 侧视图绘制
	指定下一点或 [放弃(U)]: 4 ↙
	//水平向右
	指定下一点或 [放弃(U)]: ↙
	命令: 选中辅助垂直线
	命令: 选中辅助垂直线
	命令: 单击 delete 键
	命令: _.erase 找到 2 个
	命令: _line ↙
	指定第一个点:
	//捕捉长度为 7 直线的中点
	指定下一点或 [放弃(U)]: 6 ↙
	//水平向左
	指定下一点或 [放弃(U)]: ↙
	命令: _circle ↙
	指定圆的圆心或 [三点(3P)/两点(2P)/切点、切点、半径(T)]:
	//捕捉直线的左端点
	指定圆的半径或 [直径(D)] <2.0187>: 2 ↙
	命令: 选中辅助垂直线
	命令: 单击 delete 键
	命令: _.erase 找到 1 个
	命令: _mirror ↙
	选择对象: 指定对角点: 找到 7 个
	//选择刚绘制的图像组合
	选择对象:
	指定镜像线的第一点:
	指定镜像线的第二点:
	要删除源对象吗？[是(Y)/否(N)] <否>: ↙
	(3) 吊线绘制。
	命令: _copy ↙
	选择对象: 指定对角点: 找到 20 个，1 个编组
	//选择电杆和夹板组件
	选择对象:
	当前设置: 复制模式 = 多个
	指定基点或 [位移(D)/模式(O)] <位移>:
	//指定任意点

续表七

操作步骤	操 作 过 程

步骤二
P3～P6 侧视图绘制
	指定第二个点或 [阵列(A)] <使用第一个点作为位移>: 152 ↙
	//水平向右
	指定第二个点或 [阵列(A)/退出(E)/放弃(U)] <退出>: 400 ↙
	//水平向右
	指定第二个点或 [阵列(A)/退出(E)/放弃(U)] <退出>: 560 ↙
	//水平向右
	指定第二个点或 [阵列(A)/退出(E)/放弃(U)] <退出>: ↙
	命令: _line ↙
	指定第一个点:
	//捕捉 P3 右圆的第 1 象限点
	指定下一点或 [放弃(U)]:
	//捕捉 P4 左圆的第 3 象限点
	指定下一点或 [放弃(U)]: ↙
	指定下一点或 [放弃(U)]: ↙
	指定第一个点:
	//捕捉 P4 右圆的第 1 象限点
	指定下一点或 [放弃(U)]:
	//捕捉 P5 左圆的第 3 象限点
	指定下一点或 [放弃(U)]: ↙
	指定下一点或 [放弃(U)]: ↙
	指定第一个点:
	//捕捉 P5 右圆的第 1 象限点
	指定下一点或 [放弃(U)]:
	//捕捉 P6 左圆的第 3 象限点
	指定下一点或 [放弃(U)]: ↙
	(4) 拉线组件绘制。
	命令: _copy ↙
	选择对象: 指定对角点: 找到 5 个，1 个编组
	//选择夹板组件
	选择对象:
	当前设置: 复制模式 = 多个
	指定基点或 [位移(D)/模式(O)] <位移>:
	//指定任意点
	指定第二个点或 [阵列(A)] <使用第一个点作为位移>: 20 ↙
	//垂直向下

续表八

操作步骤	操 作 过 程

步骤二
P3～P6 侧视图绘制
	命令: _line
	指定第一个点:
	//捕捉 P4 左圆的第 3 象限点
	指定下一点或 [放弃(U)]: @160<245 ↙
	指定下一点或 [放弃(U)]: ↙
	命令: _circle ↙
	指定圆的圆心或 [三点(3P)/两点(2P)/切点、切点、半径(T)]:
	//捕捉斜线的端点
	指定圆的半径或 [直径(D)] <2.0187>: 2 ↙
	命令: _copy ↙
	选择对象: 指定对角点: 找到 1 个，1 个编组
	//选择圆
	选择对象:
	当前设置: 复制模式 = 多个
	指定基点或 [位移(D)/模式(O)] <位移>:
	//捕捉圆心
	指定第二个点或 [阵列(A)]: @4 < 245 ↙
	命令: _line ↙
	指定第一个点:
	//捕捉圆的第 3 象限点
	指定下一点或 [放弃(U)]: @60 < 245 ↙
	指定下一点或 [放弃(U)]: ↙
	命令: _rectangle
	指定第一个角点或 [倒角(C)/标高(E)/圆角(F)/厚度(T)/宽度(W)]:
	指定另一个角点或 [面积(A)/尺寸(D)/旋转(R)]: d ↙
	指定矩形的长度 <20.0000>: 40 ↙
	指定矩形的宽度 <8.0000>: 15 ↙
	指定另一个角点或 [面积(A)/尺寸(D)/旋转(R)]:
	命令: _copy
	选择对象: 找到 1 个
	//选择矩形
	选择对象:
	当前设置: 复制模式 = 多个
	指定基点或 [位移(D)/模式(O)] <位移>:
	指定第二个点或 [阵列(A)] <使用第一个点作为位移>: 15 ↙

续表九

操作步骤	操 作 过 程

步骤二
P3～P6 侧视图绘制
	命令: _scale
	选择对象: 找到 1 个
	//选择矩形
	选择对象:
	指定基点:
	指定比例因子或 [复制(C)/参照(R)]: 0.3 ↙
	命令: _rotate
	UCS 当前的正角方向: ANGDIR = 逆时针 ANGBASE = 0
	选择对象: 指定对角点: 找到 2 个
	//选择两个矩形
	选择对象:
	指定基点:
	指定旋转角度，或 [复制(C)/参照(R)] <0>: -25 ↙
	命令: _move
	选择对象: 指定对角点: 找到 2 个
	//选择两个矩形
	选择对象:
	指定基点或 [位移(D)] <位移>:
	指定第二个点或 <使用第一个点作为位移>:
	命令: _mirror ↙
	选择对象: 指定对角点: 找到 13 个
	//选择刚刚绘制的图形
	选择对象:
	指定镜像线的第一点:
	//P4 与 P5 连线的中点
	指定镜像线的第二点:
	//方向向下
	要删除源对象吗？[是(Y)/否(N)] <否>: ↙
	命令: _copy
	选择对象: 找到 13 个
	//镜像后的图形
	选择对象:
	当前设置: 复制模式 = 多个
	指定基点或 [位移(D)/模式(O)] <位移>:
	指定第二个点或 [阵列(A)] <使用第一个点作为位移>: 160 ↙

续表十

操作步骤	操 作 过 程

步骤二
P3～P6 侧视图绘制
	//方向向右
	命令: _line ↙
	指定第一个点:
	//在电杆拉线底部位置靠上大概位置
	指定下一点或 [放弃(U)]: 850 ↙
	//方向向右
	指定下一点或 [放弃(U)]: ↙
	命令: _line ↙
	指定第一个点:
	//自动捕捉就近点
	指定下一点或 [放弃(U)]: @10<210 ↙
	指定下一点或 [放弃(U)]: ↙
	命令: _copy
	选择对象: 找到 1 个
	选择对象:
	//选择直线
	当前设置: 复制模式 = 多个
	指定基点或 [位移(D)/模式(O)] <位移>:
	//指定直线端点
	指定第二个点或 [阵列(A)] <使用第一个点作为位移>: 20 ↙
	//方向向右
	指定第二个点或 [阵列(A)] <使用第一个点作为位移>: 40 ↙
	//方向向右
	…
	指定第二个点或 [阵列(A)] <使用第一个点作为位移>: 840 ↙
	(5) 输入文字内容。
	命令: _mtext
	当前文字样式: Standard 文字高度: 5 注释性: 否
	指定第一角点:
	指定对角点或 [高度(H)/对正(J)/行距(L)/旋转(R)/样式(S)/宽度(W)/栏(C)]:
	输入文本内容“P3”
	在文本外部点击鼠标
	重复以上步骤，完成其他文字内容输入
	导入 A4 图幅图块
	绘制结果如图 5-4 所示

续表十一

操作步骤	操 作 过 程

步骤三
P6～P10 侧视图绘制
	(1) 复制 P3～P6 侧视图。
	命令: _copy　↙
	选择对象: 找到 152 个
	选择对象:
	当前设置:　复制模式 = 多个
	指定基点或 [位移(D)/模式(O)] <位移>:
	指定第二个点或 [阵列(A)] <使用第一个点作为位移>: 1000　↙
	(2) 绘制 P6～P10 侧视图。
	命令: _move　↙
	选择对象: 指定对角点: 找到 13 个
	//选择原 P3 电杆
	选择对象:
	指定基点或 [位移(D)] <位移>:
	指定第二个点或 <使用第一个点作为位移>: 152　↙
	//方向向右
	命令: _move　↙
	选择对象: 指定对角点: 找到 28 个
	//选择原 P4 电杆
	选择对象:
	指定基点或 [位移(D)] <位移>:
	指定第二个点或 <使用第一个点作为位移>: 204　↙
	//方向向左
	命令: _move
	选择对象: 指定对角点: 找到 19 个
	//选择原 P5 电杆
	选择对象:
	指定基点或 [位移(D)] <位移>:
	指定第二个点或 <使用第一个点作为位移>: 448　↙
	命令: _move　↙
	选择对象: 指定对角点: 找到 28 个
	选择对象:
	//选择原 P6 电杆
	指定基点或 [位移(D)] <位移>:
	指定第二个点或 <使用第一个点作为位移>: 120　↙
	命令: _copy
	选择对象: 找到 19 个
	选择对象:

续表十二

操作步骤	操 作 过 程

步骤三
P6～P10 侧视图绘制
	//选择原 P3 电杆
	当前设置:　复制模式 = 多个
	指定基点或 [位移(D)/模式(O)] <位移>:
	指定第二个点或 [阵列(A)] <使用第一个点作为位移>: 160　↙
	//方向向右
	单击原有图形的三条吊线
	单击 delete 键
	命令: _line ↙
	指定第一个点:
	// P6 电杆
	指定下 点或 [放弃(U)]:
	// P7 电杆
	指定下一点或 [放弃(U)]:　↙
	指定第一个点:
	// P7 电杆
	指定下一点或 [放弃(U)]:
	// P8 电杆
	指定下一点或 [放弃(U)]:　↙
	指定第一个点:
	// P8 电杆
	指定下一点或 [放弃(U)]:
	// P9 电杆
	指定下一点或 [放弃(U)]:　↙
	指定第一个点:
	// P9 电杆
	指定下一点或 [放弃(U)]:
	// P10 电杆
	指定下一点或 [放弃(U)]:　↙
	(3) 输入文字内容。
	命令: _mtext
	当前文字样式: Standard 文字高度:　5　注释性:　否
	指定第一角点:
	指定对角点或 [高度(H)/对正(J)/行距(L)/旋转(R)/样式(S)/宽度(W)/栏(C)]:
	输入文本内容“P6”
	在文本外部点击鼠标
	重复以上步骤，完成其他文字内容输入
	导入 A4 图块，修改图幅大小
	绘制结果如图 5-5 所示

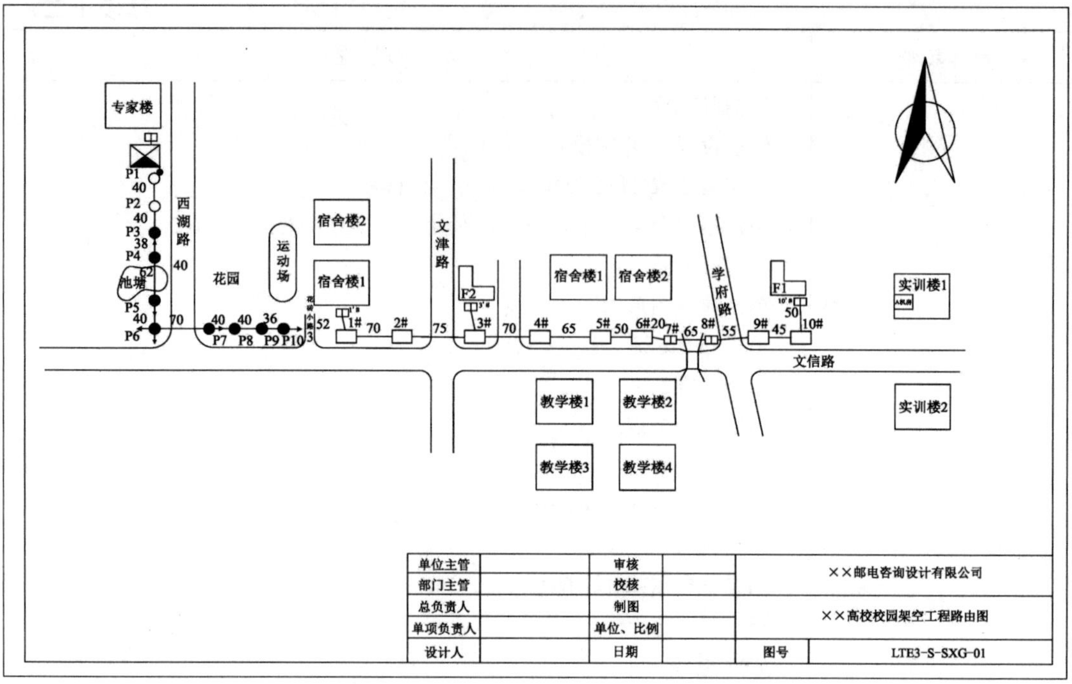

图 5-3　××高校校园架空工程路由图

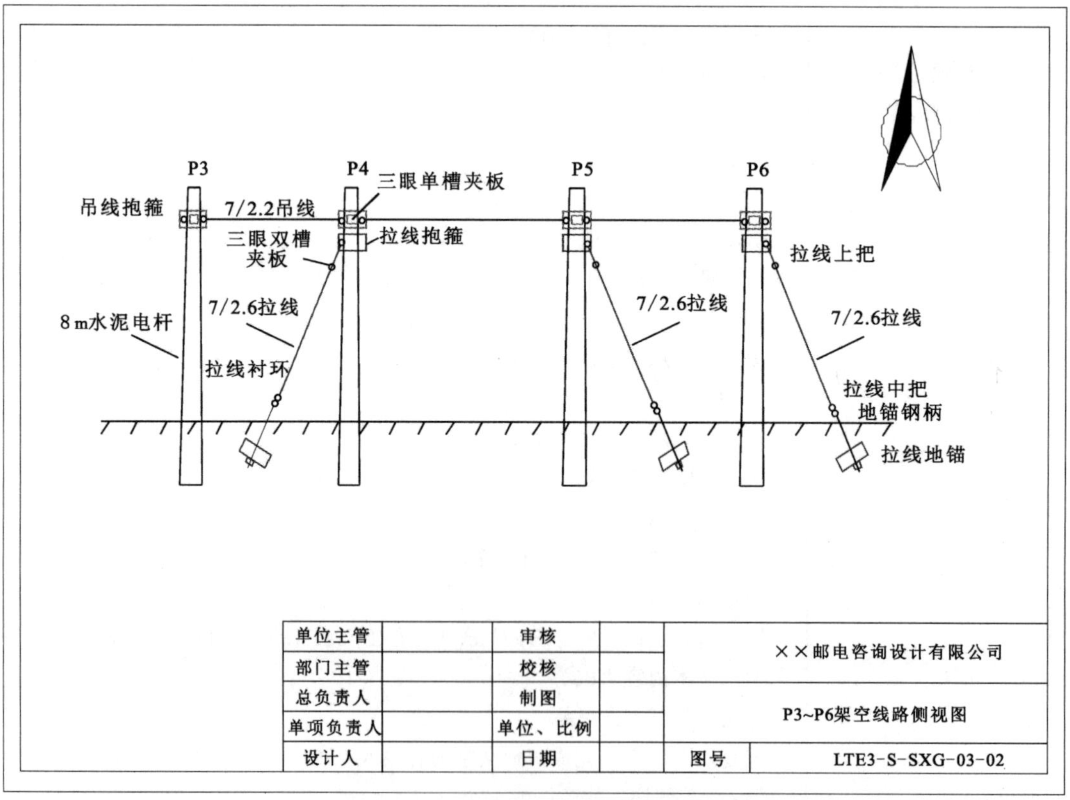

图 5-4　P3～P6 架空线路侧视图

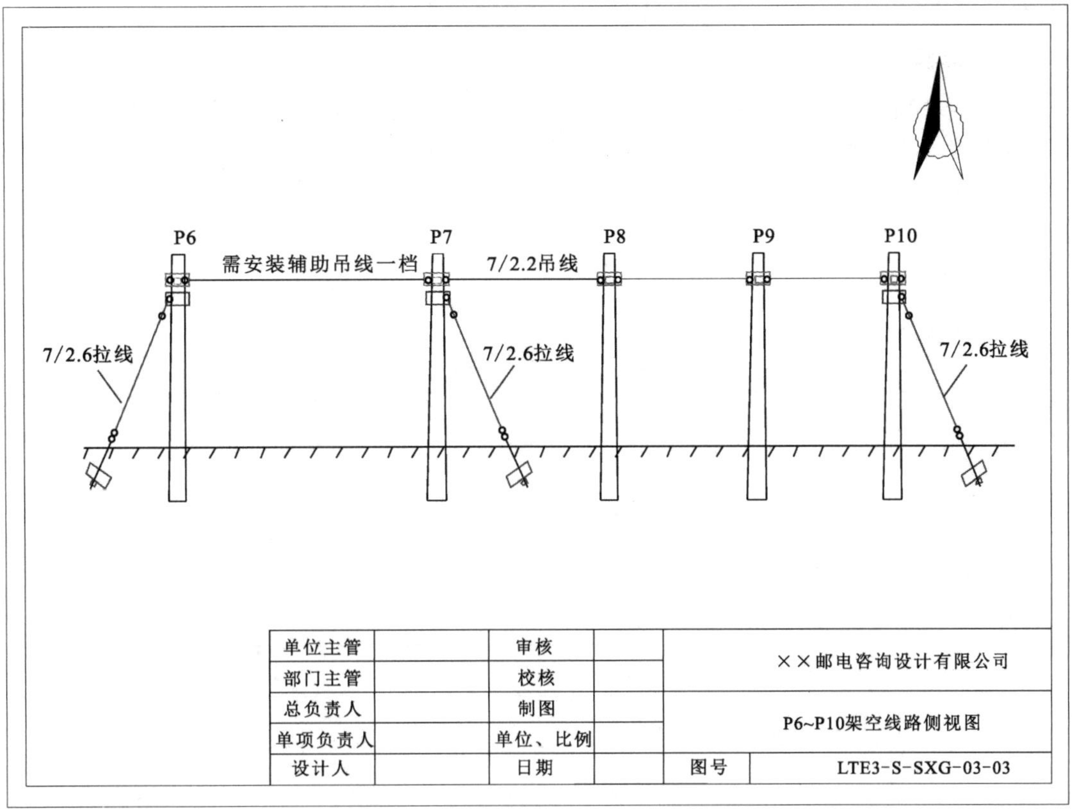

图 5-5　P6～P10 架空线路侧视图

5.4 知识解读

5.4.1 架空电杆的设计

1. 电杆位置勘定的具体要求

应根据已定的杆路路由，结合地形地物等实际情况勘定，按以下要求处理电杆位置：

(1) 保证线路通畅安全。

(2) 不妨碍交通和行人的安全。

(3) 不影响主要建筑物美观和市容。

(4) 电杆的位置不得过于靠近机关、工厂、消防单位、公共场所及居民住宅门口两侧，在建筑物边立杆不应靠近窗子，不影响其他设施正常使用。

(5) 电杆的位置便于线缆引上及引入用户。

(6) 便于施工与维护。

(7) 角杆及分线杆位置应考虑有无设立拉线或撑杆的地方。

(8) 在街道口或分线处应考虑线路转弯、引接或分支等措施是否符合技术规范要求。

(9) 现场不宜立杆时可将前后杆距作适当调整。

(10) 在道路、桥梁下坡拐弯等易发生车祸的地方不应立电杆。

2. 杆间距离的要求

架空电缆线路的杆间距离，应根据用户下线需要、地形情况、线路负荷、气象条件以及发展改建要求等因素确定。一般情况下，市区杆距为35～40 m，郊区杆距为45～50 m。架空电缆杆间的距离在轻负荷区超过 60 m，中负荷区超过 55 m，在重负荷区超过 50 m(此时应采用长杆挡的建筑方式)。

3. 电杆埋深

电杆埋深如表5.2所示。

表5.2　电 杆 埋 深

电杆类别	杆 长 / m	洞　深 / m			
		普通土	硬 土	水土、湿地	石 质
水泥电杆	6.0	1.2	1.0	1.3	0.8
	6.5	1.2	1.0	1.3	0.8
	7.0	1.3	1.2	1.4	1.0
	7.5	1.3	1.2	1.4	1.0
	8.0	1.5	1.4	1.6	1.2
	8.5	1.5	1.4	1.6	1.2
	9.0	1.6	1.5	1.7	1.4
	10.0	1.7	1.6	1.8	1.6
	11.0	1.8	1.8	1.9	1.8
	12.0	2.1	2.0	2.0	2.0
木质电杆	6.0	1.2	1.0	1.3	0.8
	6.5	1.3	1.1	1.4	0.8
	7.0	1.4	1.2	1.5	0.9
	7.5	1.5	1.3	1.6	0.9
	8.0	1.5	1.3	1.6	1.0
	8.5	1.6	1.4	1.7	1.0
	9.0	1.6	1.4	1.7	1.1
	10.0	1.7	1.5	1.8	1.1
	11.0	1.7	1.6	1.8	1.2
	12.0	1.8	1.6	2.0	1.2

4. 架空通信线路与其他线路和建筑物的隔距

(1) 架空通信线路与其他设施的空距与隔距如表5.3所示。

表 5.3　架空通信线路与其他设施的空距与隔距

名　称	最小水平净距	备　　注
消火栓	1.0 m	指消火栓与电杆之间的距离
地下管线	0.5～1.0 m	包括通信管、线与电杆间的距离
火车铁轨	地面杆高的 4/3 倍	—
人行道边石	0.5 m	—
市区树木	1.25 m	—
房屋建筑	2.0 m	裸线线条到房屋建筑的水平距离
郊区树木	2.0 m	—

(2) 架空通信线路与其他建筑物平行交越时的最小垂直净距见表 5.4。

表 5.4　架空通信线路与其他建筑物平行交越时的最小垂直净距

名　称	与本地网线路平行时		与本地网线路交越时	
	垂直净距/m	备　注	垂直净距/m	备　注
市内街道	4.5	最低缆线到地面	5.5	最低缆线到地面
胡同(里弄)	4.0	最低缆线到地面	5.0	最低缆线到地面
铁　　路	3.0	最低缆线到轨面	7.0	最低缆线到轨面
公　　路	3.0	最低缆线到地面	5.5	最低缆线到地面
土　　路	3.0	最低缆线到地面	4.5	最低缆线到地面
房屋建筑			距脊 0.6，距顶 1.5	最低缆线距屋脊或平顶
河　　流		1.0		最低缆线距最高水位时的最高桅杆顶
市区树木			1.0	最低缆线到树枝顶
郊区树木			1.0	最低缆线到树枝顶
通信线路			0.6	一方最低缆线与另一方最高缆线

(3) 架空通信线路交越其他电气设施的最小垂直净距见表 5.5。

表 5.5　架空通信线路交越其他电气设施的最小垂直净距

名　称	最小垂直净距/m		备　注
其他电气设施名称	架空电力线路有防雷保护设备	架空电力线路无防雷保护设备	
1 kV 以下电力线	1.25	1.25	最高线路到供电线路
1～10 kV 以下电力线	2.0	4.0	最高线路到供电线路
35～110 kV 以下电力线	3.0	5.0	最高线路到供电线路
154～220 kV 以下电力线	4.0	6.0	最高线路到供电线路
供电线、接户线	0.6		带绝缘层
霓虹灯及其铁架、电力变压器	1.6		
有轨电车及无轨电车滑接线			通信线路不允许架空交越

(4) 架空线路利用桥梁通信支架通过时，最低光(电)缆或导线应不低于桥梁最下边沿的高度。最内侧光(电)缆或导线与桥梁上最突出部分的最小水平距离为 0.5 m。

(5) 架空电缆线路不宜与电力线合杆架设。如果不可避免，则可以允许 10 kV 以下电力线路合杆架设。但必须采取相应的技术防护措施，并与有关方面签订协议。与 10 kV 电力线合杆时，电力线与通信线净距不应小于 2.5 m 且电缆应架在电力线下部。

5. 架空杆路杆材的选用

1) 钢筋混凝土电杆的规格

电杆的表示方法为 YD 杆长—梢径—容许弯矩。杆长的单位为 m；梢径的单位为 cm；容许弯矩的单位为 t/m。电杆梢径有 15 cm 和 17 cm 两种。其常用系列和规格见表 5.6。

表 5.6　常用离心环形预应力钢筋混凝土电杆的规格和重量

序号	电杆编号	梢径/cm	杆长/m	拐弯位置(距杆底)/m	容许弯矩(K=2)/(t · m)	配筋/(mm × 根数)	钢材计算重量/kg	500 号水泥重量/kg	电杆重量/kg
1	YD7.0-15-1.10	15	7.0	1.40	1.10	$\phi 6 \times 16$	28.00	73	400
2	YD7.5-15-1.20	15	7.5	1.40	1.20	$\phi 6 \times 16$	28.52	79	419
3	YD8.0-15-1.40	15	8.0	1.60	1.40	$\phi 6 \times 16$	30.64	87	459
4	YD8.5-15-1.44	15	8.5	1.60	1.44	$\phi 6 \times 16$	33.10	90	486.4
5	YD9.0-15-1.50	15	9.0	1.80	1.50	$\phi 6 \times 16$	35.86	99	525
6	YD10.0-15-1.60	15	10.0	1.80	1.60	$\phi 6 \times 16$	38.31	110	584
7	YD7.5-17-1.51	17	7.6	1.40	1.51	$\phi 6 \times 16$	29.20	86.5	440
8	YD8.05-17-1.57	17	8.0	1.60	1.57	$\phi 6 \times 16$	31.10	94.5	470
9	YD8.5-17-1.62	17	8.5	1.60	1.62	$\phi 6 \times 16$	33.10	103.4	518

2) 电杆的选用

我国通信线路常用的是木电杆或钢筋混凝土电杆。电杆的选用应根据负荷区、杆距、杆高及光电缆程式、吊线程式等因素综合考虑，一般情况下使用 8 m 长的水泥杆。钢筋混凝土电杆的安全系数不得小于 2；防腐电杆的安全系数不得小于 2.2，在长杆挡架空方式中使用的安全系数不得小于 2.5。

3) 电杆的编号方法

(1) 中继杆路编号规定。

从开端站至中继站，或从中继站至另一中继站，各段线路均应单独编号。杆号方向，由上级局站至下级局站，从架设起点向终点进行编号。分支杆路从分线杆开始单独编号。

号杆的内容通常由运营商的名称、建设年份(取年份的后两字)、杆路的起止点的地名、电杆序号等几部分组成。一条杆路电杆数量为 100 根以内，则采用三位数编号，如 001；一条杆路电杆数量为 1000 根以内，则采用四位数编号，如 0001。电杆序号应从 A 端到 B 端、从小号到大号依次顺编。

(2) 市话杆路编号规定。

① 单局制市话网的市话杆路编号，由街道系统编号(即马路、街道编号)和电杆顺序号两部分组成。

② 多局制市话网的市话杆路编号，由局号号码(即市话分局局号)、街道系统编号和电杆序号三部分组成。

③ 当一条街路上有两排杆路时，应各编一个街道系统代号。

④ 若目前尚无杆路的街路，今后可能会建设杆路，则应预留街道系统代号。

⑤ 每根电杆只编一个号，特种电杆如 H 杆、L 杆、井字杆和品字杆等，也只编一个号。高拉桩与撑杆不编号，原则上应填写建设年份最后两个字或依照建设单位要求填写。

6. 水泥电杆杆根的加固

1) *卡盘加固*

在木电杆杆路中，角杆有时角深很小，且不能装设拉线，此时可改用固根横木来代替拉线。在钢筋混凝土电杆杆路中，一般不允许采用这种方式，而用卡盘代替固根横木，这种方式在通信线路中较少采用。但在个别角深很小、负载很轻且装设拉线的确有困难时，可以采用加装卡盘的方法，如图 5-6 所示。卡盘程式规格应符合表 5.7 规定的要求。

2) *底盘*

钢筋混凝土电杆由于自重较大，当在土质松软的地区安装或装有拉线的终端杆和角杆时，应在电杆根部垫以底盘。目前采用的底盘有两种，即方形和圆形。方形的重量较小，使用材料较少；圆形较重，但与电杆底部的配合较密切，如图 5-7 所示。底盘程式规格应符合表 5.7 规定的要求。

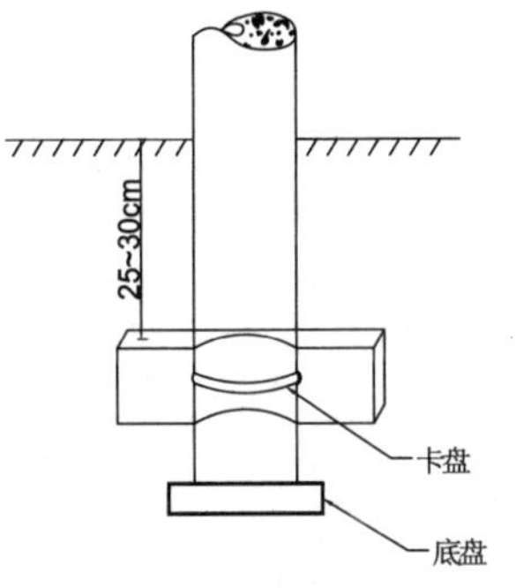

图 5-6　卡盘装置

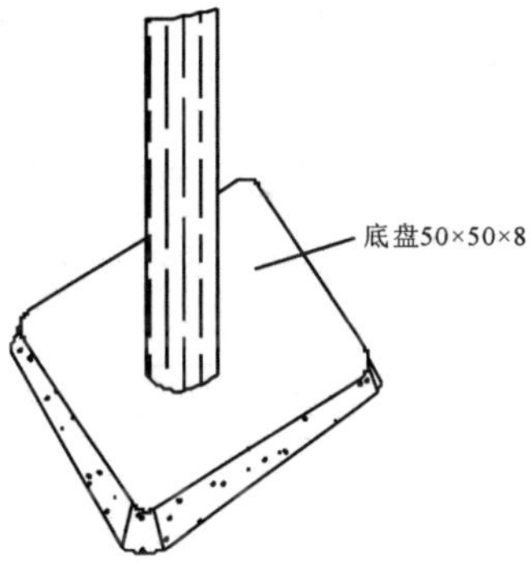

图 5-7　底盘装置

表 5.7　水泥底盘、卡盘及拉线盘的程式规格

名称	程式/(mm × mm × mm)	偏差/mm	参考重量/kg
底盘	500 × 500 × 80	长×宽×厚 ±10	46
卡盘	800 × 300 × 120		73
拉线盘	500 × 300 × 150	长×宽×厚 ±10	44
	600 × 400 × 150		69

3) *石护墩保护*

电杆埋深达不到规范要求时或设在土质松软的斜坡上时需增加石护墩保护。电杆护墩一般要求高度为 60 cm，上口径为 60 cm，下口径为 80 cm。

5.4.2 杆路吊线的设计

1. 通信杆路中常用吊线(镀锌钢绞线)的规格

镀锌钢绞线的规格、物理及机械性质见表 5.8、表 5.9。

表 5.8　镀锌钢绞线的规格

公称截面积/mm^2	钢绞线及股数	每根直径/每股钢绞线允许公差/mm	钢绞线外径/mm	拉断力(120 kg/mm^2)/kN
50	7/3.0	±0.12 / ±0.02	9.0	5460
37	7/2.6	±0.12 / ±0.02	7.8	4100
26	7/2.2	±0.12 / ±0.02	6.6	2930

表 5.9　镀锌钢绞线的规格、物理及机械性质

规格[股数/线径(mm)]	绞线截面/mm^2	绞线外径/mm	绞线重量/(kg/km)	钢丝极限抗拉强度/(kg/mm^2)										绞线的弹性强度/kN
				70		110		120		130		140		
				拉断力										
				钢丝拉力总和	钢绞线拉断力	钢丝拉力总和	钢绞线拉断力	钢丝拉力总和	钢绞线拉断力	钢丝拉力总和	钢绞线拉断力	钢丝拉力总和	钢绞线拉断力	
				不小于/kN										
7/0.65	2.3	1.95	20	160	150			270	255	300	278	322	309	48 990
7/0.8	3.5	2.1	30	245	225			282	352	455	420	490	453	74 550
7/1.0	5.5	3.0	50	385	355			660	610	715	660	770	710	117 150
7/1.3	9.3	3.9	80	650	600			1140	1050	1235	1140	1330	1230	198 090
7/1.4	10.8	4.2	90					1300	1200	1400	1290	1510	1390	230 040
7/2.0	22.0	6.0	180					2640	2420	2860	2630	3080	2840	468 600
7/2.2	26.6	6.6	210					3190	2940	3460	3180	3720	3420	566 580
7/2.6	37.2	7.8	300			3720	4340	4460	4100	4840	4450	5120	4800	792 360
7/3.0	49.5	9.0	400			4950	4700	5940	5460	6440	5920	6930	6400	1 054 350
7/3.5	67.4	10.5	535			6740	6230	8080	7460	8760	8100	9450	8750	1 435 620
7/4.0	87.5	12.0	700			8750	8100	10 500	9700	11 400	10 500	12 200	11 300	1 803 750

注：弹性强度按钢的弹性系数 21 300 kg/mm^2 计算。

依据表 5.9 所示的钢绞线的物理与机械性能，合理选定安全系数，如表 5.10 所示。

表 5.10　吊线的安全系数

吊线种类	安全系数 k 不小于
一般标准杆距吊线	3.0～4.0(取平均值 3.5)
长杆挡双吊线中的正吊线	3.5
长杆挡双吊线中的副吊线	2.5

当钢绞线用作普通吊线及双吊线中的正吊线时，安全系数不得小于 3；钢绞线用作双吊线中的辅助吊线时，安全系数不得小于 2。必须考虑包括人为操作时的安全，一般按一个人和所带工具在吊线上操作其总自重约 900 N 计算。

2. 吊线程式的选用方法

架空光电缆杆路设计时选用吊线程式应根据所挂光(电)缆重量、杆挡距离、所在地区的气象负荷及今后发展情况等因素决定。普通杆距架空光(电)缆吊线规格如表 5.11 所示。

表 5.11　普通杆距架空光(电)缆吊线规格

负荷区别	杆距 L/m	光电缆重量/(kg/m)	吊线规格线径/mm × 股数
轻负荷区	$L\leqslant45$ $45<L\leqslant60$	$W\leqslant2.11$ $W\leqslant1.46$	2.2 × 7
	$L\leqslant45$ $45<L\leqslant60$	$2.11<W\leqslant3.02$ $1.46<W\leqslant2.18$	2.6 × 7
	$L\leqslant45$ $45<L\leqslant60$	$3.02<W\leqslant4.15$ $2.18<W\leqslant3.02$	3.0 × 7
中负荷区	$L\leqslant40$ $40<L\leqslant55$	$W\leqslant1.82$ $W\leqslant1.224$	2.2 × 7
	$L\leqslant40$ $40<L\leqslant55$	$1.82\leqslant W\leqslant3.02$ $1.22\leqslant W\leqslant2.18$	2.6 × 7
	$L\leqslant40$ $40<L\leqslant55$	$3.02<W\leqslant4.15$ $1.82<W\leqslant2.98$	3.0 × 7
重负荷区	$L\leqslant35$ $35<L\leqslant50$	$W\leqslant1.46$ $W\leqslant0.574$	2.2 × 7
	$L\leqslant35$ $35<L\leqslant50$	$1.46\leqslant W\leqslant2.52$ $0.57\leqslant W\leqslant1.22$	2.6 × 7
	$L\leqslant45$ $35<L\leqslant50$	$2.52<W\leqslant3.98$ $1.22<W\leqslant2.31$	3.0 × 7

线路负荷区的划分应以平均 10 年出现一次最大冰厚度(缆线上)、风速和最低气温等条件为根据，划分标准见表 5.12。

表 5.12　划分线路负荷区的气象条件

气象条件	轻负荷区	中负荷区	重负荷区	超重负荷区
导线上冰凌等效厚度/mm	≤5	≤10	≤15	≤20
结冰时的温度/℃	−5	−5	−5	−5
结冰时的最大风速/(m/s)	10	10	10	10
无冰时的最大风速/(m/s)	25			

光(电)缆吊线在悬挂电缆后的最大垂度不应大于杆距的 2%。至于最大垂度究竟是出现在 −5℃有冰无风时还是出现在最高温度 +40℃时，需要通过临界温度计算加以判断。

3. 长杆挡吊线装置的设计

如果架空光(电)缆杆间距离在轻负荷区超过 60 m，中负荷区超过 55 m，重负荷区超过 50 m 就应采用长杆挡建筑方式，应做辅助吊线，辅助吊线程式以比正吊线程式大一级为宜，且辅助吊线应装置在主吊线上方 60 cm 处，相邻电杆之间设 2～3 处连接铁板，将正副吊线连接起来，辅助吊线两端要做终端拉线。

5.4.3　拉线的设计

1. 普通拉线程式的选用

一般按以下因素考虑：

(1) 拉线程式应按防风拉采用 7/2.2 钢绞线，防凌拉、顺风拉、顶头拉、终端拉及角深在 15 m 以内的角杆拉采用 7/2.6 钢绞线的原则。

(2) 当线路的中间杆因两侧线路负荷不同时，应设置顶头拉线(如杆挡距离或线条数量不同)，拉线程式与拉力较大一方的光(电)缆吊线程式相同。

(3) 高拉桩杆拉线的程式和一般光缆吊线程式相同。

架空光缆线路的拉线程式可参见表 5.13，表 5.14。

表 5.13　均衡负载拉线程式选用表

架设吊线数量及层数	线路段长度	吊线程式	拉线程式	
			终端拉线	泄力拉线
单层单条	三十挡以下	7 / 2.2	2 × 7 / 2.2 或 7 / 2.6	
		7 / 2.6	2 × 7 / 2.6 或 7 / 3.0	
		7 / 3.0	2 × 7 / 3.0	
单层单条	三十挡以上	7 / 2.2	2 × 7 / 2.2 或 7 / 2.6	2×7 / 2.2 或 7 / 2.6
		7 / 2.6	2 × 7 / 2.6 或 7 / 3.0	2×7 / 2.6 或 7 / 3.0
		7 / 3.0	2 × 7 / 3.0	2×7 / 3.0
单层双条	十五挡以下	7 / 2.2	2 × 7 / 2.6	
		7 / 2.6	2 × 7 / 3.0	
		7 / 3.0	2 × 7 / 3.0	2 × 7 / 2.6
单层双条	十五挡以上	7 / 2.2	2 × 7 / 2.6	2 × 7 / 2.6
		7 / 2.6	2 × 7 / 3.0	2 × 7 / 2.6
		7 / 3.0	2 × 7 / 3.0	2 × 7 / 3.0
双层单条	十五挡以上	7 / 2.2	V 形 7 / 2.6	V 形 7 / 2.6
		7 / 2.6	V 形 7 / 3.0	V 形 7 / 3.0
		7 / 3.0	V 形上 2 下 1　7 / 3.0	V 形上 1 下 2　7 / 3.0
双层单条	十五挡以下	7 / 2.2	V 形 7 / 2.6	
		7 / 2.6	V 形 7 / 3.0	
		7 / 3.0	V 形 7 / 3.0	V 形 7 / 2.6

表 5.14　角杆拉线程式选用表

吊线架设结构	吊线程式	角深/m	拉线程式	吊线架设结构	吊线程式	角深/m	拉线程式
单层单条	7/2.2	＞0～7	7 / 2.2	单层双条	7/2.2	＞0～7	2 × 7 / 2.2 或 7 / 3.0
	7/2.2	＞7～15	7 / 2.6		7/2.2	＞7～15	2 × 7 / 2.2
	7/2.6	＞0～7	7 / 2.2		7/2.6	＞0～7	2 × 7 / 2.2 或 7 / 3.0
	7/2.6	＞7～15	7 / 3.0		7/2.6	＞7～15	2 × 7 / 2.6
	7/3.0	＞0～7	7 / 2.6		7/3.0	＞0～7	2 × 7 / 2.6
	7/3.0	＞7～15	7 / 3.0		7/3.0	＞7～15	2 × 7 / 3.0

2. 特种拉线的应用

1) V 形拉线的应用

在同一根电杆上的同一方向必须装设两条拉线，但因地形受到限制，无适当位置可分别埋设拉线地锚时可采用 V 形拉线。V 形拉线的共用地锚横木应加大直径或增加根数(即多根横木)，但两条拉线宜各用一个地锚辫(必要时采用拉线调整螺丝)，以便调整拉线的松紧。

2) 八字顶头拉线的应用

当架空线路转弯时，其线路角杆的偏转角为 110°～130°，当装设一条拉线不能抵消线条的很大张力时，可采用八字顶头拉线。根据汇交力平衡条件及合成张力的原则，为加强反张力的强度，统一将两条拉线各内移(60 ± 5) cm。当偏转角度小于 110° 时，应分别设置顶头拉线。

3) 撑杆的应用

撑杆分为一般撑杆、引留撑杆和地撑杆三种。一般撑杆主要用于因地势限制无法装设拉线时；引留撑杆用于因地势所限，不能装设双方拉线的地方；当线条张力较小，且受地形限制不能做拉线及撑杆时，采用地撑杆。撑杆的距离比(即距高比)为 0.6，不得小于 0.5。

4) 吊板拉线的应用

在市区中由于受房屋建筑、街道狭窄或其他特殊地形的限制，拉线需设在路旁或人行道上。为便于行人和其他原因，其距高比在 1/2～1/4 时，可采用吊板拉线(一般仅限于木电杆，在钢筋混凝土电杆为角杆时不应采用，若不得已，应提高电杆的等级)。吊板拉线的角深一般不应超过 8 m。

3. 拉线地锚、水泥盘的配合

常用的拉线地锚有铁柄地锚、螺栓拉线地锚、以镀锌钢绞线或 4.0 mm 镀锌钢线制成地锚辫(或称地锚把)的拉线地锚三种。铁柄地锚、螺栓拉线地锚可与木质横木或钢筋混凝土制成的拉线盘配合装设，镀锌钢绞线、钢线地锚把一般与横木配合使用。在工程中应根据器材供应条件选用，但为节约木材，应尽量采用钢筋混凝土拉线盘和螺栓拉线地锚。铁柄地锚水泥拉线盘、横木配合规格见表 5.15。

表 5.15　铁柄地锚水泥拉线盘、横木配合规格表

拉线程式	水泥拉线盘 长 × 宽 × 高 / (mm × mm × mm)	铁柄直径 /mm	地锚钢线程式 股/线径	横木 根 × 长 × 直径 /(mm × mm × mm)	备注
7/2.2	500 × 300 × 150	16	7/2.6(或 7/2.2) 单条双下	1 × 1200 × 180	
7/2.6	600 × 400 × 150	20	7/3.0(或 7/2.6) 单条双下	1 × 1500 × 200	
7/3.0	600 × 400 × 150	20	7/3.0 单条双下	1 × 1500 × 200	
2 × 7/2.2	700 × 400 × 150	20	7/2.6 单条双下	1 × 1500 × 200	2 条或 3 条拉线合用一个地锚时的规格
2 × 7/2.6	700 × 400 × 150	20	7/3.0 单条双下	1 × 1500 × 200	
2 × 7/3.0	800 × 400 × 150	22	7/3.0 双条双下	1 × 1500 × 200	
V 形 2 × 7/3.0+ 1 × 7/3.0	1000 × 500 × 300	22	7/3.0 三条双下	1 × 1500 × 200	

4. 拉线衬环的选用

(1) 拉线与地锚连接时，7/2.6 钢绞线规格以下的采用三股衬圈，7/2.6 钢绞线规格及以上的采用 5 股衬圈。

(2) 圆钢地锚可采用 7 股衬圈。

5.4.4　避雷线和接地线的设计

1. 需安装避雷线的场合

(1) 终端杆、引入杆及接近局站的 5 根电杆必须装置直接入地的避雷线。

(2) 角杆、跨越杆、分支杆、12 m 以上的特殊杆、高坡杆可利用拉线作入地避雷线。

(3) 曾经受过雷击的电杆必须装置直接入地的避雷线。

(4) 跨越 10 kV 以上高压电力线两侧的电杆必须装置直接入地避雷线。

2. 需安装接地装置的场合

(1) 有可能被电力线产生的过电压或雷击损伤光电缆及电缆吊线的电杆。

(2) 架空光电缆屏蔽层或其吊线在终端杆、引上杆或其附近电杆应采取接地措施的地方。

(3) 在年雷暴日超过 20 天的空旷地带或郊区架设的光电缆应做系统防雷接地。一般每隔 2 km 左右将光电缆屏蔽层连同吊线一起做一处接地。屏蔽接地尽可能做在光电缆的接头处。

5.4.5　架空光(电)缆的设计

1. 架空光电缆品种选择

(1) 设计选用的架空光缆的护层结构：防潮层+PE 外护层，宜选用 GYTA、GYTS、GYTY53、GYFTY、ADSS、OPDW 或其他的优良结构。

(2) 设计选用的电缆，应符合国家标准或行业标准。架空电缆的型号主要有 HYA、HYFA、HYPA、HYAT、HYFAT、HYPAT 和 HYAC。电缆型号在设计中不宜过多，架空电缆容量不宜超过 400 对。

2. 分线设备的安装

杆上分线设备的安装设计应按规范要求进行，如图 5-8 所示。

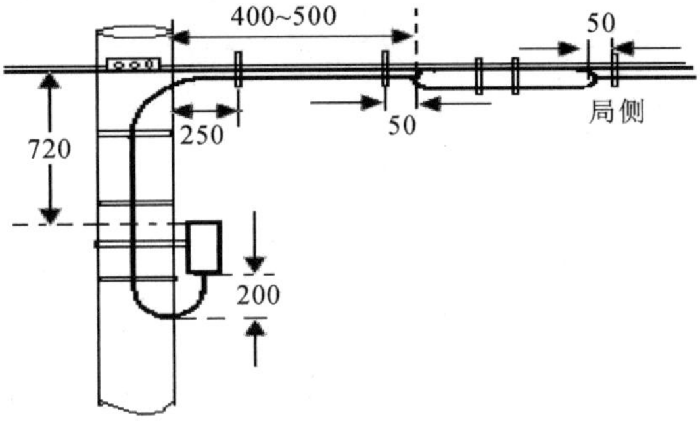

图 5-8　杆上分线设备的安装

3. 架空光电缆交越保护与接地保护

(1) 架空通信线路三线交越保护：架空通信线上方跨越的 10 kV 及以下的电力线、低压用户线、农村高压广播线，不论其净距是否达到规定的标准，该三线无论是裸线、皮复线、塑料线、还是橡胶线均应做安全保护措施。10.5 kV 及以上高压电力线不安装保护套管。

(2) 三线安全保护措施采用三线交叉塑料保护管或绝缘保护夹板等方式。安装三线交越保护管(夹)，其长度应超出电力线线路的两端各 1 m 以上(垂直方向)。

5.4.6　架空线路工程常用图例

架空杆路常用图例如表 5.16 所示。

表 5.16　架空杆路常用图例

序　号	图　形　符　号	说　　明
1		电杆的一般符号 注：可以用文字符号 $\frac{A-B}{C}$ 来标注 其中： A—杆材或所属部门；B—杆长；C—杆号
2		新设电杆(P18 为电杆编号，8 为电杆程式，电杆程式也可用文字表示)
3		原有木杆或者油杆(P18 为电杆编号)
4		更换水泥电杆(拆除原有电杆，更换为 8.0 m 水泥杆)
5		原有交接箱 H 形水泥杆(新设涂实或粗线，P18 为电杆编号，A 为交接箱编号)

续表

序　号	图　形　符　号	说　　明
6		原有箱 H 形水泥杆(不设交接箱)
7		钢筋混凝土杆
8		原有单接杆(新设涂实或粗线)
9		原有品接杆(新设涂实或粗线)
10		原有 L 形杆(新设涂实或粗线)
11		原有 A 形杆(新设涂实或粗线)
12	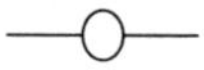	架空线路

5.4.7　架空线路工程图绘制要求

1. 架空线路图绘制步骤

1) 仔细看好草图

(1) 注意自己所画每张草图的衔接，指北方向是否正确。

(2) 注意自己所画图纸与别人图纸的衔接。

(3) 新建杆路要问清杆高。

(4) 利旧杆路要问清是否是附挂，还是利用原有杆路新设吊线。

2) 在绘图中要注意同一个工程的标准统一性

(1) 字高大小的统一。

(2) 尺寸标注大小的统一。

3) 布置杆路

(1) 设置好工程类别、吊线位置绘制的确定。

(2) 电杆的种类、电杆的地貌、吊线的规格、吊线的地貌。

4) 画路

(1) 核对路由是否符合现场查勘情况。

(2) 注意路与杆线之间距离的比例。

5) 角杆拉线

(1) 角杆拉线要在角的平分线上。

(2) 当角杆的转角角度小于 45° 时做角杆拉线。

6) 添加参照物

(1) 参照物的大小合适，所在图纸中的位置准确。

(2) 注意参照物中的文字角度要符合制图的要求。

7) 添加杆号

(1) 取两基站站名的前一个字母，如洪泽-盱眙，杆号为PHX01。

(2) 原有杆号在( )，如(PHX01)。

8) 添加人字拉、四方拉、终结拉线

(1) 一般情况每8挡做一个人字拉，在平原情况下32挡做四方拉，注名“做双向假终结”(具体参照各建设方的要求为准)。

(2) 当角杆的转角角度大于等于45°做终结拉线(以各建设方的要求为准)。

9) 添加接地

(1) 吊线终结的地方要做直埋式接地。

(2) 每1 km处加一个，在有拉线的位置时，要加拉线式接地，其他是直埋式拉线(以各建设方的要求为准)。

10) 添加附件

添加杆面程式、角度、工作量表、光缆图、接图符、图名和图号。

11) 其他障碍物的处理

(1) 在杆路与管道衔接处，要做好钢管引上。

(2) 进出基站处理(注：在新建情况下要注名“站内预留××m”“拉攀固定”“吊线松挂”)。

(3) 进行特殊障碍处理(注：过特殊道路时应增加杆高，杆路在过河时如属于长杆挡建筑的方式应做辅助吊线。)

2. 架空杆路图的绘制要求

(1) 架空线路施工图需按1∶2000比例绘制。

(2) 在图上绘出杆路路由、拉线方向，标出实地量取的杆距、每杆电杆的杆高。

(3) 绘出路由两侧50 m范围内参照物的相对位置示意图，并标出乡镇、河流、道路、建筑设施、街道、参照物等的名称及道路、光电缆线路的大致方向。

(4) 必须在图中反映出与其他通信运营杆线交越、平行或接近情况，并标注接近处线路间的隔距及电杆杆号。

(5) 注明各段路由的土质及地形，如山地、旱地、水田等。

(6) 线路的各种保护处理措施、长度数量必须在图纸中明确标注，特殊地段必须加以文字说明。

拓展案例

任务1的拓展案例勘察草图如图5-9所示，请根据通信工程制图标准绘制出能指导工人施工的工程图纸。已知电杆为8 m水泥杆，土质为综合土，拉线程式为7/2.6，从P15开始预留20 m进入A机房，引入A机房直埋部分及引下部分不在本案例中统计，从A机房到落地交接箱内布放一根48芯光缆即可，光缆进入交接箱预留10 m。

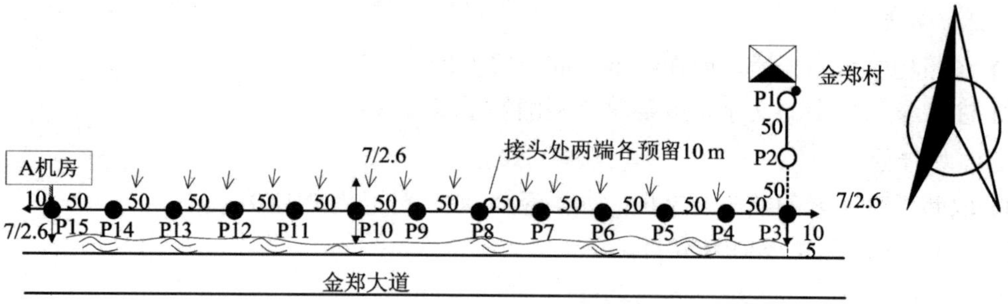

图 5-9　任务 1 拓展架空线路勘察草图

课 后 习 题

1. 单项选择题

(1) 架空光缆与房屋建筑最小水平净距为(　　)。

A. 1.5 m　　B. 2 m　　C. 3 m　　D. 5 m

(2) 架空通信杆路在郊区的杆距一般为(　　)。

A. 35～40 m　　B. 45～50 m　　C. 50～55 m　　D. 60～65 m

2. 填空题

(1) 如果架空电缆杆间距离在轻负荷区超过__________m，中负荷区超过 55 m，重负荷区超过 50 m 时，就应采用长杆挡建筑方式。

(2) 8 m 水泥杆在普通土状态下的电杆埋深为__________m。

(3) 12 m 水泥杆在普通土状态下的电杆埋深为__________m。

(4) 架空通信线路与市内街道平行时的垂直净距为__________m。

(5) 架空通信线路与公路交越时的垂直净距为__________m。

(6) 架空通信线路与土路交越时的垂直净距为__________m。

(7) 架空通信线路与 1 kV 以下电力线交越时的最小垂直净距为__________m。

(8) 电杆的表示方法中 YD8.0-15-1.40，电杆的梢径为__________cm。

(9) 水泥电杆杆根的加固措施有卡盘加固、__________和石护墩保护三种措施。

(10) 常用的吊线程式有 7/2.2、__________、7/3.0 三种。

3. 简答题

(1) 简述电杆位置勘定有哪些具体要求。

(2) 简述架空杆路吊线设计应考虑哪些因素。

(3) 简述普通拉线程式的选用方法。

(4) 简述拉线衬环应如何选用。

(5) 简述哪些场合需安装避雷线。

(6) 简述架空光电缆与三线交越时的安全保护措施有哪些。

(7) 简述架空线路图绘制步骤是什么。

(8) 架空杆路图的绘制有哪些要求？

任务 6　直埋线路工程图绘制

6.1　任务描述

将项目一中的任务二直埋线路工程勘察结果利用 CAD 软件把草图绘制成能够指导工人施工的通信工程图纸，小王要求项目组人员绘制出直埋线路路由平面图及光缆沟的剖面图。

6.2　任务分析

项目组中绘图人员首先要熟悉项目介绍中的要求及××高校所处的地理位置及气象条件，再根据 GB51158－2015《通信线路工程设计规范》、YD/T5015—2015《通信工程制图与图形符号规定》的规定及现场勘察的实际数据，用 CAD 软件把勘察草图绘制成能指导后期工程施工的图纸，即需要有直埋线路路由平面图及光缆沟的剖面图，而且图纸要素要齐全。

首先，按照前期勘察结果，在架空线路绘制基础上，进行直埋线路工程图的绘制。接着，进行路由平面图的详细绘制，标出光缆通信路由长度。然后，绘制直埋线路光缆沟的剖面图。最后，添加图例、技术说明、工程量表等辅助说明，明确光缆沟的开挖方式，土质情况，过路地段的开挖方式，特殊地段采取的措施是什么，周围有哪些参照物等。最终效果如图 6-1、图 6-2 所示。

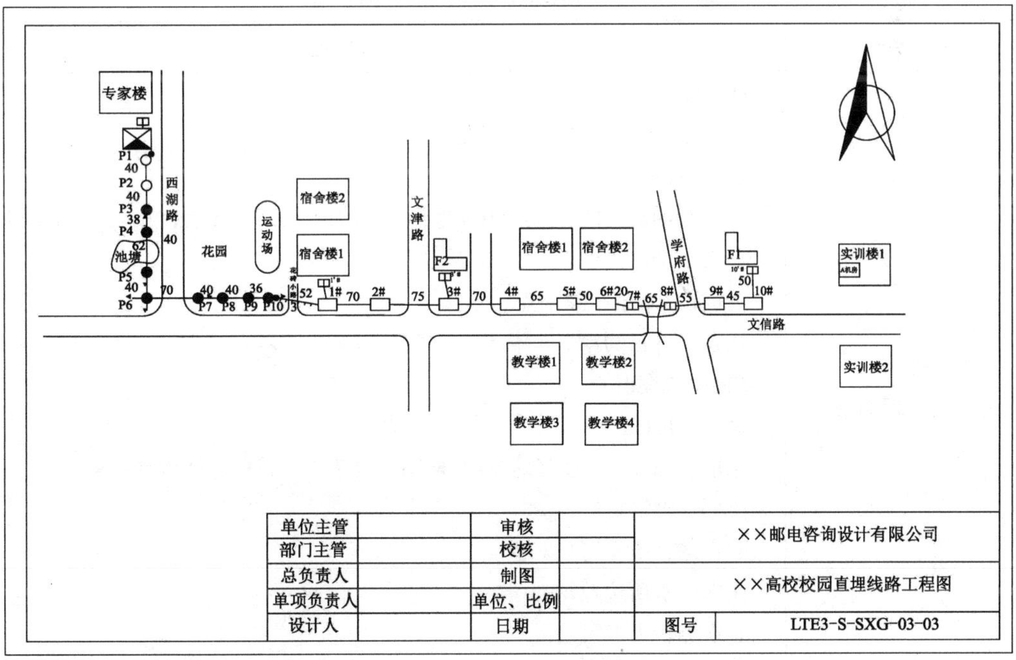

图 6-1　直埋线路工程图

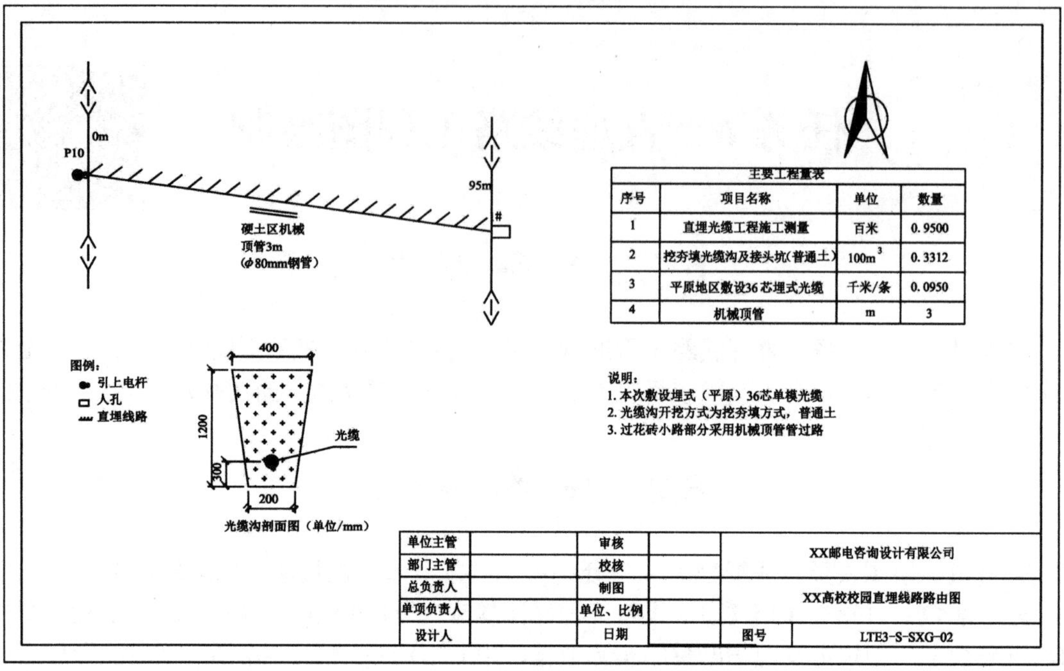

图 6-2　直埋线路平面路由图

6.3　任务实施

在任务分析的基础上我们采用 CAD 软件绘制直埋线路图，参考操作步骤如表 6.1 所示。

表 6.1　直埋线路工程图绘制步骤

操作步骤	操 作 过 程

步骤一
直埋线路工程图绘制
	(1) 绘制引上钢管。
	打开任务 5 架空线路工程图
	命令: _circle　↙
	指定圆的圆心或 [三点(3P)/两点(2P)/切点、切点、半径(T)]: _2p 指定圆直径的第一个端点:
	//捕捉 P10 第 1 象限点
	指定圆直径的第二个端点: <正交 开> 6　↙
	//输入长度值 6
	命令: _hatch ↙
	拾取内部点或 [选择对象(S)/删除边界(B)]: 正在选择所有对象...
	//选择刚绘制的圆
	正在选择所有可见对象...
	正在分析所选数据...
	正在分析内部孤岛...
	拾取内部点或 [选择对象(S)/删除边界(B)]: 正在选择所有对象...

续表一

操作步骤	操 作 过 程

步骤一
直埋线路工程图绘制
	正在选择所有可见对象...
	正在分析所选数据...
	正在分析内部孤岛...
	拾取内部点或 [选择对象(S)/删除边界(B)]:
	(2) 绘制直埋线路。
	命令: _line ↙
	指定第一个点:
	//捕捉引上钢管的第 1 象限点
	指定下一点或 [放弃(U)]: ↙
	//捕捉 1#人孔的左侧中点
	命令: _line ↙
	指定第一个点:　　//关闭正交功能，捕捉直线就近点
	指定下一点或 [放弃(U)]: 3 ↙
	//长度 3，顺时 120 度
	命令: _copy ↙
	选择对象: 找到 1 个 //选择直线
	选择对象:
	当前设置:　复制模式 = 多个
	指定基点或 [位移(D)/模式(O)] <位移>:
	//直线的交点
	指定第二个点或 [阵列(A)] <使用第一个点作为位移>:
	//依次捕捉就近点，长度 6 左右
	指定第二个点或 [阵列(A)/退出(E)/放弃(U)] <退出>: ↙
	结果如图 6-1 所示

步骤二 直埋线路路由平面图绘制	**(1) P10** 引上杆绘制。 命令: _line ↙ 指定第一个点: 指定下一点或 [放弃(U)]: 30 ↙ 指定下一点或 [放弃(U)]: ↙ 命令: _circle ↙ 指定圆的圆心或 [三点(3P)/两点(2P)/切点、切点、半径(T)]: // 捕捉直线左端点 指定圆的半径或 [直径(D)] <10.0000>: 20 ↙ 命令: _circle ↙ 指定圆的圆心或 [三点(3P)/两点(2P)/切点、切点、半径(T)]:

续表二

操作步骤	操 作 过 程

步骤二
直埋线路路由平面图
绘制
	// 捕捉直线右端点
	指定圆的半径或 [直径(D)] <20.0000>: 10 ↙
	命令: 选中直线，单击 delete 键
	命令: _.erase 找到 1 个
	命令: _hatch ↙
	拾取内部点或 [选择对象(S)/删除边界(B)]: 正在选择所有对象...
	// 选择 solid 图形进行填充，然后确定
	(2) 绘制直埋线路图。
	命令: _line ↙
	指定第一个点: //打开正交功能，捕捉小圆的第一象限点，方向向右
	指定下一点或 [放弃(U)]: 500 ↙
	命令: _line ↙
	指定第一个点: //关闭正交功能，捕捉直线就近点，方向右上角 45 度
	指定下一点或 [放弃(U)]: 30 ↙
	命令: _copy ↙
	选择对象: 找到 1 个 //选择长度 30 的直线，方向向右
	选择对象:
	当前设置: 复制模式 = 多个
	指定基点或 [位移(D)/模式(O)] <位移>: 40 ↙
	// 自动捕捉斜线的端点，方向向右
	指定第二个点或 [阵列(A)] <使用第一个点作为位移>: 80 ↙
	指定第二个点或 [阵列(A)/退出(E)/放弃(U)] <退出>: 120 ↙
	指定第二个点或 [阵列(A)/退出(E)/放弃(U)] <退出>: 160 ↙
	指定第二个点或 [阵列(A)/退出(E)/放弃(U)] <退出>: 200 ↙
	指定第二个点或 [阵列(A)/退出(E)/放弃(U)] <退出>: 240 ↙
	指定第二个点或 [阵列(A)/退出(E)/放弃(U)] <退出>: 280 ↙
	指定第二个点或 [阵列(A)/退出(E)/放弃(U)] <退出>: 320 ↙
	指定第二个点或 [阵列(A)/退出(E)/放弃(U)] <退出>: 360 ↙
	指定第二个点或 [阵列(A)/退出(E)/放弃(U)] <退出>: 400 ↙
	指定第二个点或 [阵列(A)/退出(E)/放弃(U)] <退出>: 440 ↙
	指定第二个点或 [阵列(A)/退出(E)/放弃(U)] <退出>: 480 ↙
	指定第二个点或 [阵列(A)/退出(E)/放弃(U)] <退出>: ↙
	命令: _rotate ↙
	UCS 当前的正角方向: ANGDIR = 逆时针 ANGBASE = 0
	选择对象: 指定对角点: 找到 18 个

续表三

操作步骤	操 作 过 程

步骤二
直埋线路路由平面图绘制
	// 选择刚绘制的图形
	选择对象:
	指定基点:
	// 指定直线的端点
	指定旋转角度，或 [复制(C)/参照(R)] <0>:　-10　↙
	(3) 绘制接图符号。
	命令: _line　↙
	指定第一个点:　//打开正交功能，捕捉小圆的第一象限点，方向向下
	指定下一点或 [放弃(U)]: 60　↙
	指定下一点或 [放弃(U)]: 15　↙
	//旋转 240 度
	指定下一点或 [闭合(C)/放弃(U)]:　↙
	命令:　↙
	LINE
	指定第一个点:　//捕捉两条直线的交点
	指定下一点或 [放弃(U)]: 15
	//旋转旋转−60 度
	指定下一点或 [放弃(U)]:　↙
	命令:
	命令:　↙
	LINE
	指定第一个点:
	//三条直线交点的下方，方向向下
	指定下一点或 [放弃(U)]: 20
	指定下一点或 [放弃(U)]: ↙
	命令: _mirror　↙
	选择对象: 指定对角点: 找到 2 个
	//选择两条斜线
	选择对象:
	指定镜像线的第一点:
	//长度为 20 直线的中点
	指定镜像线的第二点:
	//水平方向
	要删除源对象吗？[是(Y)/否(N)] <否>:　↙
	命令: _line　↙

续表四

操作步骤	操 作 过 程

步骤二
直埋线路路由平面图绘制
	指定第一个点:　//捕捉镜像后的直线交点，方向向下
	指定下一点或 [放弃(U)]: 30　↙
	指定下一点或 [放弃(U)]:　↙
	命令: _mirror　↙
	选择对象: 指定对角点: 找到 7 个
	选择对象:
	指定镜像线的第一点:
	//自动捕捉小圆的第一象限点
	指定镜像线的第二点:
	//水平方向
	要删除源对象吗？[是(Y)/否(N)] <否>:　↙
	命令: _copy　↙
	选择对象: 指定对角点: 找到 14 个
	//选择左侧连接线
	选择对象:
	当前设置:　复制模式 = 多个
	指定基点或 [位移(D)/模式(O)] <位移>:
	//捕捉直埋直线的左侧端点
	指定第二个点或 [阵列(A)] <使用第一个点作为位移>:
	//捕捉直埋直线的右侧端点
	指定第二个点或 [阵列(A)/退出(E)/放弃(U)] <退出>:　↙
	命令:
	(4) 绘制 1#人孔。
	命令: _line　↙
	指定第一个点:　//捕捉直埋直线右侧端点
	指定下一点或 [放弃(U)]: 7
	//方向向上
	指定下一点或 [放弃(U)]: 20
	//方向向右
	指定下一点或 [闭合(C)/放弃(U)]: 14
	//方向向下
	指定下一点或 [闭合(C)/放弃(U)]: 20
	//方向向左
	指定下一点或 [闭合(C)/放弃(U)]: c　↙

续表五

操作步骤	操 作 过 程
步骤二 直埋线路路由平面图 绘制	**(5) 输入文字。** 命令: _mtext 当前文字样式:　小字　文字高度:　10.0000　注释性:　否 指定第一角点:　//P10 的上方 指定对角点或 [高度(H)/对正(J)/行距(L)/旋转(R)/样式(S)/宽度(W)/栏(C)]: 输入文字内容“P10” 命令: ↙ 重复以上命令，完成“0m”“90m”“1#”“硬土区机械顶管 3 m(ϕ80 mm 钢管)”等文字内容的输入。 结果如图 6-3(a)所示

步骤三
光缆沟剖面图绘制
	(1) 光缆沟轮廓绘制。
	命令: _line　↙
	指定第一个点:
	指定下一点或 [放弃(U)]: 50
	//方向向右
	指定下一点或 [放弃(U)]: 300
	//方向向下
	指定下一点或 [闭合(C)/放弃(U)]: 25
	//方向向左
	指定下一点或 [闭合(C)/放弃(U)]: c　↙
	命令: _mirror　↙
	选择对象: 指定对角点: 找到 4 个
	//选择刚绘制的图形
	选择对象:
	指定镜像线的第一点:
	//上端直线的右端点
	指定镜像线的第二点:
	//下端直线的右端点
	要删除源对象吗？[是(Y)/否 (N)] <否>:　↙
	(2) 光缆示意图绘制。
	命令: _line　↙
	指定第一个点:
	//捕捉底端直线的中点
	指定下一点或 [放弃(U)]: 75
	//方向向上

续表六

操作步骤	操 作 过 程

步骤三
光缆沟剖面图绘制
	指定下一点或 [放弃(U)]: ↙
	命令: _circle ↙
	指定圆的圆心或 [三点(3P)/两点(2P)/切点、切点、半径(T)]:
	//捕捉刚绘制辅助直线的上端点
	指定圆的半径或 [直径(D)] <10.0000>: 10
	//选中辅助直线，单击 delete 键
	命令: _.erase 找到 1 个
	命令: _line ↙
	指定第一个点: //捕捉光缆圆的第一象限点
	指定下一点或 [放弃(U)]: <正交 关>
	指定下一点或 [放弃(U)]: 100
	//角度 45
	指定下一点或 [闭合(C)/放弃(U)]: 50
	//水平方向
	指定下一点或 [闭合(C)/放弃(U)]: ↙
	(3) 图案填充。
	命令: _hatch ↙
	选择“SOLID”图案
	拾取内部点或 [选择对象(S)/删除边界(B)]: 正在选择所有对象...
	//圆内部
	正在选择所有可见对象...
	正在分析所选数据...
	正在分析内部孤岛... ↙
	命令: _hatch ↙
	选择“CROSS”图案
	拾取内部点或 [选择对象(S)/删除边界(B)]: 正在选择所有对象...
	//梯形内部
	正在选择所有可见对象...
	正在分析所选数据...
	正在分析内部孤岛... ↙
	(4) 尺寸标注。
	命令: _dimlinear
	指定第一个尺寸界线原点或 <选择对象>:
	//选择图形上边的左端点
	指定第二条尺寸界线原点:

续表七

操作步骤	操 作 过 程

步骤三
光缆沟剖面图绘制
	//选择图形上边的右端点
	指定尺寸线位置或
	[多行文字(M)/文字(T)/角度(A)/水平(H)/垂直(V)/旋转(R)]:
	标注文字＝100
	双击尺寸数值“100”　，修改为“400”
	命令: _dimlinear
	指定第一个尺寸界线原点或 <选择对象>:
	//选择图形下边的左端点
	指定第二条尺寸界线原点:
	//选择图形下边的右端点
	指定尺寸线位置或
	[多行文字(M)/文字(T)/角度(A)/水平(H)/垂直(V)/旋转(R)]:
	标注文字＝50
	双击尺寸数值“50”，修改为“200”
	命令: _dimlinear
	指定第一个尺寸界线原点或 <选择对象>:
	//选择图形上边的左端点
	指定第二条尺寸界线原点:
	//选择图形下边的左端点
	指定尺寸线位置或
	[多行文字(M)/文字(T)/角度(A)/水平(H)/垂直(V)/旋转(R)]:
	标注文字＝400
	双击尺寸数值“400”，修改为“1200”
	命令: _dimlinear
	指定第一个尺寸界线原点或 <选择对象>:
	//选择图形下边的左端点
	指定第二条尺寸界线原点:
	//选择圆的第三象限点
	指定尺寸线位置或
	[多行文字(M)/文字(T)/角度(A)/水平(H)/垂直(V)/旋转(R)]:
	标注文字＝75
	双击尺寸数值“75”，修改为“300”
	(5) 文字输入。
	命令: _mtext
	当前文字样式:　小字　文字高度:　10.0000　注释性:　否

续表八

操作步骤	操 作 过 程
步骤三 光缆沟剖面图绘制	指定第一角点:　//图形下方 指定对角点或 [高度(H)/对正(J)/行距(L)/旋转(R)/样式(S)/宽度(W)/栏(C)]: 输入文字内容“光缆沟剖面图(单位为 mm)” 命令: ↙ 重复以上命令，完成“光缆”文字内容的输入。 结果如图 6-3(b)所示

步骤四
图例绘制
	(1) P10 引上杆图例。
	命令: _copy　↙
	选择对象: 找到 2 个
	选择对象:
	当前设置:　复制模式 = 多个
	指定基点或 [位移(D)/模式(O)] <位移>:
	指定第二个点或 [阵列(A)] <使用第一个点作为位移>:
	//指定到合适的位置
	(2) 人孔图例。
	命令: _copy　↙
	选择对象: 找到 1 个
	选择对象:
	当前设置:　复制模式 = 多个
	指定基点或 [位移(D)/模式(O)] <位移>:
	指定第二个点或 [阵列(A)] <使用第一个点作为位移>:
	//P10 组件的下方
	(3) 直埋线路图例。
	命令: _line ↙
	指定第一个点:　//人孔图例下方
	指定下一点或 [放弃(U)]: 40 ↙
	命令: _line ↙
	指定第一个点:　//关闭正交，捕捉直线就近点
	指定下一点或 [放弃(U)]: 10 ↙
	//角度 45
	命令: _copy　↙
	选择对象: 找到 1 个
	//绘制的斜线
	选择对象:
	当前设置:　复制模式 = 多个

续表九

操作步骤	操 作 过 程

步骤四
图例绘制
	指定基点或 [位移(D)/模式(O)] <位移>:
	//斜线与直线的交点
	指定第二个点或 [阵列(A)] <使用第一个点作为位移>:10
	//方向向右
	指定第二个点或 [阵列(A)/退出(E)/放弃(U)] <退出>: 20
	//方向向右
	指定第二个点或 [阵列(A)/退出(E)/放弃(U)] <退出>: 30
	//方向向右
	指定第二个点或 [阵列(A)/退出(E)/放弃(U)] <退出>: ↙
	(4) 图例文字输入。
	命令: _mtext
	当前文字样式: 小字　文字高度: 10.0000　注释性: 否
	指定第一角点: //P10 的上方
	指定对角点或 [高度(H)/对正(J)/行距(L)/旋转(R)/样式(S)/宽度(W)/栏(C)]:
	输入文字内容“图例”
	命令: ↙
	重复以上命令，完成“引上电杆”“人孔”“直埋线路”等文字内容的输入。
	结果如图 6-3(c)所示

步骤五 表格绘制	命令: _table ↙ 参数设置(4 列，列宽 50，5 行，行高 100) 指定插入点: 双击表格单元格，输入相应的文本内容，然后编辑表格，调整到适合位置。 结果如图 6-3(d)所示
步骤六 说明文字输入	命令: _mtext 当前文字样式: 小字　文字高度: 10.0000　注释性: 否 指定第一角点: //P10 上方 指定对角点或 [高度(H)/对正(J)/行距(L)/旋转(R)/样式(S)/宽度(W)/栏(C)]: 输入文字内容如下所示。 **说明：** (1) 本次敷设直埋(平原)36 芯单模光缆。 (2) 光缆沟开挖方式为挖夯填方式，普通土。 (3) 过花砖小路部分机械采用顶管管过路。 结果如图 6-3(e)所示。 最后导入 A4 图块，调整大小和文字内容，效果如图 6-2 所示

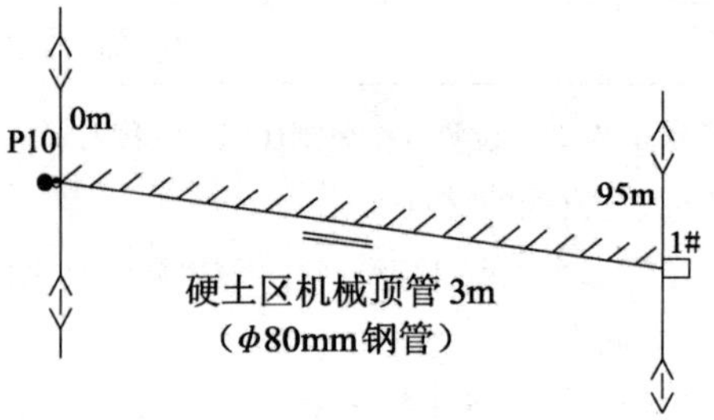

(a) 直埋线路平面图

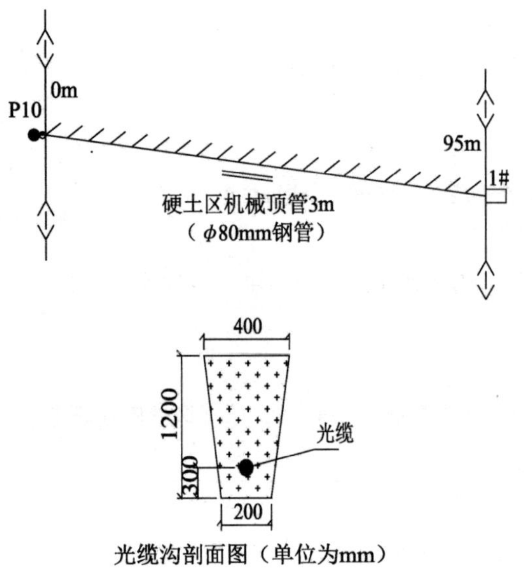

(b) 光缆沟剖面

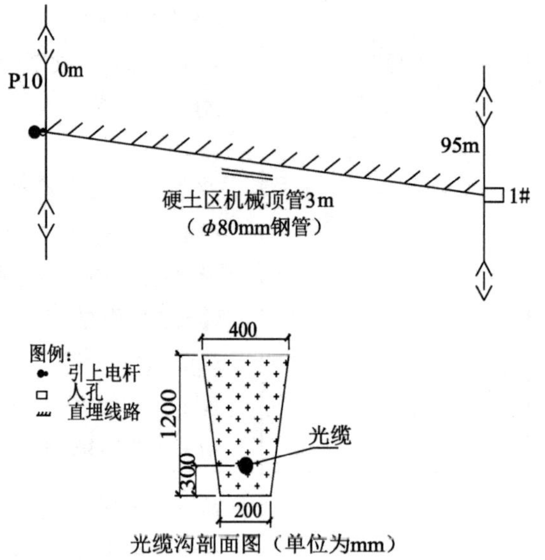

(c) 图例

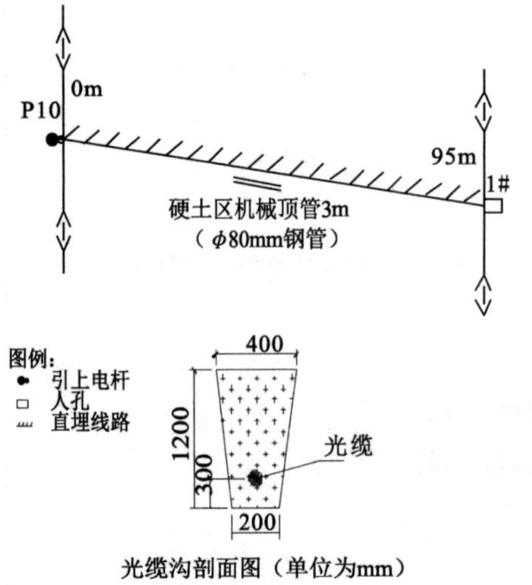

主要工程量表

序号	项目名称	单位	数量
1	直埋光缆工程施工测量	百米	0.9500
2	挖夯填光缆沟及接头坑(普通土)	100m^3	0.3312
3	平原地区敷设36芯埋式光缆	千米/条	0.0950
4	机械顶管	m	3

(d) 主要工程量表

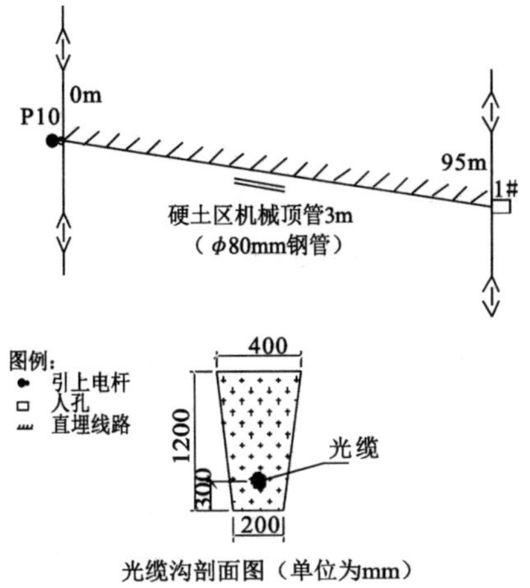

主要工程量表			
序号	项目名称	单位	数量
1	直埋光缆工程施工测量	百米	0.9500
2	挖夯填光缆沟及接头坑(普通土)	100m³	0.3312
3	平原地区敷设36芯埋式光缆	千米/条	0.0950
4	机械顶管	m	3

说明：
1. 本次敷设埋式（平原）36芯单模光缆
2. 光缆沟开挖方式为挖夯填方式，普通土
3. 过花砖小路部分采用机械顶管管过路

(e) 技术说明

图 6-3　直埋线路绘制

6.4　知 识 解 读

6.4.1　直埋光缆的埋深及沟宽要求

直埋光缆的埋设深度及沟宽应根据光缆敷设地段的具体情况来决定。各种地质情况下的光缆埋设深度见表 6.2，光缆沟底宽度见表 6.3。

表 6.2　各种地质情况下的光缆埋设深度

敷设地段及土质	埋深/m	备　注
普通土(硬土)	≥1.2	
半石质(沙砾土、风化土石)	≥1.0	
全石质	≥0.8	从加细土或沙土算起(全石质地段光缆沟在沟底要加细土或沙土)
流沙	≥0.8	
市郊、村镇地段	≥1.2	
市区人行道	≥1.0	
穿越铁路、公路	≥1.2	从道石底或路面算起
沟、渠、水塘	≥1.2	
农田排水沟(沟宽在 1m 以内)	≥0.8	

表 6.3　光缆沟底宽度

光缆条数	1 条	2 条	3 条	4 条及以上
沟底宽/cm	15～20	30	45	以光缆间隔不小于 10 cm 来计算

注：光缆沟的上口宽度以不塌方为宜。

6.4.2 直埋光缆的安装要求

1. 直埋光缆的预(余)留

光缆的预留要考虑日后维修的需要，主要有 S 弯余留、接头重叠长度预留(一般不小于 12 m)、地下局站预留(每侧 5～10 m)、地面局站预留(每侧 10～20 m)、建设规划预留等。S 弯余留的规定如下：

(1) 光缆敷设在坡度大于 20°，坡长大于 30 m 的斜坡上时，应作 S 弯余留。

(2) 无人中继站进局(站)时作 S 弯余留。

(3) 穿越铁路、公路时，亦应作 S 弯余留。

(4) 穿越较大的河流时，在河岸亦应作 S 弯余留。

2. 直埋光缆的引出措施

常见直埋光缆的引出措施如图 6-4～图 6-7 所示。

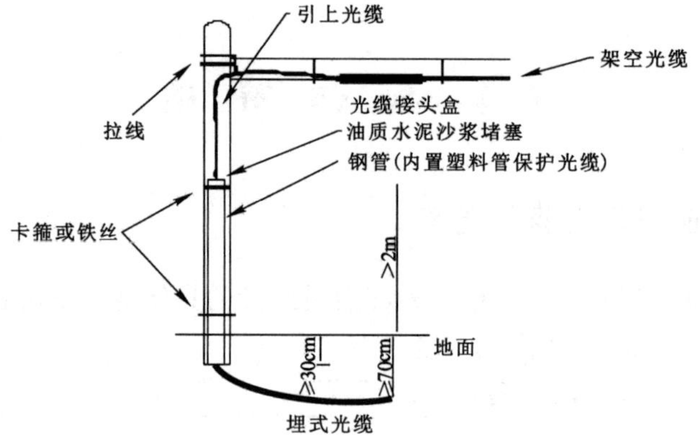

图 6-4　直埋光缆与架空光缆的连接示意图

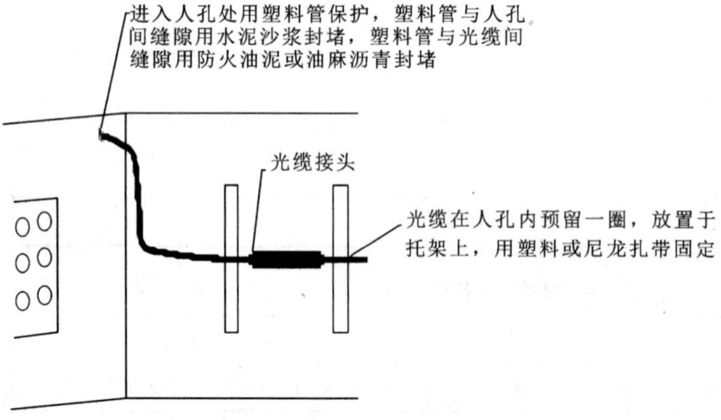

图 6-5　直埋光缆引入人孔方式示意图

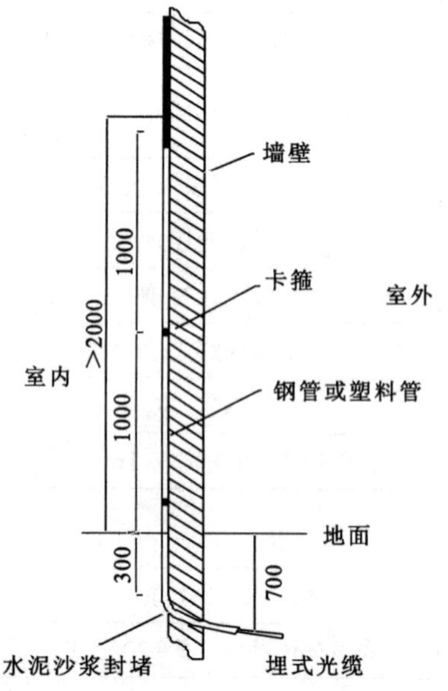

图 6-6　直埋光缆墙内引上方式示意图

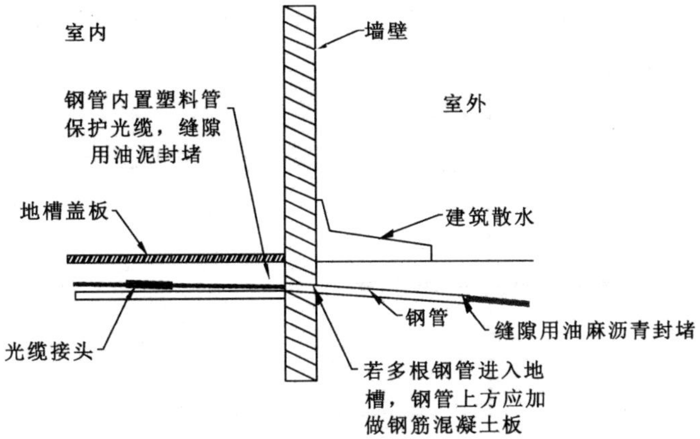

图 6-7　直埋光缆进局方式示意图

6.4.3　直埋光缆线路的防护

1. 特殊地段的保护措施

直埋光缆线路在坚石地段敷设时，由于沟底凹凸不平，并有尖石突出，因此光缆敷设后易遭受损伤。为保证直埋光缆不受损伤，在光缆的上下应各铺 10 cm 的细沙或细土加以保护。在可能被挖掘的地段，应在直埋光缆线路上方铺设红砖或混凝土盖板，并在线路上方加设标志牌，以起到警示作用。接头盒四周用红砖砌筑并用混凝土盖板加以保护。

2. 与其他建筑物的交越保护

(1) 当光缆穿越铁道、公路时采用顶管技术，用钢管保护直埋光缆，如图 6-8 所示；当电缆穿越分支或低等级公路时，可选用硬塑料管或钢管铺管保护，根据情况，也可直接敷设，光缆上方加盖红砖即可。

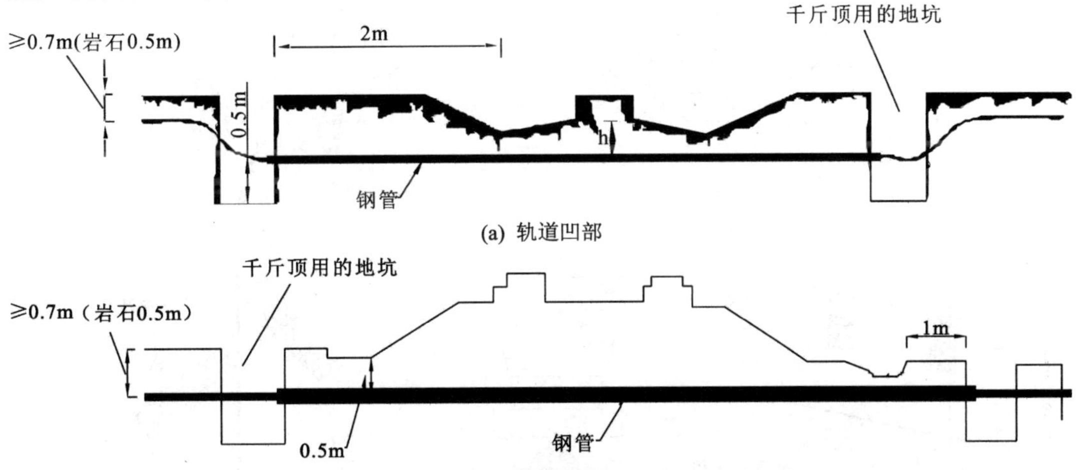

图 6-8　穿越铁路的保护示意图

(2) 线路穿过机耕路、农村大道以及市区或易动土地段时，采取铺硬塑料管、铺红砖、水泥盖板等保护措施。

(3) 光缆穿越沟渠时，除保证埋深(要考虑疏浚、挖藕等)要求外，一般采用管材加以保护或在光缆上方覆盖水泥板或水泥沙袋保护。管材可选用半硬塑料管或钢管。保护长度应超出沟渠边界两侧各 2 m，如图 6-9 所示。

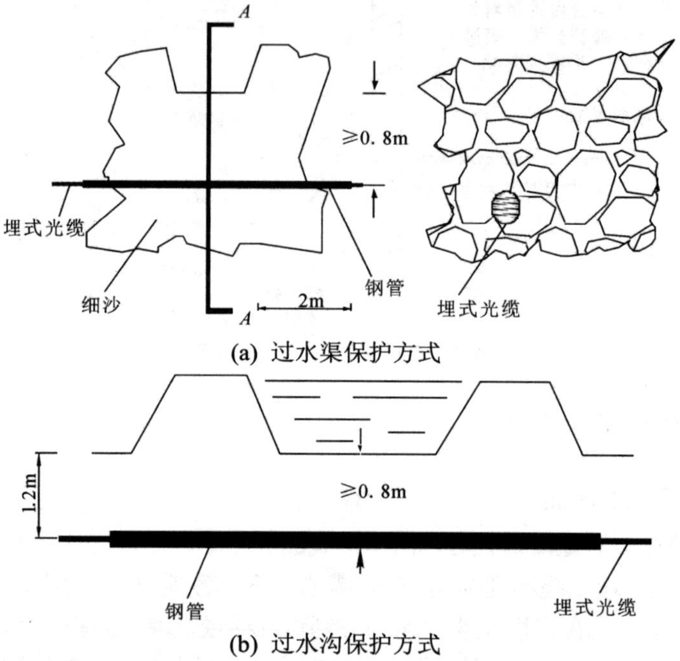

图 6-9　穿越水渠、水沟保护方式图

(4) 光缆穿过汛期山洪冲刷严重的沙河时，应采取人工加铠装或砌漫水坡、护岸、坡度挡土墙、分流坝、梯田堮坎加固等保护措施，如图 6-10 所示。

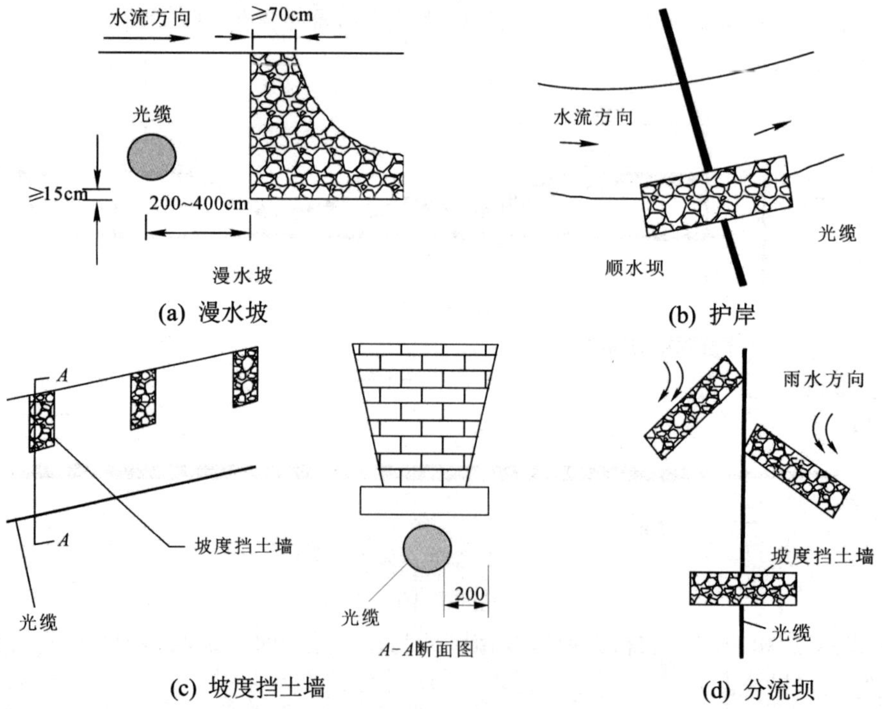

图 6-10　光缆穿越沙河时的保护措施

(5) 光缆穿越落差为 1 m 以上的沟坎、梯田时采用石砌护坡，并用水泥砂浆勾缝。当落差在 0.8～1 m 时，可用三七土护坡。当落差小于 0.8 m 时，可以不做护坡，但需用多层土夯实，如图 6-11 所示。

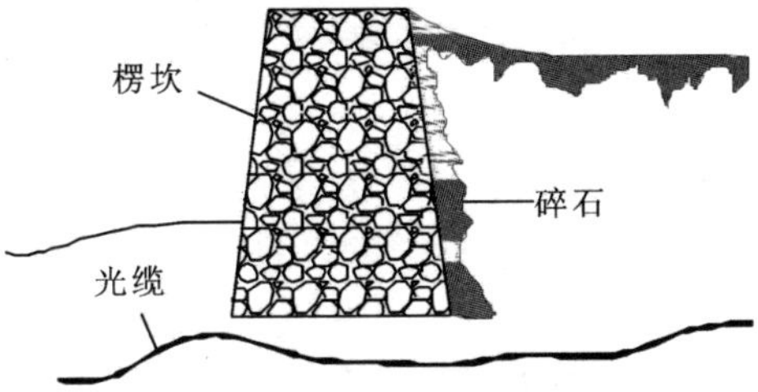

6-11　梯田塄坎加固图

(6) 光缆经过白蚁地区，应选用外护层为尼龙材料的防蚁光缆，并作毒土处理。

(7) 光缆穿越圆形涵洞时的保护方式如图 6-12 所示。

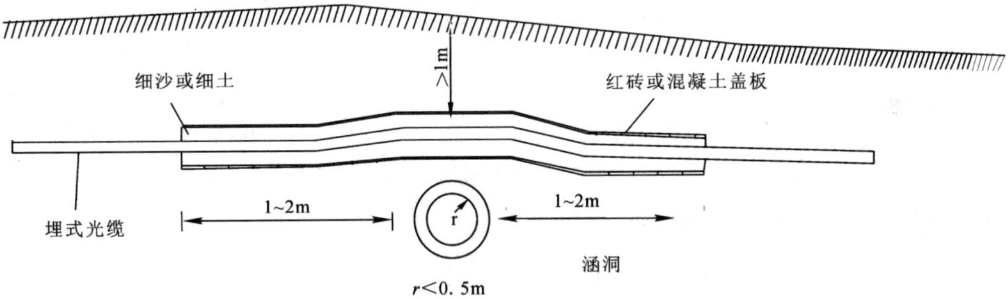

(a) 直埋光缆在涵洞上方，涵洞半径小于 0.5 m 的保护方式

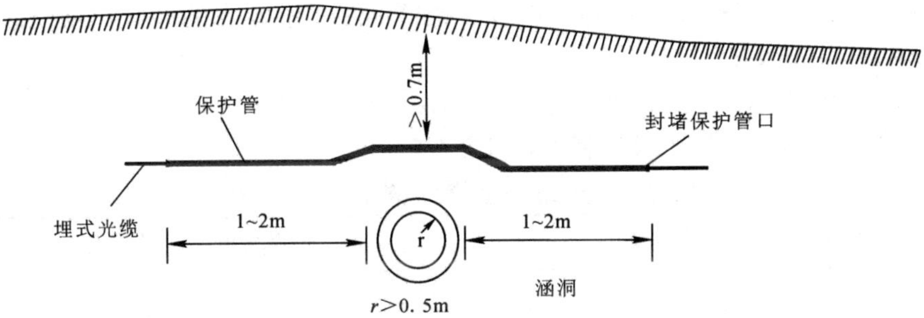

(b) 直埋光缆在涵洞上方，涵洞半径大于 0.5 m 的保护方式

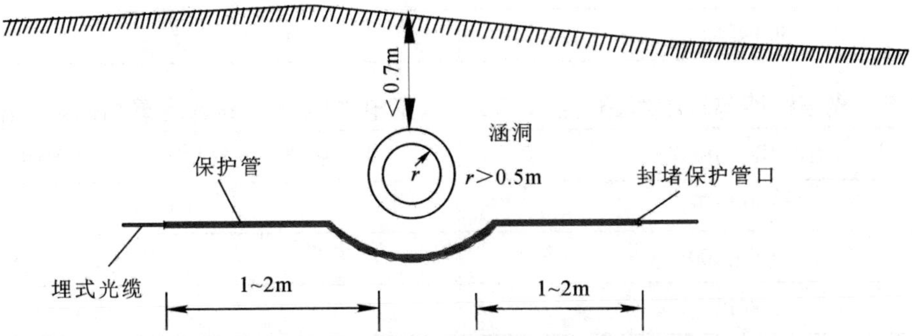

(c) 直埋光缆在涵洞下方，涵洞半径大于 0.5 m 的保护方式

图 6-12　穿越圆形涵洞时的保护方式示意图

(8) 与电力线交越时在保证两线路分隔距离的情况下，高压电力电缆上方用长 1 m、宽 0.2 m、厚度不小于 8 cm 的混凝土盖板加以保护；若电力电缆为低压线，则混凝土盖板可用红砖代替。直埋光缆线路上下用细沙或细土加以保护，并加盖红砖，保护示意图如图 6-13 所示。

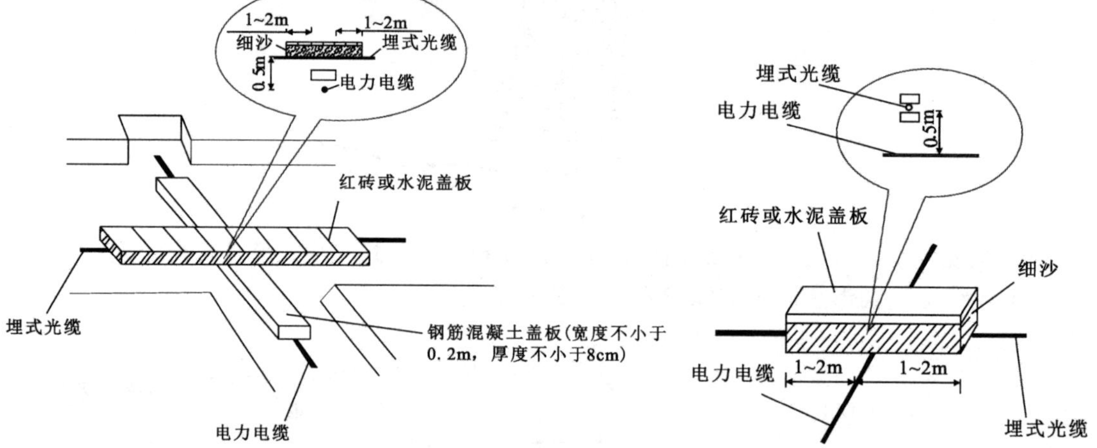

(a) 与 1000 V 及以上电力电缆交越时　　(b) 与 1000 V 以下电力电缆交越时

图 6-13　与电力电缆交越时的保护示意图

3. 光缆需采取防雷措施的地段

国内新建长途光缆均已采用硅芯管保护方式来敷设，因此光缆线路防雷、防强电措施正在简化。经过以下地段时应该采取一定的防雷措施：

(1) 在光缆线路易遭受雷击故障的地方，或曾经遭受过雷击的地方，应设计加装防雷设施。

(2) 光缆与单棵大树及高耸建筑物(或它的保护地线)应保持一定的隔距。当隔距不够时，应采取防雷措施。隔距要求见表 6.4 和表 6.5。

表 6.4　光缆与单棵大树的最小隔距

土壤电阻率 ρ /(Ω • m)	光缆与单棵大树的隔距/m
100 以下	15
101～500	20
500 及以上	25

表 6.5　光缆线路与弱电线路电杆、3 kV 以下电力电杆及高耸建筑物的最小隔距

土壤电阻率 ρ /(Ω • m)	光缆线路与高耸建筑物的最小隔距/m
100 以下	10
101～500	15
500 以上	20

(3) 当地下光缆与高压架空输电线相交越，光缆与输电线电杆之间的距离小于 25 m(土壤电阻率 $\rho \leqslant 500$ Ω • m)或 50 m(土壤电阻率 $\rho > 500$ Ω • m)时，应采取防雷措施。

4. 光缆线路的防雷措施

光缆线路的防雷应从四个方面来考虑：一是光缆线路的路由选线时应尽量避开易遭雷击的地段；二是在光缆结构选型时考虑采用防雷结构的光缆，采用加厚 PE 层的光缆；三是两个单盘光缆的金属构件在接头处隔断；四是在光缆线路上采用外加防雷设施。常用的线路外加防雷措施如下：

1) 地下防雷线(排流线)

直埋光缆线路的地下防雷线最好采用有色金属线，但其成本较高，所以国内较少采用。目前国内一般采用 7/2.2 镀锌钢绞线或ϕ6.0 mm 镀锌钢线作地下防雷线。敷设方法为：在光缆上方距离光缆 30 cm 处，平行敷设两条相距 40 cm 的防雷线，并将两端引到光缆附近的土壤电阻系数较小的地方，或者在排流线两端及其中间每隔 200 m 装设一处接地装置，接地装置应垂直距离光缆 15 m 以上。排流线的敷设长度每处一般不少于 2000 m。接地装置的接地电阻标准见表 6.6。

表 6.6　接地装置的接地电阻要求

土壤电阻率 ρ/(Ω·m)	中间接地电阻/Ω	两端接地电阻/Ω
100 以下	不大于 10	不大于 5
100 以上	不大于 10	不大于 10

2) 消弧线

当直埋光缆与单棵大树、电杆、高耸建筑物、地下水出口处的隔距不能满足表 6.4 及表 6.5 的要求时，可以采取消弧线保护光缆的方式。具体做法是：在雷击目标与光缆之间，用两根金属线做成半圆弧形围在雷击目标上，其中一根金属线与光缆埋深相同，另一根的埋深为光缆埋深的一半。两根金属线的两端都焊接在接地装置上。接地装置应在远离光缆的一侧，一般距离不小于 15 m，接地电阻一般要求小于 5 Ω。当土壤电阻率大于 100 Ω·m 时，接地电阻要求小于 10 Ω，如图 6-14 所示。当消弧线与光缆的隔距不足 5 m 时，消弧线对光缆起不到保护作用，这时光缆应绕道敷设。

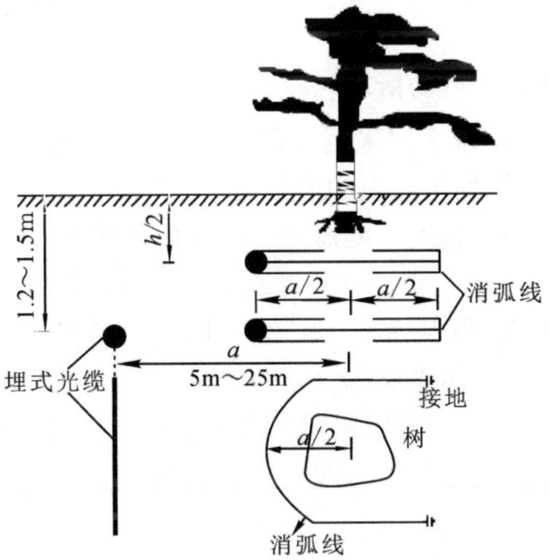

图 6-14　消弧线制作法

3) 对地电位悬浮式接续

对地电位悬浮接续方式是指光缆接头处两端及光缆终端的金属护套与金属加强芯在电气上互相绝缘，且都不接地，对地均呈绝缘状态。这种连接方法可避免光缆中感应雷电流的积累，也可以避免由大地中的雷电流由接地装置引入光缆。这种处理方法较适合于无金属芯线的金属护套光缆。

4) 系统接地

系统接地是两个单盘光缆接头处两端互不连接，但单盘光缆终端的金属护套与金属加强芯在电气上互相连接，且都接地。这种连接方法可避免光缆中感应强电流的积累，可让感应强电流泄入大地。适合于有金属芯线的金属护套光缆。

5) 架空防雷地线

直埋光缆线路在直击雷较严重的地方，可以采用架空防雷地线。其做法是：在垂直距光缆 3～5 m 处，用木杆平行架设两条ϕ4.0 mm 的镀锌铁线，在中间段每隔 150～200 m 处及两端均接地。接地装置应垂直距离光缆 15m 以上。这种防雷方法效果较好，但成本太高。接地装置的接地电阻要求见表 6.7。

表 6.7　接地装置的接地电阻要求

土壤电阻率 ρ/(Ω · m)	中间的接地电阻/Ω	两端的接地电阻/Ω
100 以下	小于 20	小于 10
100 以上	小于 40	小于 20

6) 避雷针

在雷击严重地方，可以采用避雷针装置进行防雷。避雷针可以利用电杆、突出物及孤立的大树等物体作为避雷针的支撑物。避雷针一般用一条ϕ4.0 的镀锌铁线伸出支撑物 10～15cm，沿支撑物入地，并做良好接地，接地电阻的要求见表 6.6。

5. 强电线路对通信线路危险影响的防护措施

为防止强电线路对通信线路的干扰和危险影响，在新建通信线路时，应以避免两者之间发生影响为主要原则。

1) 对有金属回路光缆可采取的防护措施

(1) 增加屏蔽性能。特殊情况下可采用高屏蔽光缆。在需要防雷的地段可用两根ϕ6.0 mm 或ϕ8.0 mm 一根的钢导线，作为防强电的屏蔽线。

(2) 缩短受影响区段的积累长度。缩短受影响区段的积累长度有以下措施：在系统容许距离范围内，调整远供环回站的位置，以分隔或缩短影响区段的积累长度；在有人中继段中间的适当地点，开通遥信信号线(包括其共用线)，以缩短信号线的影响积累长度。

(3) 接入防护滤波器。在通信光缆远供回路中接入工频防护滤波器，抑制光缆芯线上的磁感应纵电动势，使原来在远供段内积累起来的磁纵电动势大为降低。

(4) 安装放电器。对于光缆中的信号线，在不影响其正常工作条件下，可在无人中继站内安装放电器。

(5) 安装分隔变压器或屏蔽变压器。在通信光缆音频回路中分段安装屏蔽变压器或分隔变压器。采用屏蔽变压器时，应满足通信系统串扰指标的要求；采用分隔变压器时，需解决进行直流测试和远距离供电的问题。

2) 对无铜线回路光缆线路可采取的防护措施

在光缆接头处，两端光缆的金属加强芯、金属护套均不做电气连通，以缩短磁感应纵电动势的积累长度，有效地减少强电的影响。目前，这已成为光缆工程处理金属加强芯、金属护套连接的通用做法。在接近发电厂、变电站的地网时，不应将光缆的金属构件接地，避免将高电位引入光缆。

3) 防止地电位影响的常用措施

金属护套光缆在高压接地装置附近敷设时，其隔距符合如下数值：距电厂、变电站的地网边缘需大于 200 m，距高压杆塔接地装置需大于 50 m。

6. 直埋光缆线路的防腐蚀和防鼠虫

国内对于新建长途光缆均已采用硅芯管的保护方式敷设，一般每隔 1 千米设置一个手孔，采用吹缆技术敷设光缆，光缆采用普通管道光缆。由于硅芯管的密封性，防腐蚀已不再考虑。

7. 接地设计

接地是保证通信设备安全及人身安全的重要措施之一。通信工程中常有保护接地、工作接地、屏蔽接地、系统接地等。人工接地网必须有较低的接地电阻，跨步电压和接触电压应符合安全要求。光缆金属外护套(外皮和铠装)接地，可增加对外界强电线路及雷电的防护等级。

1) 通信线路设备中的接地方式

(1) 光缆线路设备的放电器接地。

(2) 光缆线路设备的金属机壳、中继器机箱接地。

(3) 光缆金属护套或屏蔽层接地。

(4) 光缆线路的防雷保护系统接地。

(5) 光缆线路中的消弧线、避雷线接地等。

2) 光缆线路接地体设计

(1) 角钢接地体。一般采用 50 mm × 50 mm × 5 mm 的镀锌角钢，长度为 1.5～2.5 m，用 40 mm × 40 mm × 4 mm 的扁钢连接。接地体埋深(顶部距地面)不小于 0.7 m，接地体与光缆(或无人中继站)间的连线的埋深不小于 1 m，接地体第一根角钢距光缆的垂直距离不小于 15 m，最长不超过 40 m，角钢之间的距离为 4 m。接地体与光缆的连接线采用横截面积为 16 mm^2 铜芯塑料线并采用焊接方式连接。

(2) 钢板接地体。一般采用长 1.7 m、宽 0.7 m、厚 5 mm 的镀锌钢板，钢板之间的距离为 6 m，用 40 mm × 40 mm × 4 mm 的扁钢连接，钢板块数应根据设计要求来计算。接地体埋深(顶部距地面)为 0.3～1.0 m，接地体第一块钢板距光缆的垂直距离不小于 15 m。钢板接地体与光缆的连接线采用横截面积为 16 mm^2 铜芯塑料线并采用焊接方式连接。

(3) 接地体接地电阻必须满足要求否则应采取降低接地电阻的措施，主要方法有换土法、食盐层叠法、食用盐溶液灌注法、化学降阻剂法等。

6.4.4　直埋光缆线路工程图例

直埋光缆线路的工程图例如表 6.8 所示。

表 6.8　直埋线路的工程图例

序　号	图 形 符 号	说　　明
1	————	线路的一般符号
2		直埋线路
3		直埋线路接头连接点
4	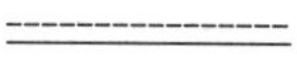	铺砖保护

6.4.5　直埋光缆线路工程图的绘制要求

(1) 绘制线路图时要注重通信路由与周围参照物之间的统一性和整体性。

(2) 如需要反映工程量，要在图纸中绘制工程量表。

(3) 直埋光缆线路施工图应以路由为主，将路由长度和穿越的障碍物绘入图中。路由 50 m 以内的地形、地物要详绘，50 m 以外的要重点绘制出与车站、村庄等的距离。

(4) 光电缆线路穿越河流、铁道、公路、沟坎时，应在图纸上绘制出所采取的各项防护和加固措施。

(5) 直埋线路施工图按 1∶2000 的比例绘制，并按比例补充绘入地形地物。

拓展案例

任务 2 的拓展案例勘察草图如图 6-15 所示，请根据通信工程制图标准绘制出能指导工人施工的工程图纸。已知 1#～10# 人孔为四孔波纹管，10′# 为 2 孔波纹管。

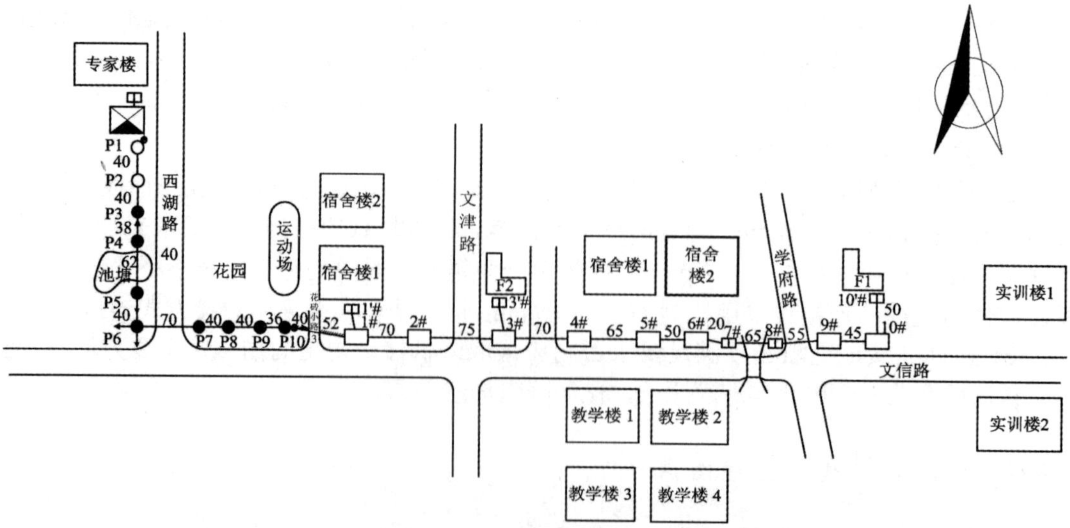

图 6-15　任务 2 管道线路勘察草图

课后习题

1. 单项选择题

(1) 直埋光缆线路，如果光缆沟布放 1 条光缆，则光缆沟底的宽度为(　　)。

A. 15～20 cm　　B. 25 cm　　C. 30 cm　　D. 35 cm

(2) 直埋光缆接头重叠长度预留一般不小于(　　)。

A. 5 m　　B. 8 m　　C. 10 m　　D. 12 m

2. 填空题

(1) 直埋光缆在普通土情况下的埋深应大于等于______________m。

(2) 直埋光缆在市区人行道下的埋深应大于等于______________m。

(3) 直埋光缆在沟、渠、水塘下的埋深应大于等于______________m。

(4) 直埋光缆穿越沟渠时，除保证埋深(要考虑疏浚、挖藕等)要求外，一般采用管材加以保护或在光缆上方覆盖______________或水泥沙袋保护。

(5) 直埋光缆穿过汛期山洪冲刷严重的沙河时，应采取人工加铠装或砌漫水坡、______________、______________、分流坝、梯田塄坎加固等保护措施。

(6) 直埋光缆经过白蚁地区，应选用外护层为尼龙材料的______________，并作毒土处理。

3. 简答题

(1) 简述直埋光缆线路在特殊地段应如何进行保护。

(2) 简述直埋光缆穿过汛期山洪冲刷严重的沙河时采用哪些保护措施。

(3) 直埋光缆线路的防雷措施应从哪四方面考虑？

(4) 直埋光缆线路的防雷措施有哪些？

(5) 直埋光缆线路图的绘制有哪些要求？

任务 7　管道工程图绘制

7.1　任务描述

为了将项目一中的任务三管道工程勘察结果用 CAD 软件把草图绘制成能够指导工人施工的通信工程图纸，小王要求项目组人员绘制出通信管道平面图及剖面图。

7.2　任务分析

项目组中绘图人员首先要熟悉项目介绍中的要求及××高校所处的地理位置及气象条件，再根据 GB50373—2019《通信管道与通道工程设计标准》、YD/T5015—2015《通信工程制图与图形符号规定》的规定及现场勘察的实际数据，用 CAD 软件把勘察草图绘制成能指导后期工程施工的图纸，即需要有通信管道平面图和通信管道剖面图，且图纸要素要齐全。

对于管道路由平面图的绘制，要标出人手孔的编号及其之间的距离、人孔手孔中心位置与相对参照物的隔距，管道沟开挖的方式。例如，本例中手孔编号为 11#～13#，各手孔之间的距离分别为 45 m、45 m、40 m，13# 手孔距实训楼 1 预留 2 m，管道中心位置向北与花砖小路之间距离为 5 m，向南与参照物苗圃之间的距离为 1 m，最终效果，如图 7-1 所示。

对于管道剖面图的绘制，要标出管道沟开挖的深度及放坡系数(管道沟断面)，人手孔标高、管道的建筑标高、交越的地下障碍的性质、相对距离、标高，该图一般与平面图相对应，同时编辑在分段平面图的下方。11#～13# 手孔 PE ϕ102×2 的管道沟(坑)断面设计图如图 7-2 所示。

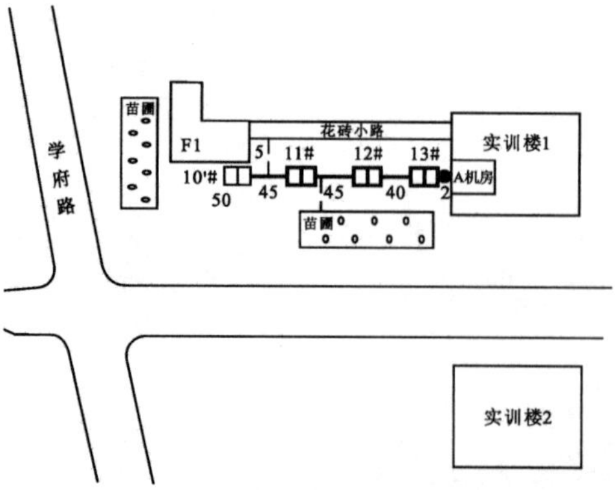

图 7-1　××高校校园管道平面图

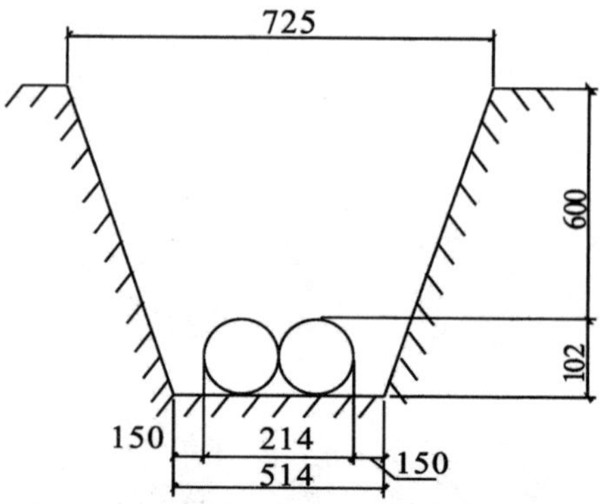

图 7-2　11#～13#手孔 PEϕ102×2 断面图

7.3 任务实施

在任务分析的基础上我们用 CAD 软件绘制新建通信管道工程图，参考操作步骤如表 7.1 所示。

表 7.1　新建通信管道工程图绘制步骤

操作步骤	操 作 过 程

步骤一
11#～13#通信管道
平面图绘制
	(1) 绘制 11#～13#手孔。
	打开直埋线路工程图
	命令：COPY ↙
	选择对象: 找到 1 个
	选择对象: 找到 1 个，总计 2 个
	//选择 10′# 手孔
	选择对象:
	当前设置:　复制模式 = 多个
	指定基点或 [位移(D)/模式(O)] <位移>:
	//10′#手孔右侧中点
	指定第二个点或 [阵列(A)] <使用第一个点作为位移>:　28
	指定第二个点或 [阵列(A)] <使用第一个点作为位移>:　56
	指定第二个点或 [阵列(A)] <使用第一个点作为位移>:　80 ↙
	选择 11#～13#手孔，将其线宽修改为 0.5 mm
	(2) 绘制 11#～13#手孔连线。
	命令: _line ↙
	指定第一个点:
	//捕捉 10′##手孔右侧中点
	指定下一点或 [放弃(U)]:　↙
	//捕捉 11#手孔左侧中点
	命令: _line ↙
	指定第一个点:
	//捕捉 11#手孔右侧中点
	指定下一点或 [放弃(U)]:　↙
	//捕捉 12#手孔左侧中点
	命令: _line ↙
	指定第一个点:
	//捕捉 12#手孔右侧中点
	指定下一点或 [放弃(U)]:　↙
	//捕捉 13#手孔左侧中点
	选择 11#～13#人孔连线，将其线宽修改为“0. 5 mm”

续表一

操作步骤	操 作 过 程

步骤一
11#～13#通信管道平面图绘制
	(3) 绘制引上钢管。
	命令: _circle ↙
	指定圆的圆心或 [三点(3P)/两点(2P)/切点、切点、半径(T)]:
	//捕捉 13#手孔右侧中点
	指定圆的半径或 [直径(D)] <5.0000>: ↙
	//捕捉 A 机房就近点
	命令: _hatch ↙
	拾取内部点或 [选择对象(S)/放弃(U)/设置(T)]:
	正在选择所有对象...
	拾取内部点或 [选择对象(S)/放弃(U)/设置(T)]: ↙
	(4) 文字内容输入。
	命令：COPY ↙
	选择对象: 找到 1 个
	//选择 10′# 人孔的文本框
	选择对象:
	当前设置: 复制模式 = 多个
	指定基点或 [位移(D)/模式(O)] <位移>:
	指定第二个点或 [阵列(A)] <使用第一个点作为位移>:
	//11#手孔的上方
	双击文本框，修改文本内容为“11#”
	重复以上步骤，完成其他文字内容输入
	结果如图 7-3(a)所示

步骤二
11#～13#手孔PEϕ102×2 剖面图绘制
	(1) 绘制手孔外框。
	命令: _line ↙
	指定第一个点:
	指定下一点或 [放弃(U)]: <正交 开> 15
	//方向向右
	指定下一点或 [放弃(U)]: <正交 关> @85<-70
	指定下一点或 [闭合(C)/放弃(U)]: 28 ↙
	//方向向右
	命令: _line ↙
	指定第一个点:
	//捕捉外框上边的就近点
	指定下一点或 [放弃(U)]: <正交关> ↙
	//长度约 7，向右旋转约 125 度
	利用上述方法，绘制手孔剖视线
	命令: _mirror ↙

续表二

操作步骤	操 作 过 程

步骤二
11#～13#手孔
PEϕ 102×2 剖面图绘制
	选择对象：找到 1 个，总计 20 个
	//选择刚刚绘制的图形
	选择对象:
	指定镜像线的第一点:
	//指定下面直线的右端点
	指定镜像线的第二点:
	//垂直向上
	要删除源对象吗？[是(Y)/否(N)] <否>: ↙
	(2) 绘制光缆孔。
	命令: _line ↙
	指定第一个点:
	//捕捉外框底边的中点
	指定下一点或 [放弃(U)]:10 ↙
	//方向向上
	指定下一点或 [放弃(U)]: 10 ↙
	//方向向左
	指定下一点或 [放弃(U)]: 20 ↙
	//方向向右
	命令: _circle ↙
	指定圆的圆心或 [三点(3P)/两点(2P)/切点、切点、半径(T)]:
	//捕捉直线左端点
	指定圆的半径或 [直径(D)] <2.0187>: 10 ↙
	命令: _circle ↙
	指定圆的圆心或 [三点(3P)/两点(2P)/切点、切点、半径(T)]:
	//捕捉直线右端点
	指定圆的半径或 [直径(D)] <2.0187>: 10 ↙
	命令：选中辅助垂直线
	命令：单击 delete 键
	命令: _.erase 找到 3 个
	(3) 标注尺寸。
	命令: _dimlinear
	指定第一个尺寸界线原点或 <选择对象>:
	//捕捉孔底边的右端点
	指定第二条尺寸界线原点:
	//捕捉孔底边的左端点
	指定尺寸线位置或
	[多行文字(M)/文字(T)/角度(A)/水平(H)/垂直(V)/旋转(R)]:

续表三

操作步骤	操 作 过 程

步骤二
11#～13#手孔
PEϕ102×2 剖面图绘制
	标注文字 ＝40
	双击尺寸文字，修改为“514”
	重复上述命令完成手孔其他相关尺寸的标注。
	(4) 输入文字。
	命令: _copy　↙
	选择对象: 指定对角点: 找到 1 个
	//选择附近文字内容
	选择对象:
	当前设置:　复制模式 = 多个
	指定基点或 [位移(D)/模式(O)] <位移>:
	指定第二个点或 [阵列(A)] <使用第一个点作为位移>:
	//手孔的下方
	双击文字内容，将其修改为“11#～13#PEϕ102×2 断面图”
	结果如图 7-3(b)所示

步骤三
添加辅助说明
	(1) 图例绘制。
	命令: _copy　↙
	选择对象: 找到 1 个
	//10#人孔
	选择对象:
	当前设置:　复制模式 = 多个
	指定基点或 [位移(D)/模式(O)] <位移>:
	指定第二个点或 [阵列(A)] <使用第一个点作为位移>:
	//指定到左下角的合适位置
	利用同样的方法完成原有手孔、新建手孔、引上钢管等图例的绘制
	(2) 图例文字输入。
	命令: _copy　↙
	选择对象: 指定对角点: 找到 1 个
	//选择附近文字内容
	选择对象:
	当前设置:　复制模式 = 多个
	指定基点或 [位移(D)/模式(O)] <位移>:
	指定第二个点或 [阵列(A)] <使用第一个点作为位移>:
	//选择左下角合适的位置
	双击文字内容，将其修改为“图例:”
	利用同样的方法完成“原有手孔、新建手孔、引上钢管”等文字内容的输入

续表四

操作步骤	操 作 过 程

步骤三
添加辅助说明
	(3) 说明文字输入。
	命令: _copy　↙
	选择对象: 指定对角点: 找到 1 个
	//选择附近文字内容
	选择对象:
	当前设置:　复制模式 = 多个
	指定基点或 [位移(D)/模式(O)] <位移>:
	指定第二个点或 [阵列(A)] <使用第一个点作为位移>:
	//选择图例右边合适的位置
	双击文字内容，并对其进行修改。
	说明:
	① 本工程土质为普通土
	② 11～13#为 90×120 的直通型砖砌配线手孔，采用现场吊装上覆
	③ 敷设 2 孔波纹管，不需要做管道基础、不做包封
	④ 从 13# 手孔处打手孔墙洞一处，光缆直埋 2 m 用ϕ50 钢管引上进入实训楼 1 的 A 机房
	绘制结果如图 7-3(c)所示

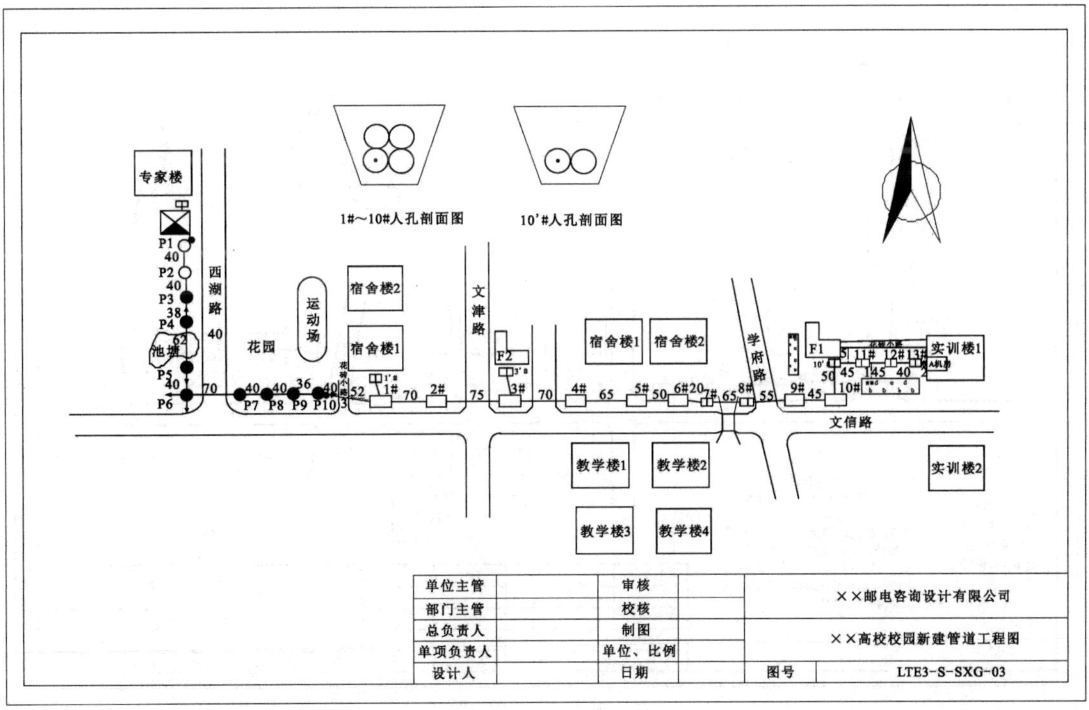

(a) 11#～13#手孔平面图(注：手孔之间距离的单位是 m)

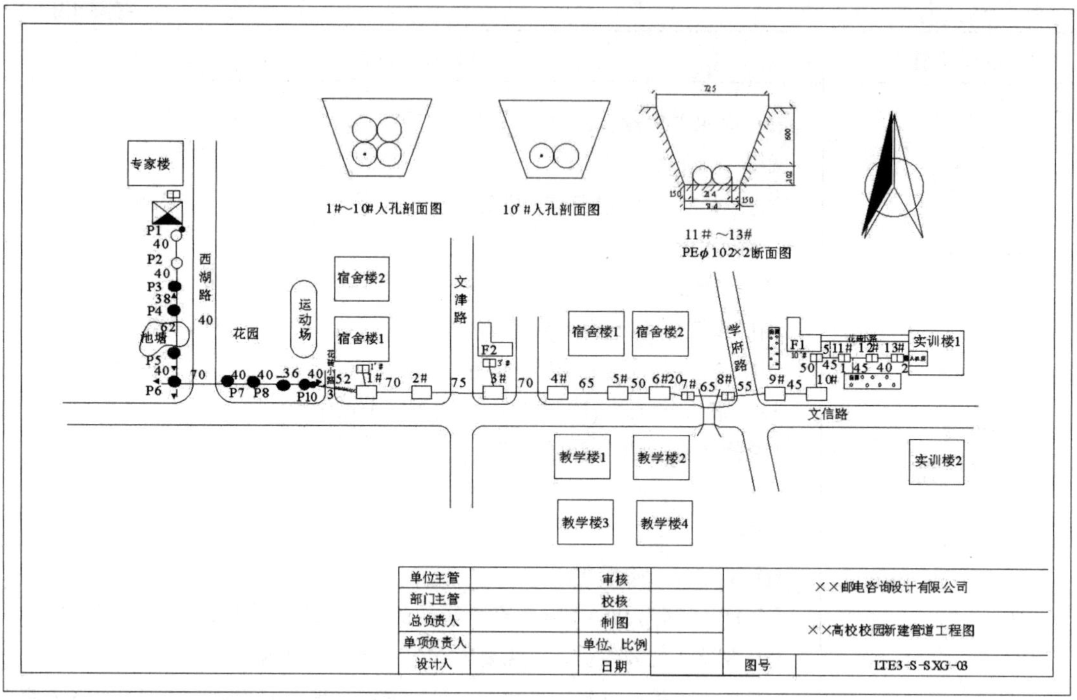

(b) 11#～13# 手孔剖面图

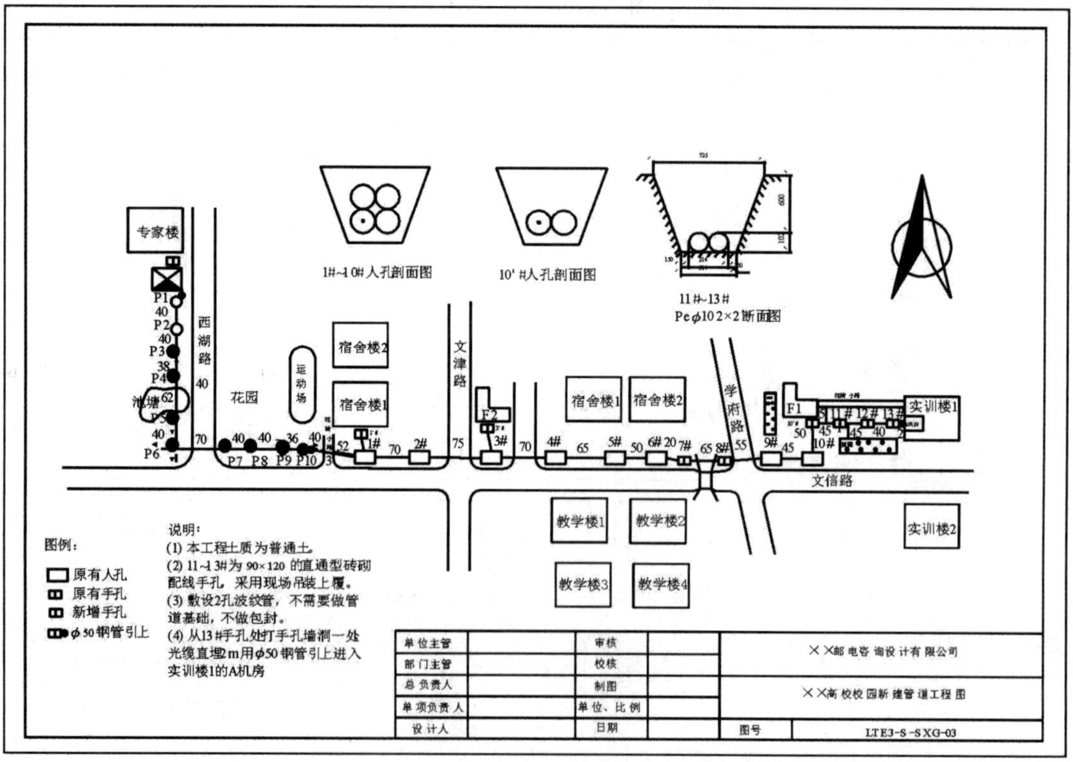

(c) 管道工程图

图 7-3　通信管道绘制

7.4 知识解读

7.4.1 管道的平面设计

通信管道设计主要由平面设计和剖面设计两大部分组成。通信管道平面设计的主要步骤是：明确管道建设目标及管孔容量；进行通信管道的路由选择；收集资料；确定通信管道的具体位置，完成管道人(手)孔位置的选择及选型，处理引上通信管道。

1. 通信管道的路由选择

(1) 符合地下管线长远规划，并考虑充分利用已有的管道设备。

(2) 选在通信线路较集中、适应发展需求的街道。

(3) 尽量不在沿交换区界线周围建设主干通信管道，尽量不在铁道、河流等地铺设管道。

(4) 选择供线最短、尚未铺设高级路面的道路铺设管道。

(5) 选择地上及地下障碍物少、施工方便的道路铺设管道。

(6) 尽可能避免在有化学腐蚀或电气干扰严重的地带铺设管道，必要时必须采取防腐措施。

(7) 避免在过于迂回曲折或狭窄的道路、有流沙翻浆现象、地下水位甚高、水质不好的地区铺设通信管道。

(8) 避免在规划未定、可能转为其他用途的区域，远离各类取土采石的区域和堆放填埋场中铺设管道。

(9) 避免在经济林、高价值作物集中地带铺设管道。

(10) 新建城市道路时，应考虑通信管道的铺设。

在通信管道路由选择过程中，要充分了解城市的全面规划和通信网的发展动向，与城建管理部门充分沟通、联系，并考虑城市道路建设以及通信管道管网安全。

2. 资料的收集

通信管道路由选定以后，除设计任务书的相关资料外，还要对沿线地上、地下的建筑物、地质及水文资料及规划情况进行深入调查，并收集如下资料，为设计和施工做好准备。

(1) 城市道路规划图纸及资料。应收集近期及远期发展规划及地下管线综合资料，拟设通信管道路由的道路平面、横断面、纵断面及高程等规划设计资料。

(2) 地下建筑物资料。应了解地下管线情况并与相关单位核实。若与相关管线发生矛盾，要与相关单位协商采取安全或避让措施。

(3) 沿线房屋情况。应考虑到施工时对沿线房屋的振动、地基下沉等影响。

(4) 土质调查。

(5) 地下水调查。应调查地下水在不同季节的水位情况。通信管道应铺设在地下水位以上的土层中，并避开有电化学腐蚀的地段。

(6) 冰冻层深度调查。通信管道应尽可能铺设在冰冻线以下的土层。

3. 通信管道埋设位置的确定

在已拟定的通信管道路由上确定通信管道的具体路由时，应和城建部门密切配合，并考虑以下因素：

(1) 通信管道铺设位置尽可能选择在原有管路或需要引出的同一侧，要设法减少引入管道和引上管道穿越道路和其他地下管线的机会，并减少管道和电缆的长度。如果因条件限制，通信管道必须铺设在车行道下，尽量选择离中心线较远的一侧，或在慢道中铺设，并尽量避开雨水管线。管道位置应尽量与架空杆路同侧，以便电缆引上和分支。

(2) 应节约工程投资和有利于缩短工期。通信管道尽可能铺设在人行道下或绿化地带，以减少对交通的影响。当无明显的人行道界限时，应靠近路边敷设。这样做可使管道承受荷重较小，埋深较浅，降低工程造价(包括路面赔偿费等)，有利于提高工效和缩短工期，也便于后期的施工和维护。

(3) 通信管道的中心线原则上应与房屋建筑红线或道路的中心线平行。遇有道路弯曲时，可在弯曲线上适当的位置设置拐弯人孔，将其两端的通信管道取直。

(4) 应考虑电信电缆管道与其他地下管线和建筑物之间的最小净距，各种管线、建筑物之间都应保持一个最小的距离。通信管道与其他地下管线的最小平行隔距见表 7.2。通信管道与其他建筑物及树木的最小隔距见表 7.3，以保证施工或维修时不致相互产生影响。不应过于接近或重叠敷设。同时还应考虑到施工和维护时所需的间距，由于人孔和管道挖沟的需要，特别是在十字路口，还应结合其他地下建筑物的情况，考虑其所占的宽度和间距，以保证施工顺利进行。通信管道不宜紧靠房屋的基础。

表 7.2　通信管道与其他地下管线或建筑物的最小平行隔距

管线名称	管线情况	最小平行隔距/m
自来水管	管径为 150～300 mm	0.5
	管径为 300～500 mm	1.0
	管径为 500 以上	1.5
直埋电力电缆	电压≤3.5 kV	0.5
	电压＞3.5 kV	2.0
电力管道	电力电缆在管道中敷设	0.15
排水管	排水管道先施工	1.0
	通信管道先施工	1.5
热力管道	热力管道直埋在管道中	1.0
	热力管道直埋在管道中，通信管道为塑料管时	1.5
天然气管道	压力≤300 kPa	1.0
	压力为 300～800 kPa	2.0
其他通信光(电)缆		0.75

表 7.3　通信管道与其他建筑物及树木的最小隔距

相关建筑物名称		最小水平距离/m
道路边石		1.0
绿化树	乔　木	1.5
	灌　木	1.0
房屋建筑		1.5～1.8
地上杆柱		0.5～1.0
高压电力线支柱		3.0
电车路轨外侧		2.0

(5) 应充分考虑规划要求和现实条件的影响。当两者发生矛盾时，如规划要求管道修建的位置处尚有房屋建筑和其他障碍物(如树林、洼地等)，目前难以修建或投资过大，可考虑选在车行道下或采用临时过渡性建筑。

4. 城市管道人(手)孔位置的选择

规定如下：

(1) 人(手)孔位置应选择在管道分歧点、道路交叉口或需要引入房屋建筑的地点。

(2) 在弯曲度较大的街道中，应选择适当地点插入一个人(手)孔。

(3) 在街道坡度变化较大的地方，为减少施工土方量，常在变坡点设置人(手)孔，如图 7-4 所示。

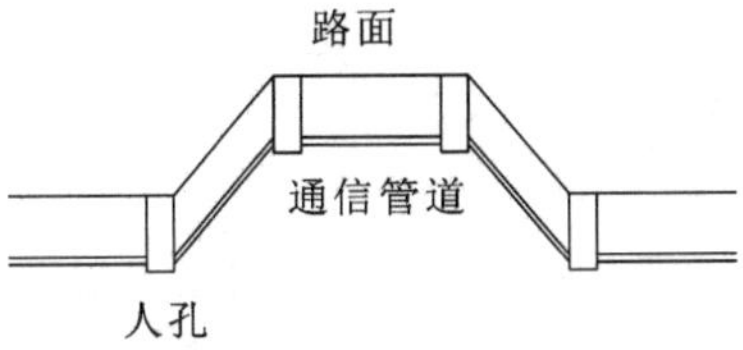

图 7-4　通信管道顺路坡建筑示意图

(4) 通信管道穿越铁路、公路等路段或使用顶管时，为便于维护和检查，应在铁路路轨、公路、顶管两侧(端)适当的地点设置人(手)孔。

(5) 在较直的管道路由上人(手)孔间距一般为 120～130 m，最大不宜超过 150 m。如采用摩擦因数较小的塑料管等管材，直线管道段长可适当放宽到 200 m，甚至接近 250 m。

(6) 人(手)孔位置应与其他地下管线的检查井相互错开，其他地下管线不得在人(手)孔内穿过。

(7) 交叉路口的人(手)孔位置宜选在人行道上或偏向道路的一侧。

(8) 人(手)孔位置不应设置在建筑物的门口，也不应设置在规划的屯放器材或其他货物的堆场，更不得设置在低洼积水地段。

5. 引上通信管道的处理

1) 引上点位置的选择

主干光(电)缆在人(手)孔中经分支接续后，通过引上通信管道引出地面，与架空光(电)

缆或与墙壁光(电)缆相接，供用户使用。从人(手)孔中分支出光(电)缆的地点即为引上点。引上点位置的选择要求如下：

(1) 引上点和通信管道同在比较稳定的建筑装置中，设计时应考虑日后发展的可能性，尽量避免拆迁。

(2) 引上点应选择在架空光(电)缆、墙壁光(电)缆或交接箱引入光(电)缆的连接点附近，避免主干光(电)缆与配线光(电)缆间的回头线。引上点应选择在人(手)孔附近，减少引上通信管道的长度。

(3) 在同一引上管中设置的引上光(电)缆不宜超过两条。引上点的位置不应设在交通繁忙的路口，以避免车辆和行人的碰撞。

(4) 在公路两侧均设置地下通信管道时，其供线点应以公路为界，不允许引上通信管道往返穿越公路。在房屋或建筑物的墙外引上通信管道时，引上点应尽量选择在比较隐蔽的侧墙或后墙沿上。

2) 引上通信管道的设计要求

由于引上通信管道具有管孔数目少、敷设距离短、埋设浅、所经路由情况比较简单、其中穿放的光(电)缆外径较小的特点，所以在设计时只在平面图中表示出引上点的位置及引上通信管道长度即可。除穿越障碍有困难的情况以外，一般情况下不做剖面设计。引上通信管道设计时应注意以下情况：

(1) 当引上通信管道穿越公路时，应尽量垂直穿越，如图 7-5 中 A 所示。

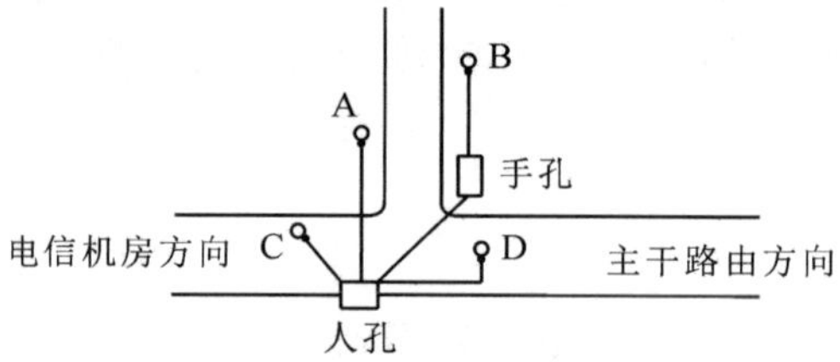

图 7-5　引上通信管道的设置

(2) 当引上点距人(手)孔较远，引上通信管道需要进行两个方向的拐弯时，应在适当地点插入人(手)孔，如图 7-5 中 B 所示。

(3) 当引上点位置与主干光(电)缆在同一侧，距离不远，并对断面的影响不大时，引上管可自人孔直接斜向引上点，如图 7-5 中 C 所示。引上点在主干通信管道的同一侧，但引上点偏离通信管道断面有一定距离，而断面限制不允许引上通信管道自人孔斜向敷设至引上点时，引上通信管道允许在主干通信管道路由中敷设至一定位置，然后拐弯至引上点，如图 7-5 中 D 所示。

(4) 引上通信管道中的光(电)缆进入人孔后，光(电)缆离上覆净空间不应小于 20～40 cm，引上通信管道从光(电)缆出土点向人(手)孔应具有 0.3%～0.4%的平坦坡度，以便排出渗入管孔中的积水。

(5) 从地下出土的弯头应用 90° 的弯铁管或其他材质的弯管，弯管的曲率半径不得小于管径的 10 倍。

(6) 引上点的管孔数一般不超过两根。预留管引出端用油麻堵实，以免雨水和杂物进入管内影响日后使用。

7.4.2 管道的剖面设计

通信管道的剖面设计是通信管道设计的另一项重点内容，它要确定通信管道与人(手)孔的各个部分在地下的标高、深度、沟(坑)断面设计以及和其他管线跨越时的相对位置及所采取的保护措施。

1. 通信管道和人(手)孔的埋深

通信管道的埋深取决于所在地段的土质、水文、地势、冰冻层厚度及与其他地下管线平行交越和避让的要求，还和地面的负荷有关，它也直接影响管道建筑本身的安全。在保证管线质量的前提下，确定通信管道的埋深，应注意以下几点：

(1) 应考虑通信管道施工对邻近管线和建筑物的影响。如离房屋较近，应考虑避免影响房屋的基础，管道埋深可适当浅一些。

(2) 应考虑水位和水质的情况。例如，地下水位较高，且水质不好的地带，为保证管道电缆的安全和节约防水工程的费用，管道可适当埋浅。

(3) 路由表面的土壤由杂土回填而成，土质松软，稳定性较差，可埋深一些，以减少地基及基础的处理费用。考虑冰冻层的厚度以及发生翻浆可能性，一般将通信管道建筑在冰冻线以下。如果地下水位很低，不致发生翻浆现象，则通信管道采取适当的措施可以埋设在冰冻层中。

(4) 管道如分期敷设，则应满足远期扩建管孔所需的最小埋深要求。

(5) 同一街道中通信管道敷设位置不同，其承载的负荷也不同。荷重小的地方，如绿化地带、人行道，管道埋深可浅一些；在负荷大的车行道，应埋深一些。

(6) 管道所用的管材强度和建筑方式要求不同，埋深也不一样。不同程式的管材允许的最小埋深见表 7.4。

表 7.4　通信管道的最小埋深

管道类别	管顶距地表最小深度/m			
	人行道	车行道	电车轨道	铁路①
水泥管	0.5	0.7	1.0	1.5
钢管②	0.2	0.4	0.7	1.2
塑料管	0.5	0.7	1.0	1.5

注：① 具体应与铁道部门协商。

② 钢管最小埋深在有冰冻的范围以内时，施工时应注意管内不能有进水或存水的可能。

(7) 应考虑道路改建等因素，通信管道的埋深应保证不因路面高程的变动而影响通信管道的最小埋深。设计时，应考虑在人孔口圈下垫三层砖，以适应路面高程的变动。

(8) 人孔的埋深应与通信管道的埋深相适应，以便于施工和维护。一般规定通信管道顶部或基底部分分别距人孔上覆或人孔底基面的净空间不小于 30 cm。引上通信管道的管孔应在人孔上覆以下 20～40 cm 处。

(9) 通信管道与其他地下管线穿越时，需要满足表 7.5 所示的最小垂直净距。为了达到管顶至路面的最小埋深，一般可采用改变管群组合所占断面的高度这一方式，或采取适当的保护措施，如混凝土盖板保护或混凝土包封保护。但应注意管顶离路面的高度不得小于 30 cm，并保证管孔进入人孔的相对高度。

表 7.5　通信管道与其他地下管线交叉跨越时的最小垂直净距

管道及建筑物名称		最小垂直净距/m	附　注
给水管		0.15	
排水管	在通信管道下部	0.15	
	在通信管道上部	0.4	穿越处包封，包封长度不小于排水管基础宽两边各加 2 m
热力管沟		0.25	小于 0.25 m 时，交越处加导热槽，长度为热力管两边各加长 1 m
天然气管		0.15	在交越处 2 m 内不得有接合装置，通信管道包封 2 m
其他通信光(电)缆、电力及电车电缆	直埋式	0.5	
	在管道中	0.15	
明沟沟底		0.5	穿越处包封，并伸出明沟两边各 3 m
涵洞基础底		0.15	
铁路轨底		1.5	
电气铁道轨		1.1	

2. 沟槽的断面设计

开挖沟槽的断面形状应结合通信管道的埋深、土壤性质、地面荷载及施工条件综合考虑。通信管道沟槽的断面分陡峭沟槽和斜坡沟槽两种。

1) 陡峭沟槽

陡峭沟槽即沟槽的上部和下部宽度相等。挖掘这样断面的沟槽，必须在土质及含水量较好的地段进行，并立即铺管施工。对于较为松软的土壤，陡峭沟槽沟深不能大于 1 m；对于中等密实土壤，沟深不能大于 1.5 m；对于坚硬土壤，沟深不能大于 2 m。

2) 斜坡沟槽

常用斜坡沟槽断面图如图 7-6 所示。

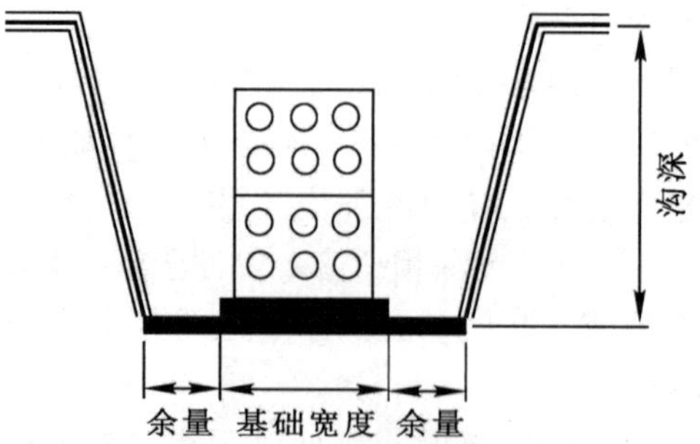

图 7-6　斜坡沟槽断面

通信管道施工工期较长时，一般采用斜坡沟槽。挖沟时采用的坡度视土质情况而定，可参见表 7.6。

表 7.6　不同土壤中通信沟槽沟壁的坡度

土壤种类	垂直：水平	
	沟深＜2 m	2 m≤沟深＜3 m
黏土	1∶0.1	1∶0.15
沙质黏土	1∶0.15	1∶0.2
沙质壤土	1∶0.25	1∶0. 5
瓦砾、卵石	1∶0.5	1∶0.7
炉渣、回填土	1∶0.75	1∶1

通信管道沟槽在施工过程中需做保护措施的情况如下：土质差，地下水位高于沟底；沟深大于 1.5 m，沟边距房屋等建筑物的水平距离小于 1.5 m；挖沟深度大于 3 m；沟深小于 3 m，但土质松散；通信管道路由平行于其他管线时，若二者管道沟壁之间的距离小于 0.3 m，则为防止沟槽侧壁的塌陷，设计时应考虑加设保护措施。通信管道槽壁的保护措施是：每隔一定的距离，在两侧壁横放、竖放或横竖组合放置木板，用两根或数根圆木抵撑。

3. 通信管道的坡度

为避免渗入管孔中的污水或淤泥积于管孔中，造成长时期腐蚀通信光(电)缆或堵塞管孔，相邻两人(手)孔间的通信管道应有一定的坡度，使渗入管孔中的水能随时流入人(手)孔，便于清理。管道的坡度一般应为 0.3%～0.4%，最小不宜低于 0.25%。为减小施工土方量，通信管道斜坡的方向应和地面的斜坡方向一致。水平地面中通信管道坡的建筑方法有一字坡和人字坡两种，分别如图 7-7 和图 7-8 所示。

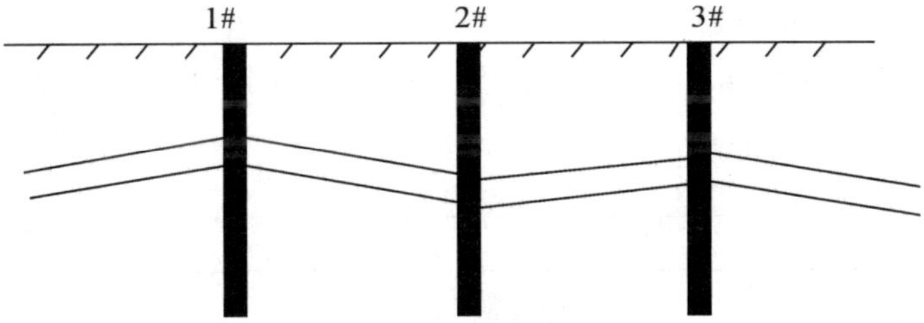

图 7-7　一字形通信管道坡

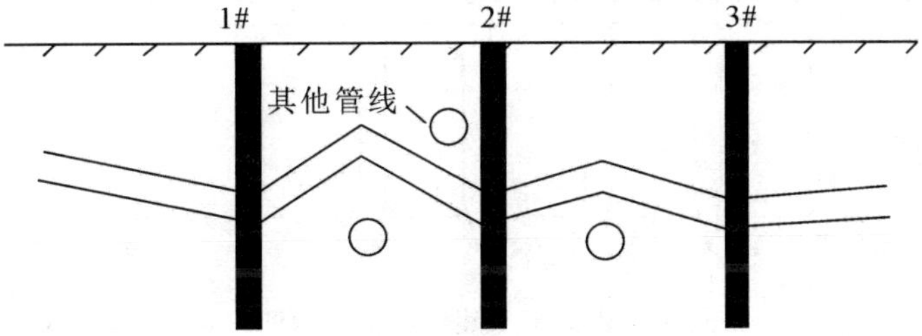

图 7-8　人字形通信管道坡

一字形通信管道的建筑方法简单，容易保证通信管道的建筑质量，这是一种最常用的通信管道建筑方式。但在通信管道路由中穿越其他管线时，有时在高程上会出现矛盾，通信管道不得已避让时，应采用施工比较困难的人字形通信管道坡建筑方式。采用该种方法时，一般选用塑料管材质。

为使光(电)缆及接头在人孔中有适宜的曲率半径和合理的布置，在不过度影响管道坡度和埋深等要求下，应尽量使人孔内两边管道的管孔高度接近一致。在一般情况下，相对位置(标高)的管孔高差不应大于 0.5 m，应尽量缩小管道错口的程度。

7.4.3　通信管道的地基处理

通信管道的地基是承受地层上部全部荷重的地层。按建设方式，地基可分为天然地基和人工地基两种。在地下水位很低的地区，如果通信管道沟原土地基的承载能力超过通信管道上部压力的两倍以上，而且又属于稳定性的土壤，则沟底经过平整以后，即可直接在沟底上铺设通信管道，这种地基属于天然地基。如果土质松散，稳定性差，则原土地层必须经过人工加固，使上层较大的压力经过扩散以后均匀地分布于下部承载能力较差的土壤上，这种地基称为人工地基。

人工地基有以下几种加固方式：

(1) 表面夯实。此方法适用于黏土、沙土大孔性土壤和回填土等地基。

(2) 碎石加固。在非稳定性土壤的基坑中放入 10～20 cm 厚的碎石层，然后分层夯实、找平，即可在其上铺设通信管道。碎石层管道基坑厚度通常为 10 cm，人孔基坑厚度为 20 cm。有混凝土基础时，碎石层地基宽度比混凝土基础宽 10～15 cm。

(3) 换土法。当土壤承载能力较差时，宜挖去原有软土，换以沙、砾石及卵石，并分层夯实(每层约 15 cm 厚)，以提高土壤的承受能力。

(4) 打桩加固。在土质松软的回填土、流沙、淤泥或Ⅲ级大孔性土壤等地区，宜采用桩基加固地基，以提高地基的承载力。目前常采用混凝土桩加固的方式，采用的混凝土标号不小于 150#，桩径为 15～20 cm，长度为 1.5～3.0 m。为增加混凝土的韧性，可在圆截面的轴线方向配 4 根 ϕ12 mm 的钢筋。在支撑桩上建筑通信管道的方式如图 7-9 所示，桩位布置如图 7-10 所示。

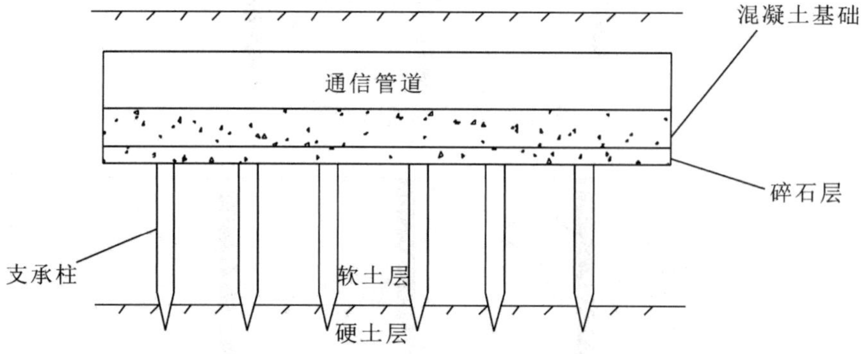

图 7-9　支撑桩上建筑通信管道的方式

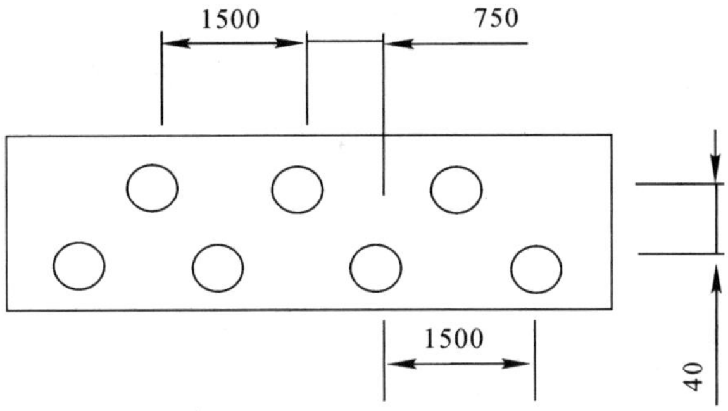

图 7-10　桩位布置图

7.4.4　管道的基础设计

1. 管道基础的分类

管道的基础是管道与地基中间的媒介结构，它支承管道，使管道的荷重均匀传布到地基中。管道一般均应有基础，基础有灰土基础、混凝土基础、钢筋混凝土基础、水泥预制盖板等，不同的基础具有不同的优点、缺点，必须根据不同的场合加以选用。

1) *灰土基础*

灰土用消石灰和良好的细土按体积比 3∶7 或 2∶8 拌和均匀，虚铺 22～25 cm 厚，加适量的水分夯实至 15 cm 而成(为一层)。灰土经济实用，早期强度低，但随着时间增加，强度逐渐提高，抗拉及抗剪性很差，抗溶性及抗冻性较差。灰土不适于在有不均匀沉陷的地基上使用，必须将其建筑在地下水位以上，冰冻线以下。 灰土也可用石灰、沙及良好的细土以 1∶3∶6 的比例拌和均匀，分层夯实而成。这种基础石灰用量省，抗压强度增强，但抗拉及抗剪性能更差。不同配比灰土基础的材料用量见表 7.7。

表 7.7　灰 土 配 比

材料名称	单位	配 比 值			
		2∶6	2∶8	3∶7	4∶6
生石灰	kg	182	146	218	291
过筛的净土	m^3	1.1	1.2	1.0	0.9

2) *混凝土基础*

混凝土由水泥、沙、石及水按一定的配比拌匀、浇灌、捣制而成。例如，C25 的配合比为：水泥∶沙∶石∶水＝1∶1.40∶2.85∶0.47(重量比)，材料用量(kg/m^3)为：水泥 415 kg，沙子 583 kg，石子 1184 kg，水 195 kg。

通信管道中的混凝土基础厚度一般为 8 cm，宽度应比所承载的通信管道底边宽 5～8 cm，通常为 8 cm。混凝土基础具有抗压强度高、抗拉强度较低的特点。适用于一般性土壤和跨距较小的场合。一般混凝土的强度是指凝固 28 天后的强度。

3) *钢筋混凝土基础*

钢筋混凝土由钢筋、水泥、沙、石及水按一定的配比拌匀、浇灌、捣制而成。钢筋混凝土基础具有抗压和抗拉强度都很高的特点，它起的是梁的作用。所以必须在混凝土基础受拉力的区域适当地布置钢筋，以增强其抗拉能力。下列地区宜采用钢筋混凝土基础。

(1) 跨越沟渠基础在地下水位以下，冰冻层以内。

(2) 土质很松软的回填土。

(3) 淤泥流沙。

(4) Ⅲ级大孔性土壤。

2. 管道基础的选用

通信管道基础的建筑应与地基条件及所选用的管材相适应。抗弯强度较差的管材要求配套较坚实的基础，抗弯强度较强的管材对基础的要求相对不高。常用管材种类有塑料管、钢管、水泥管三种。下面介绍这三种材质下各类基础的具体做法和选用的场合。

1) 水泥通信管道基础

水泥通信管道常用的基础有灰土基础、混凝土基础和钢筋混凝土基础三种。其选用场合见上述内容的描述。

2) 塑料管、钢管通信管道基础

除非在非稳定性土壤中埋设需采用地基加固的方法外，在土质较好的情况下，一般不考虑设置基础。其他则按照土质不同，采用不同的地基处理或进行简单的沙基础处理。沙基础一般使用含水量为8%～12%的中沙或粗沙夯实，如图7-11所示。沙中不宜含各种坚硬物，以免伤及管材。沙基础也可用过筛的细土取代沙。钢管由于其质地坚硬，一般只需对其进行防腐处理和简单的沙石垫层，无须进行地基的加固。

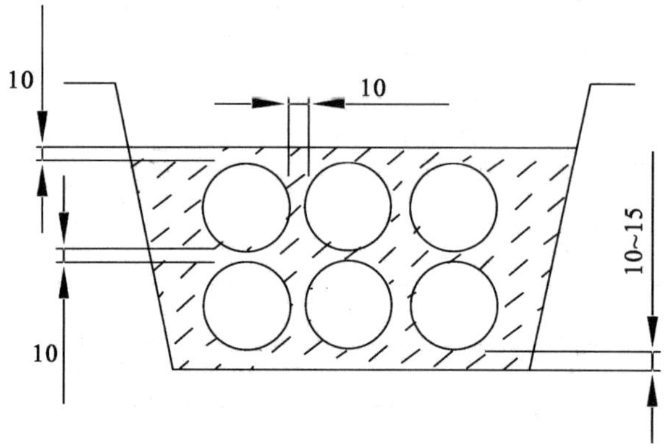

图 7-11　硬聚乙烯管铺设断面

3. 通信管道与其他地下管线交越的处理

从施工和维护的要求考虑，如果有两条管线，应尽可能避免把一条管线直接建筑在另一条管线之上。若管道在交越时不能达到允许的最小隔距，则应本着局部服从整体，小管让大管，软管让硬管，有压让无压的原则，相互协商，或采取相关的保护措施，一般措施如下：

(1) 当两管交越处的垂直净空间小于0.5 m时，上层通信管道基础在经过下层管道沟槽的部分，浇灌采用不低于50#混凝土或用不低于25#砂浆砖砌填实。填满的混凝土(或砖砌)

的长度宜较上层通信管道基础两侧各宽 0.3 m。

(2) 当两管交越处的垂直净空间在 0.5～1.0m 时，上层通信管道基础在下层管道沟槽的部分，用混凝土或砖砌与级配沙石填充。当地下水位很低时，亦可用三七灰土填实，其填实长度宜较上层通信管道基础两侧各宽 0.3 m。

(3) 当两管交越处的垂直净空间大于 1.0m 时，上层通信管道基础在下层管道沟槽的部分用级配沙石回填。当地下水位很低时，可用三七灰土填实，其填实长度宜较上层通信管道基础两侧各宽 0.3 m。

(4) 当通信管道在车行道下与大管径的其他管线交越时，由于管线间所受压力及冲击力较大，土壤下沉的可能性较大，宜填混凝土或砖砌。

(5) 当通信管道铺设在人行道或绿化带中时，如果地下水位很低，则考虑回填级配沙石或三七灰土。

4. 通信管道与电力电缆或其他通信光(电)缆交越

1) 电力电缆或其他通信光(电)缆在通信管道上部的情况

(1) 如果电力电缆或其他通信光电缆敷设为直埋式，由于直埋缆一般都能承受土壤变迁时所产生的扭曲，因此无须处理。

(2) 如果电力电缆或其他通信光(电)缆已敷设在管道中，通信管道施工在后，宜在交越处将通信管道挖沟的断面用 25# 水泥砂浆砖砌或浇灌不小于 50# 混凝土，以托住电力或其他通信管道的基础，砖砌或浇灌的宽度较上层基础上再各加宽 0.3 m，如图 7-12 所示。

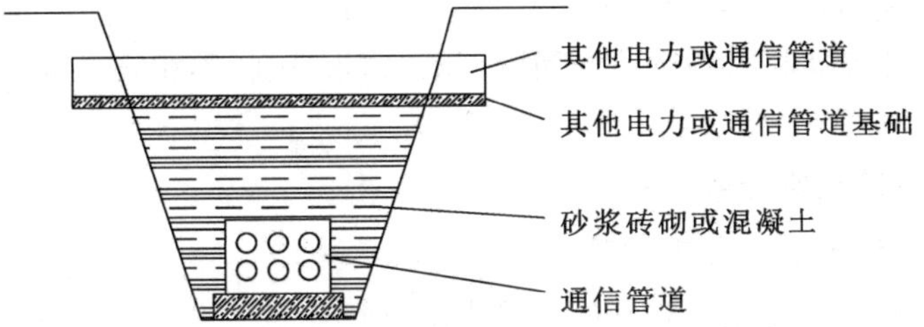

图 7-12　通信管道后施工的交越处理方法

(3) 如果电力电缆或其他通信光(电)缆管道与通信管道同时施工，可采用如图 7-13 的方法施工。

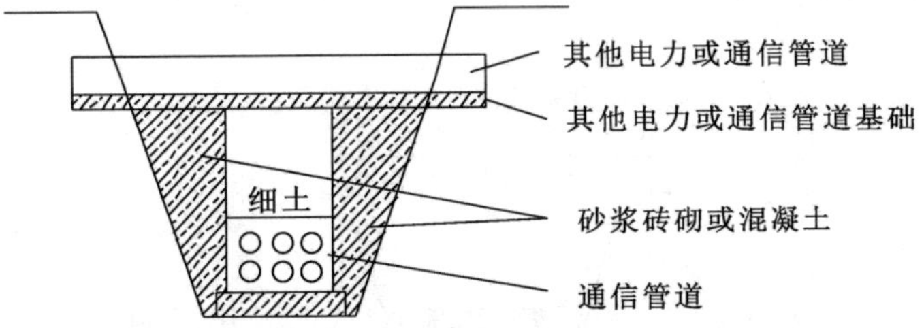

图 7-13　通信管道与其他电力或管道同时施工的交越处理方法

(4) 如果电力电缆或其他通信光(电)缆管道在通信管道之后施工，可将电力或其他通信光(电)缆管道基础底下的土壤挖出，挖出的土壤深度视交越间距而定，一般不大于 0.5 m，然后换成夯实的级配沙石，并在电力或其他通信光(电)缆管道基础中加上钢筋，如图 7-14 所示。

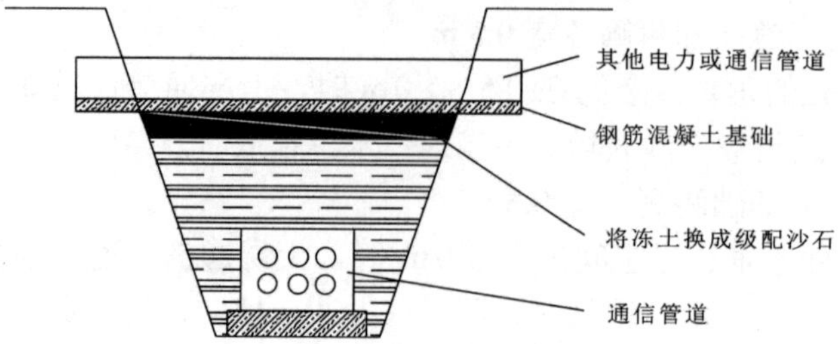

图 7-14　电力电缆或其他通信光(电)缆管道在通信管道之后施工的处理方法

2) 电力电缆或其他通信光(电)缆在通信管道下部的情况

(1) 如果电力电缆或其他通信光(电)缆敷设为直埋式，通信管道施工在后，此时一般无须处理。但如果电力电缆或其他通信光(电)缆施工在后，一般在通信管道基础两侧各 1 m 处不宜挖明沟，可采用顶管或挖洞穿越通信管道，如图 7-15 所示。

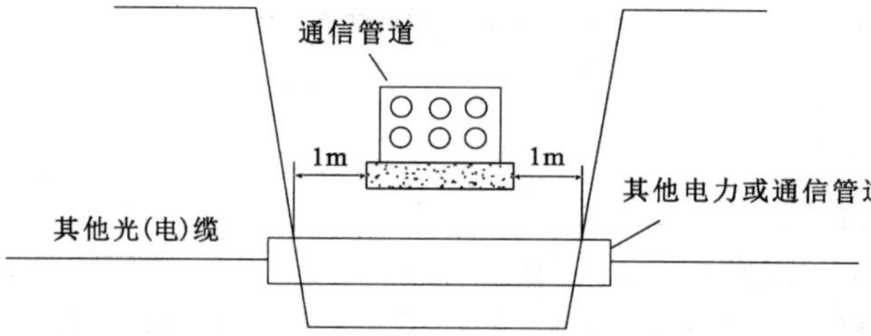

图 7-15　电力电缆或其他通信光(电)缆施工在后与通信管道交越的处理方法

(2) 如果电力电缆或其他通信光(电)缆已敷设在管道中，通信管道施工在后，可参照电力电缆或其他通信光(电)缆在通信管道上部的情况中的(2)和(3)类似进行，参见图 7-12、图 7-13。

5. 通信管道与给水管道的交越

1) 通信管道在给水管道之下通过

当通信管道在给水管道之下时，如果给水水管管径小于 0.1 m，一般无须处理。若给水水管管径不小于 0.1 m 时，应根据施工先后情况，采取适当的措施。

(1) 若二者同时施工，可将通信管道用混凝土包封，包封厚度为 5 cm，包封长度为给水管径加 2 m，沟槽内空余部分采用级配沙石夯实，无地下水时可用三七灰土夯实并在给水管底部加筑 120° 混凝土或砂浆管座，沙石或灰土宽度为给水管径宽度上再增加 0.3 m，如图 7-16 所示。

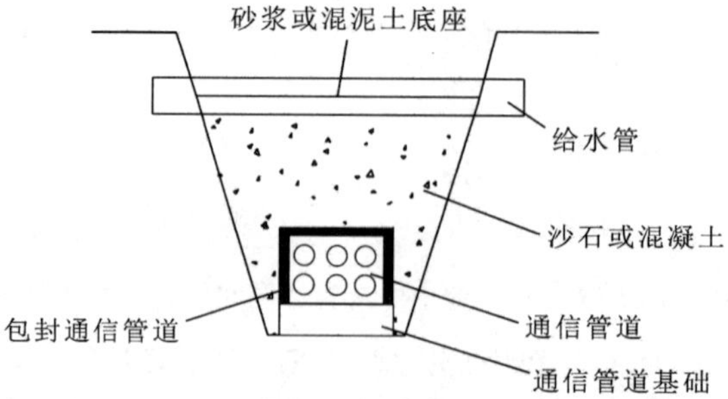

图 7-16　通信水泥管道与给水管交越的处理方法之一

(2) 当给水管先施工时，可在通信管道沟槽内浇灌混凝土至给水管底以上 0.25d(d 为给水管外径)处，并做成 120° 管座，或沟槽空隙内用不低于 25# 砂浆砖砌，给水管下部 120° 范围内浇灌混凝土或砂浆管座，砖砌宽度可为给水管径加 0.3 m，如图 7-17 所示。

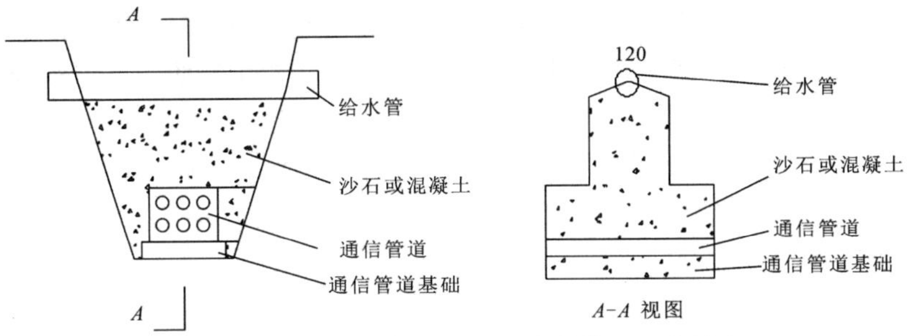

图 7-17　通信水泥管道与给水管交越的处理方法之二

2) 通信管道在给水管道之上通过

当通信管道在给水管道之上时，若给水水管管径小于 0.1 m，一般无须处理。若给水水管管径不小于 0.1 m，为防止水管破损时，水流冲刷通信管道基础，一般可参照下列方法处理。

(1) 若二者同时施工，此时通信管道采用混凝土基础。可将给水管两侧各 0.1 m 处到沟边浇灌不低于 50# 混凝土或 25# 砂浆砌砖，自沟底至给水管顶上部高 0.15 m 处填以沙石或细沙，其沙石或细沙填充长度为通信管道基础宽两边各加 0.3 m，如图 7-18 所示。

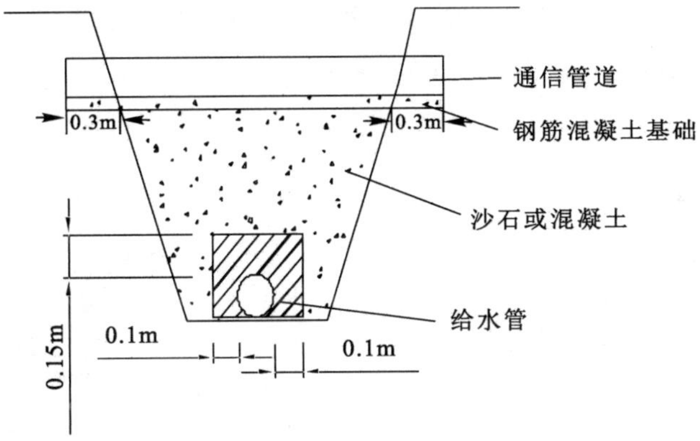

图 7-18　通信水泥管道与给水管交越的处理方法之三

(2) 若给水管先施工，通信管道后施工，可将通信管道基础下 0.5m 内的填土挖出换以新的级配沙石，其级配沙石宽度为通信管道基础宽两边各加 0.3m，并将通信管道基础在给水管的沟宽各伸出 1m 处配以钢筋混凝土，如图 7-19 所示。

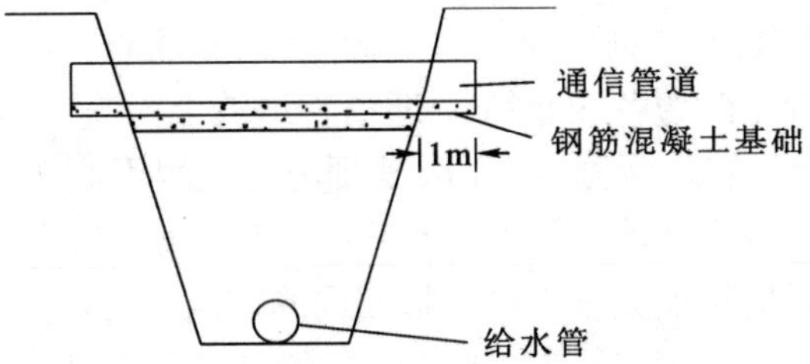

图 7-19　通信水泥管道与给水管交越的处理方法之四

6. 通信管道与排水管道的交越

1) 通信管道在排水管道之上

若通信管道基础高程与排水管冲突而又不可能改变双方位置时，可由主管双方协商压缩排水管断面高度，但仍需保证排水管的水流排泄能力。一般可参照下列方法处理：

(1) 若排水管为方沟，可降低交越处盖板高度，并将新盖板配置适当钢筋，作为通信管道的基础，同时包封交越处通信管道，其包封厚度不小于 5 cm(通常为 8 cm)，长度伸出方沟墙体边 1 m 以上，如图 7-20 所示。

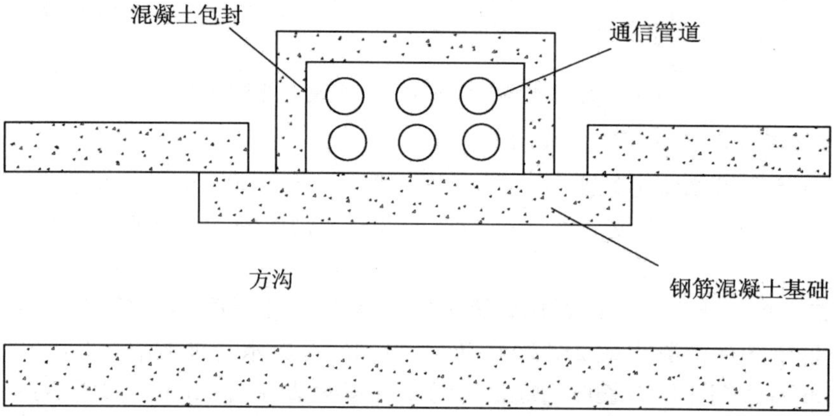

图 7-20　通信水泥管道与排水管交越的处理方法之一

(2) 若排水管为钢筋混凝土圆管，通信管道与排水管同时施工或通信管道先施工，当排水管管径大于 0.6 m 时，在交越点可将排水管改为方沟，通信管道设置在盖板上，如图 7-21 所示。

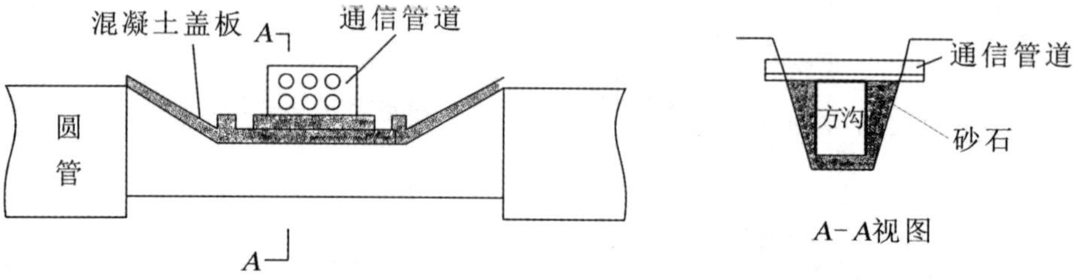

图 7-21　通信水泥管道与排水管交越的处理方法之二

2) 通信管道在排水管道之下

一般情况下将通信管道设置在排水管之上，若无法做到时，可参照下列方法处理：

(1) 当通信管道与排水管同时施工时，排水管基础下 0.5 m 处填以级配沙石并夯实，级配沙石宽度为排水管基础宽两边各加 0.3 m，通信管道的上面覆土至少 0.5 m。当交叉处的净高差不够 1 m 时，应在通信管道两侧各 0.1 m 处到沟边浇灌不低于 50# 混凝土或 25# 砂浆砌砖，空隙部分填以细土并夯实，填充长度不小于排水管基础宽的两边各加 0.3 m，如图 7-22 所示排水管道后施工，通信管道先施工时也按相同的方法处理。

(2) 当排水管道先施工，通信管道后施工时，在排水管基础下，满填不低于 50#混凝土或不低于 25# 砂浆砌砖，其混凝土或砂浆砌砖宽度不小于排水管基础宽两边各加 0.3 m，同时包封通信管道，包封长度不小于排水管基础宽两边各加 2 m，如图 7-23 所示。

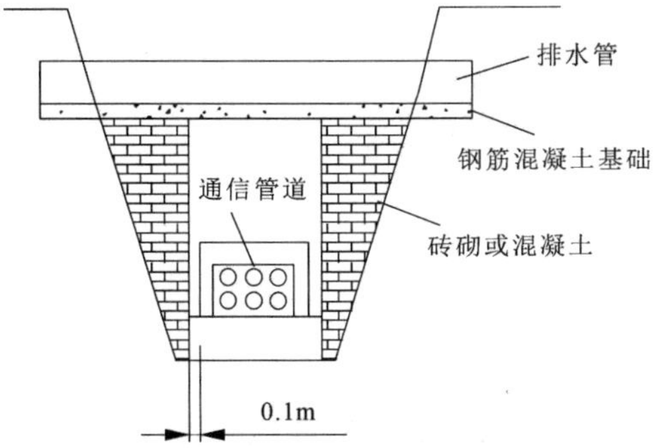

图 7-22　通信水泥管道与排水管交越的处理方法之三

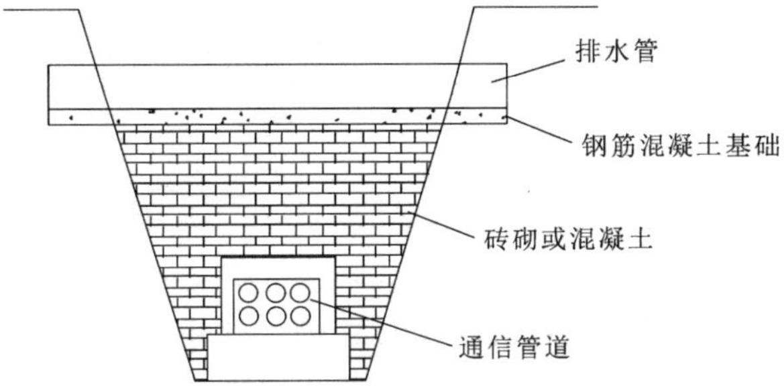

图 7-23　通信水泥管道与排水管交越的处理方法之四

7. 通信管道与天然气管道的交越

1) 通信管道在天然气管道的下部穿越

当燃气管先施工，通信管道后施工或二者同时施工时，通信管道用 100#混凝土包封，包封厚度不小于 8cm，包封长度为天然气管道底宽两边各加 1m，天然气管道下填 15cm 细沙，如图 7-24 所示。

2) 通信管道在天然气管道的上部穿越

当燃气管先施工，通信管道后施工时，通信管道基础配置钢筋并用不小于 100# 混凝土将通信管道包封，包封厚度不小于 8 cm，长度为天然气管道底宽两边各加 1 m，通信管道基础底下 0.5 m 的填土换成级配沙石。若交越处净空间小于 0.5 m，则在天然气管道管顶上部填沙 0.15 m，如图 7-25 所示。

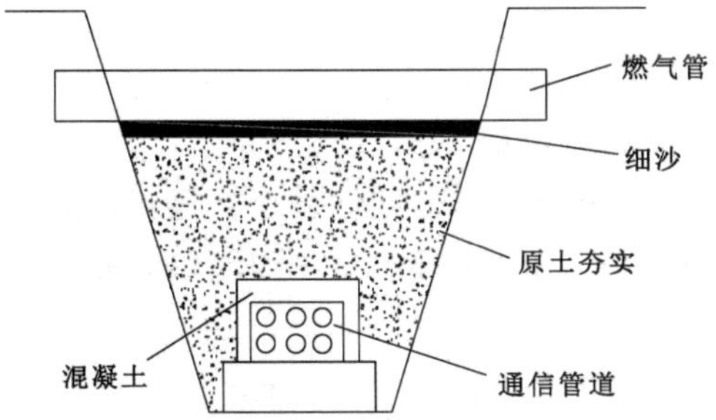

图 7-24　通信管道与天然气管道交越的处理方法之一

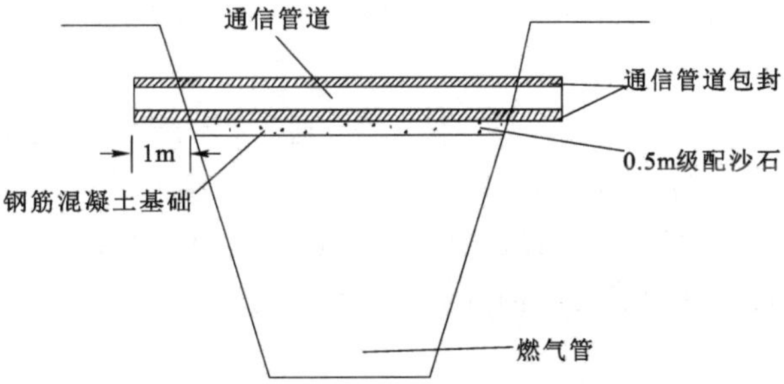

图 7-25　通信管道与天然气管道交越的处理方法之二

8. 通信管道与热力管道的交越

1) 通信管道在热力管道的下部穿越

当通信管道后施工或二者同时施工时，通信管道用不小于 100#混凝土包封，包封厚度不小于 10cm，长度为热力管道基础宽两边各加 0.3m，空余部分填不小于 50#混凝土或 25#砂浆砌砖或级配沙石，热力管道基础底下填铺 5cm 细沙，如图 7-26 所示。

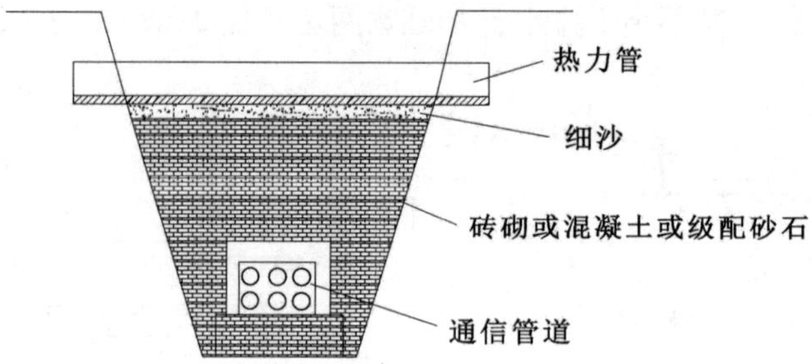

图 7-26　通信水泥管道与热力管道交越的处理方法之一

2) 通信管道在热力管道的上部穿越

通信管道后施工，通信管道基础应配置钢筋，其长度为热力管道沟底宽两边各加 1m，通信管道基础底下 0.5m 的填土换成级配沙石。若交越处净空间小于 0.5m，热力管道盖板顶以下两侧 0.5m 换填 50# 混凝土或三七灰土，盖板顶以上回填级配沙石。

(1) 当通信管道在热力管道的上部穿越，且高程有冲突时，可将热力沟盖板作为通信管道基础的一部分，盖板厚度不小于 20cm 并设置钢筋。通信管道钢筋混凝土基础延伸到热力沟外 1m。热力沟两侧沟内，填以不低于 50# 混凝土或 25# 砂浆砌砖，其宽度为通信管道基础两边各加 0.3m，如图 7-27 所示。

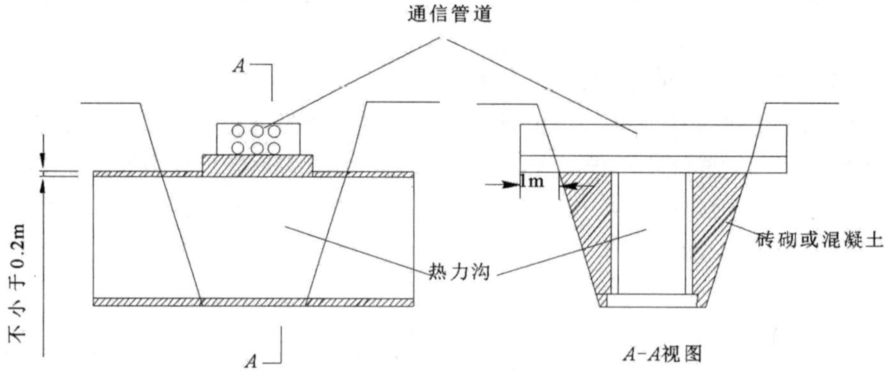

图 7-27　通信水泥管道与热力管道交越的处理方法之二

(2) 通信管道在热力管道的下部穿越，且高程有冲突。在穿越处通信管道将包封及其顶部配置钢筋，直接贴住热力沟底部，通信管道两侧填以不低于 50# 混凝土或 25# 沙浆砌砖，其宽度为热力沟基础加 0.3m，如图 7-28 所示。

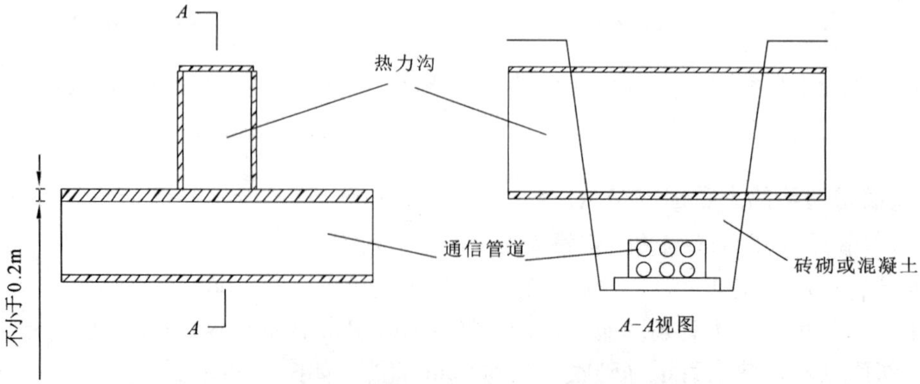

图 7-28　通信水泥管道与热力管道交越的处理方法之三

7.4.5　通信管道工程图例

通信管道常用图例及管道符号如表 7.8 及表 7.9 所示。

表 7.8　通信管道常用图例

序 号	图 形 符 号	说　　明
1		人孔的一般符号
2		手孔的一般符号
3	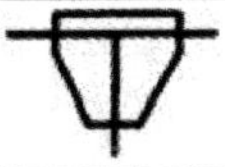	局前人孔
4	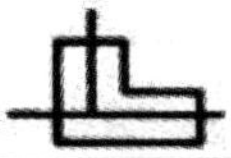	直角人孔
5	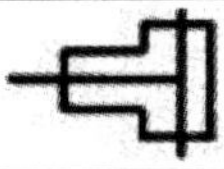	分支人孔
6		扇形人孔
7		埋式人孔
8	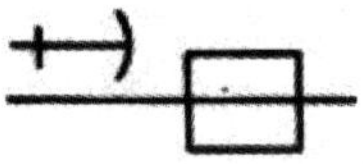	有防蠕动装置的人孔(图示用于防左侧电缆蠕动)

表 7.9　通信管道符号

序 号	图 形 符 号	说　　明
1	——灰×4—— 90	原有水泥管道(4 个 6 孔水泥管块组合的 24 孔管道，段长 90 m)
2	——塑 φ90×12—— 90	原有塑料管道(12 根内径为 90 mm 的单孔塑料管组合的管道，段长 90 m)
3	——钢 φ100×12—— 90	原有钢管管道(12 根内径为 100 mm 的单孔钢管组合的管道，段长 90 m)
4	——灰×4—— 90	新建水泥管道(4 个 6 孔水泥管块组合的 24 孔管道，段长 90 m)，线宽 0.6 mm
5	✕塑 φ90×12✕ 90	拆除塑料管道(12 根内径为 90 mm 的单孔塑料管组合的管道，段长 90 m)

续表

序 号	图 形 符 号	说　明
6	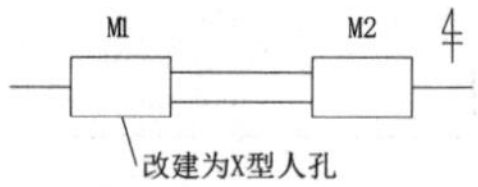	扩建管道平面图(上面细线为原有管道，下面粗线为新建管道，改建人孔程式可用文字具体表示，M1 和 M2 为人孔编号)
7	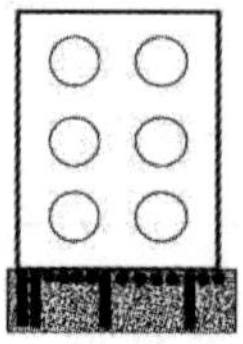	原有管道断面(6 孔管道，并做管道基础，管孔材料可为水泥管、钢管、塑料管等)
8	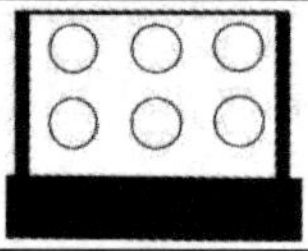	新建塑料或钢管管道断面(上面为 6 孔水泥管道，下面做管道基础)
9	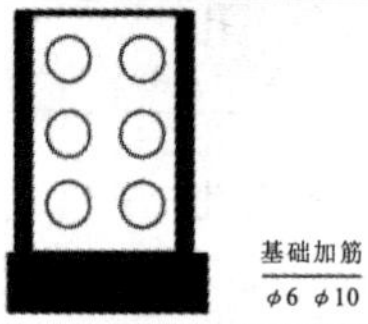	混凝土管道基础加筋(ϕ6 mm，ϕ10 mm 为受力钢筋的直径，按管道基础不同，分成一立、一平、二立、四平 B、三立或二平、八立型等)
10	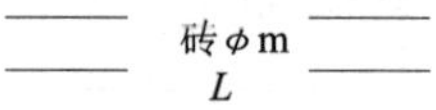	砖砌通信光(电)缆通道(按通道宽度不同，x 为 1.6 m、1.5 m、1.4 m、1.2 m，L 为通道长度)
11	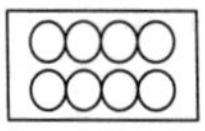	原有过桥管道(箱体内或吊挂式)断面
12	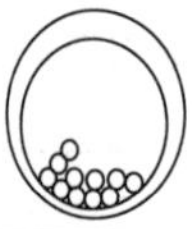	原有过河或过铁路管道断面(大双细线圆为过河钢管或者过铁路顶管，小圆为 11 根单孔塑料管或者钢管)
13	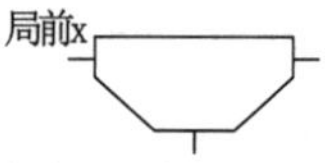	局前人孔(原有为细线，新建为粗线)
14	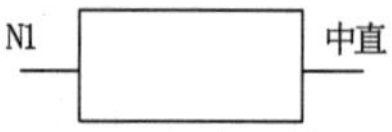	原有直通型人孔(注：有大号、中号、小号之分，中直表示中号直通型人孔，N1 为人孔编号)
15	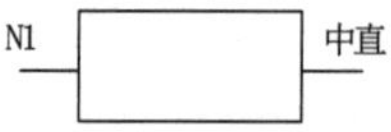	新建直通型人孔(中直表示中号直通型人孔，N1 为人孔编号)

7.4.6 通信管道工程图的绘制要求

(1) 熟悉项目需求，仔细确认勘察的草图。

(2) 让项目负责人核对路由是否符合查勘情况，并布置管道路由。

(3) 了解通信管道、人孔、手孔、光缆引上管等的具体位置的建筑形式，孔内有关设备的安装施工图及施工要求。

(4) 绘出管道路由图，标出人手孔位置和人孔编号，管道段长，人手孔位置需标清三角定标距离和参照物。

(5) 绘出道路纵向断面图，并标出道路纵向上主要地面和地下建筑设施及相互之间的距离。

(6) 绘出管道两侧 50 m 内固定建筑设施的示意图，并标出路名、建筑设施的名称等。

(7) 添加管道断面、顶管、高程图。

(8) 在图上标明各段路面的程式、土质类别。

(9) 新建通信管道设计图纸比例横向为 1∶500，纵向为 1∶50。

(10) 加图例、技术说明、主要工程量表、指北针。

(11) 加图名、图号。

(12) 在绘图中要注意一个工程中标准要统一，如字高的大小、尺寸标注的大小等。

拓展案例

任务 3 拓展案例××校区内的实训楼 2 的 1 楼 B 机房新建管道工程勘察草图如图 7-29 所示，请根据通信工程制图标准绘制出能指导工人施工的管道工程图纸。

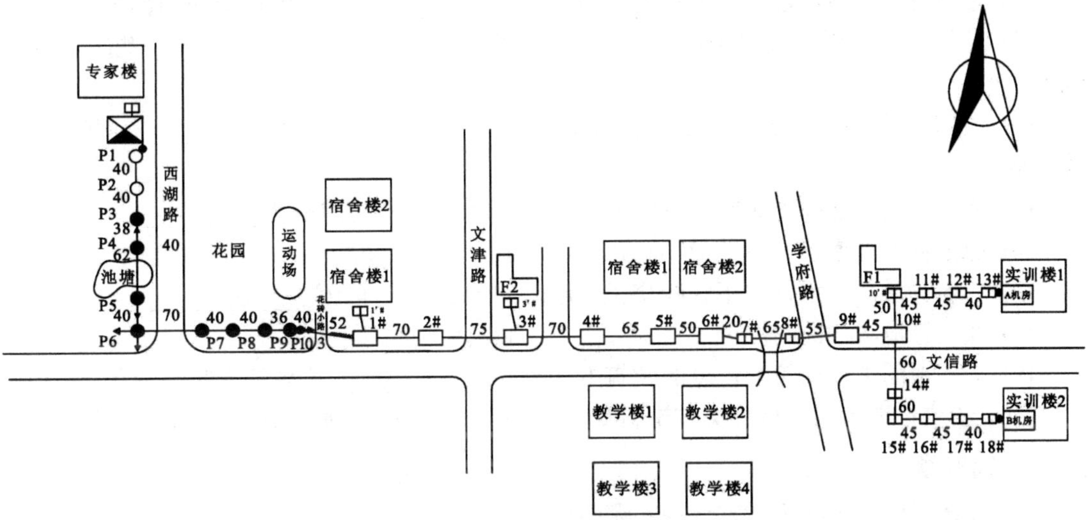

图 7-29　新建管道勘察草图

已知土质为综合土，实训楼 2 与原有 10# 人孔水平距离为 130 m，垂直距离为 110 m，可在垂直方向上设置 2 个手孔，水平方向上设置 3 个手孔，管道敷设 2 孔ϕ102 的波纹管。

课后习题

1. 单项选择题

(1) 为避免渗入管孔中的污水或淤泥积于管孔中，长时期腐蚀通信光(电)缆或造成管孔堵塞，相邻两人(手)孔间的通信管道应有一定的坡度，使渗入管孔中的水能随时流入人(手)

孔，便于清理。管道的坡度一般应为0.3%～0.4%左右，最小不宜低于(　　)的坡度。

A. 0.2%　　B. 0.25%　　C. 0.3%　　D. 0.35%

(2) 管道地基加固方式中有混凝土基础时，碎石层地基宽度比混凝土基础宽(　　)。

A. 5～10 cm　　B. 10～15 cm　　C. 15～20 cm　　D. 15～30 cm

(3) 通信管道基础厚度一般为(　　)。

A. 5 cm　　B. 6 cm　　C. 8 cm　　D. 10 cm

2. 判断题

(1) 通信管道路由选择时，一般应选择在人行道上，也可选在慢车道上，不应选在快车道上。　(　　)

(2) 光缆接头盒在人手孔内宜安装在常年积水水位以上的位置，采用保护托架或其他方法承托。　(　　)

(3) 敷设管道光缆时，要先在一个管孔内穿放子管，光缆穿放在子管内，根据管道段长的不同，子管在两人手孔间的段内可以有接头。　(　　)

3. 填空题

(1) 通信管道设计图主要由平面设计和__________两大部分组成。

(2) 通信管道尽可能建筑在人行道下或__________，以减少对交通的影响。

(3) 通信管道铺设位置尽可能选择在原有管路或需要引出的__________侧(填写同一或不同一)。

(4) 通信管道的中心线原则上应与房屋建筑红线或道路的中心线__________(填写平行或不平行)。

(5) 通信管道与管径为300～500 mm的自来水管最小平行隔距为__________m。

(6) 通信管道与道路边石的最小隔距为__________m。

(7) 通信管道与给水管地下管线交叉跨越时的最小垂直净距为__________m。

(8) 通信管道沟槽的断面分__________和斜坡沟槽两种。

(9) 水平地面中通信管道坡度的建筑方法有__________字坡和人字坡两种。

(10) 通信管道常用管材种类有塑料管、__________、水泥管三种。

4. 简答题

(1) 简述通信管道路由适宜选择在哪些地方。

(2) 简述通信管道路由不适宜选择在哪些地方。

(3) 通信管道埋设位置的如何确定？

(4) 城市管道人(手)孔位置如何选择？

(5) 引上通信管道如何处理？

(6) 通信管道的埋深取决于哪些因素？

(7) 人工地基有哪几种加固方式？

(8) 通信管道图绘制有哪些要求？

任务 8 基站设备安装工程图绘制

8.1 任务描述

用 CAD 软件把项目一任务 4 基站设备安装工程勘察结果草图绘制成能够指导工人施工的通信工程图纸，小王要求项目组人员绘制出××高校校园基站设备安装工程平面图和走线架图。

8.2 任务分析

绘图人员首先要熟悉项目的要求及××高校所处的地理位置及气象条件，再根据 YD/T5230—2016《移动通信基站工程技术规范》、YD/T5015—2015《通信工程制图与图形符号规定》的规定及现场勘察的实际数据，用 CAD 软件把勘察草图绘制成能指导后期工程施工的图纸，即需要有通信机房平面布置图和新增机架槽位布置图，且图纸要素齐全。绘制通信机房平面图，应先画出机房的总体建筑结构，如墙壁、门等，并标注尺寸；再画出已有设备和新增设备尺寸及到墙的距离，并且注意原有设备用细实线表示，新建设备用粗实线表示，改造、扩容设备用虚线表示；最后绘制出新增设备的槽位布置示意图，并添加设备配置表、技术说明、图例、指北针及图衔等，最终效果如图 8-1 所示。

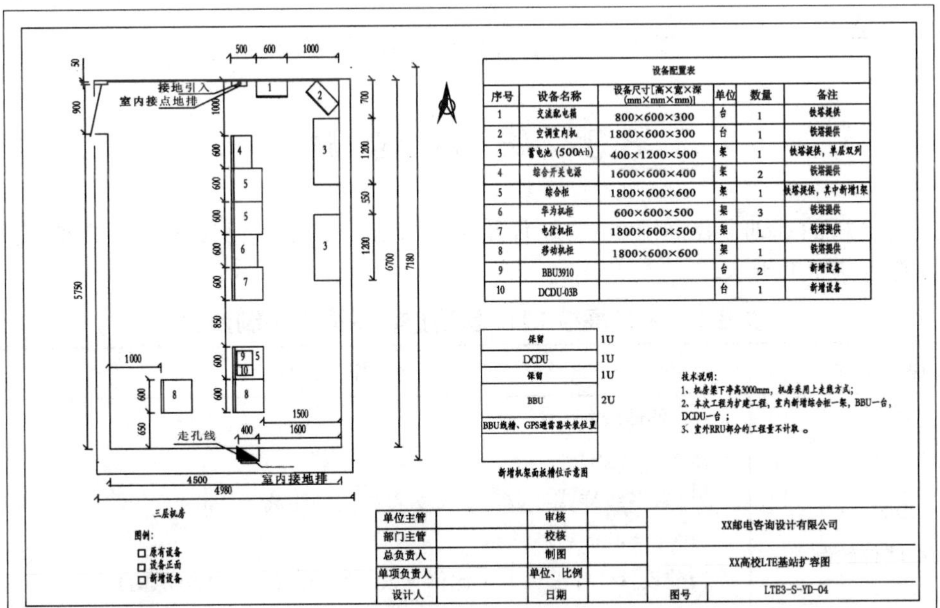

图 8-1 ××高校 LTE 基站扩容平面图

设备位置确定后，还需绘制线缆走线布置图(即走线图)。绘制走线图时，首先在原有设备平面图基础上绘制水平及垂直走线架，再绘制线缆计划表，最后添加技术说明、指北针及图衔等，最终效果如图 8-2 所示。

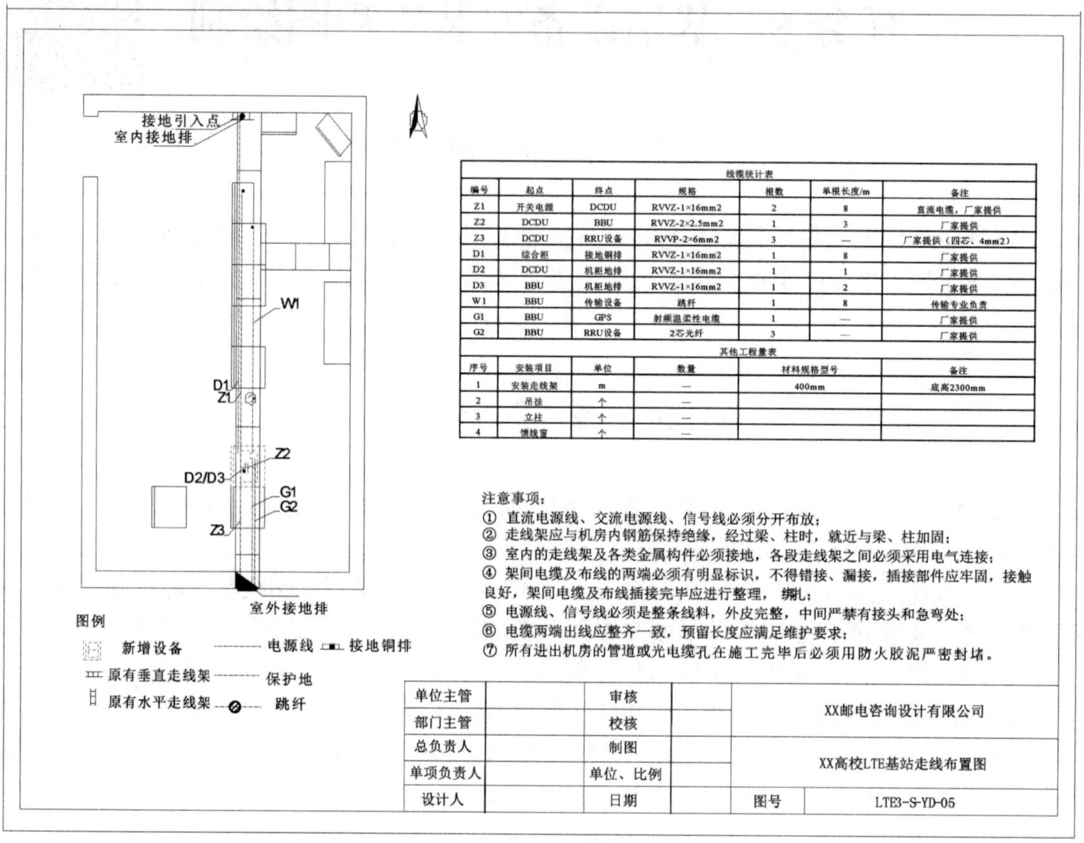

图 8-2　××高校 LTE 基站走线布置图

8.3　任务实施

在任务分析的基础上我们用 CAD 软件绘制××高校 LTE 基站设备安装扩容平面图，参考操作步骤如表 8.1 所示。

表 8.1　××高校 LTE 基站扩容平面图绘制步骤

操作步骤	操作过程
步骤一 基站墙体绘制	**(1) 外墙绘制。** 命令: _mlstyle　↙ //设置多线样式参数，定义两直线间的距离为 240 命令: _mline　↙ 当前设置: 对正 = 上，比例 = 20.00，样式 = STANDARD 指定起点或 [对正(J)/比例(S)/样式(ST)]:　j 输入对正类型 [上(T)/无(Z)/下(B)] <上>:　z

续表一

操作步骤	操 作 过 程

步骤一
基站墙体绘制
	当前设置：对正 = 无，比例 = 20.00，样式 = STANDARD
	指定起点或 [对正(J)/比例(S)/样式(ST)]:
	指定下一点：4740
	//水平向右
	指定下一点或 [放弃(U)]:6940
	//竖直向下
	指定下一点或 [闭合(C)/放弃(U)]：4740
	//水平向左
	指定下一点或 [闭合(C)/放弃(U)]：c ↙
	(2) 门绘制。
	命令：EXPLODE ↙
	选择对象：找到 1 个
	//选择刚绘制的墙体
	选择对象：↙
	OFFSET ↙
	当前设置：删除源 = 否　图层 = 源　OFFSETGAPTYPE=0
	指定偏移距离或 [通过(T)/删除(E)/图层(L)] <290.0000>:　290
	选择要偏移的对象，或 [退出(E)/放弃(U)] <退出>:
	//墙体上边
	指定要偏移的那一侧上的点，或 [退出(E)/多个(M)/放弃(U)] <退出>:
	//下方
	选择要偏移的对象，或 [退出(E)/放弃(U)] <退出>:
	OFFSET ↙
	当前设置：删除源 = 否　图层 = 源　OFFSETGAPTYPE=0
	指定偏移距离或 [通过(T)/删除(E)/图层(L)] <290.0000>:　1190
	选择要偏移的对象，或 [退出(E)/放弃(U)] <退出>:
	//墙体上边
	指定要偏移的那一侧上的点，或 [退出(E)/多个(M)/放弃(U)] <退出>:
	//下方
	选择要偏移的对象，或 [退出(E)/放弃(U)] <退出>:　↙
	命令: _trim ↙
	当前设置：投影 = UCS，边 = 无
	选择剪切边...
	选择对象或 <全部选择>:　找到 1 个
	选择对象：找到 1 个，总计 2 个
	//墙体左侧的两条直线

续表二

操作步骤	操 作 过 程

步骤一
基站墙体绘制
	选择对象:
	选择要修剪的对象，或按住 Shift 键选择要延伸的对象，或
	[栏选(F)/窗交(C)/投影(P)/边(E)/删除(R)/放弃(U)]:
	//偏移后的第一条直线
	选择要修剪的对象，或按住 Shift 键选择要延伸的对象，或
	[栏选(F)/窗交(C)/投影(P)/边(E)/删除(R)/放弃(U)]:
	//偏移后的第二条直线
	选择要修剪的对象，或按住 Shift 键选择要延伸的对象，或
	[栏选(F)/窗交(C)/投影(P)/边(E)/删除(R)/放弃(U)]: ↙
	命令: _line ↙
	指定第一个点:
	//捕捉直线的中点
	指定下一点或 [放弃(U)]: @1000 < -120
	指定下一点或 [放弃(U)]: ↙
	(3) 走线孔绘制。
	命令: _line ↙
	指定第一个点:
	//捕捉下墙体内侧直线的右端点
	指定下一点或 [放弃(U)]: 1600
	//方向向左
	指定下一点或 [放弃(U)]: 240
	//方向向下
	指定下一点或 [放弃(U)]: 400
	//方向向左
	指定下一点或 [放弃(U)]: 240
	//方向向上
	指定下一点或 [放弃(U)]: 400 ↙
	//方向向右
	命令:
	//选择添加的辅助直线
	命令: _.erase 找到 1 个
	//删除辅助直线
	命令: _line ↙
	指定第一个点:
	//捕捉走线的孔交点
	指定下一点或 [放弃(U)]: ↙

续表三

操作步骤	操 作 过 程

步骤一
基站墙体绘制
	//捕捉走线孔的对角点
	命令: _hatch ↙
	拾取内部点或 [选择对象(S)/删除边界(B)]:　正在选择所有对象...
	正在选择所有可见对象...
	正在分析所选数据...
	正在分析内部孤岛...
	拾取内部点或 [选择对象(S)/删除边界(B)]:　↙
	//走线孔左下部分
	指定下一点或 [放弃(U)]: ↙
	(4) 尺寸标注。
	命令: _dimlinear　↙
	指定第一个尺寸界线原点或 <选择对象>:
	//下墙体外侧的端点
	指定第二条尺寸界线原点:
	//下墙体外侧的端点
	指定尺寸线位置或
	[多行文字(M)/文字(T)/角度(A)/水平(H)/垂直(V)/旋转(R)]:
	标注文字 = 4980
	重复以上命令，完成墙体及走线孔相关尺寸标注。
	(5) 文字输入。
	命令: _mtext　↙
	当前文字样式: 宋 2　文字高度:　150　注释性:　否
	指定第一角点:
	指定对角点或 [高度(H)/对正(J)/行距(L)/旋转(R)/样式(S)/宽度(W)/栏(C)]:
	输入文字内容“三层机房”
	重复上述命令完成“走线孔”文字内容的输入。
	最终效果如图 8-3(a)所示

步骤二
基站主设备绘制
	(1) 原有机柜绘制。
	命令: _line　↙
	指定第一个点:
	//捕捉下墙体内侧的左端点
	指定下一点或 [放弃(U)]:　<正交 开> 1000
	//方向向右
	指定下一点或 [放弃(U)]: 650
	//方向向上

续表四

操作步骤	操 作 过 程

步骤二
基站主设备绘制
	指定下一点或 [闭合(C)/放弃(U)]: 600
	//方向向上
	指定下一点或 [闭合(C)/放弃(U)]: 600
	//方向向右
	指定下一点或 [闭合(C)/放弃(U)]: 600
	//方向向下
	指定下一点或 [闭合(C)/放弃(U)]: 600
	指定下一点或 [闭合(C)/放弃(U)]: ↙
	命令:
	//选择辅助直线
	命令: _.erase 找到 2 个
	//删除辅助直线
	命令: _offset ↙
	当前设置: 删除源 = 否　图层 = 源　OFFSETGAPTYPE = 0
	指定偏移距离或 [通过(T)/删除(E)/图层(L)] <900.0000>: 50
	选择要偏移的对象，或 [退出(E)/放弃(U)] <退出>:
	//选择正方向的左侧边
	指定要偏移的那一侧上的点，或 [退出(E)/多个(M)/放弃(U)] <退出>:
	//方向向右
	选择要偏移的对象，或 [退出(E)/放弃(U)] <退出>: ↙
	命令: _copy ↙
	选择对象: 指定对角点: 找到 5 个
	//选择刚刚绘制的机柜
	选择对象:
	当前设置: 复制模式 = 多个
	指定基点或 [位移(D)/模式(O)] <位移>:
	指定第二个点或 [阵列(A)] <使用第一个点作为位移>: 1400
	//方向向右
	指定第二个点或 [阵列(A)/退出(E)/放弃(U)] <退出>: ↙
	命令: _copy ↙
	选择对象: 指定对角点: 找到 5 个
	//选择刚刚绘制的第 2 个机柜
	选择对象:
	当前设置: 复制模式 = 多个
	指定基点或 [位移(D)/模式(O)] <位移>:
	指定第二个点或 [阵列(A)] <使用第一个点作为位移>: 2050

续表五

操作步骤	操 作 过 程

步骤二
基站主设备绘制
	//方向向上
	指定第二个点或 [阵列(A)/退出(E)/放弃(U)] <退出>: 2650
	//方向向上
	指定第二个点或 [阵列(A)/退出(E)/放弃(U)] <退出>: 3250
	//方向向上
	指定第二个点或 [阵列(A)/退出(E)/放弃(U)] <退出>: 3850
	//方向向上
	指定第二个点或 [阵列(A)/退出(E)/放弃(U)] <退出>: 4450
	//方向向上
	指定第二个点或 [阵列(A)/退出(E)/放弃(U)] <退出>: ↙
	命令: _offset ↙
	当前设置: 删除源 = 否　图层 = 源　OFFSETGAPTYPE = 0
	指定偏移距离或 [通过(T)/删除(E)/图层(L)] <900.0000>: 50
	选择要偏移的对象，或 [退出(E)/放弃(U)] <退出>:
	//选择第 4 个机柜的右侧边
	指定要偏移的那一侧上的点，或 [退出(E)/多个(M)/放弃(U)] <退出>:
	//方向向左
	选择要偏移的对象，或 [退出(E)/放弃(U)] <退出>: ↙
	命令: _offset ↙
	当前设置: 删除源 = 否　图层 = 源　OFFSETGAPTYPE = 0
	指定偏移距离或 [通过(T)/删除(E)/图层(L)] <900.0000>: 100
	选择要偏移的对象，或 [退出(E)/放弃(U)] <退出>:
	//选择第 7 个机柜的右侧边
	指定要偏移的那一侧上的点，或 [退出(E)/多个(M)/放弃(U)] <退出>:
	//方向向左
	选择要偏移的对象，或 [退出(E)/放弃(U)] <退出>: ↙
	命令: _trim ↙
	当前设置: 投影 = UCS，边 = 无
	选择剪切边...
	选择对象或 <全部选择>: 找到 1 个
	选择对象: 找到 1 个，总计 2 个
	//选择第 4 和第 7 机柜的偏移边
	选择对象:
	选择要修剪的对象，或按住 Shift 键选择要延伸的对象，或
	[栏选(F)/窗交(C)/投影(P)/边(E)/删除(R)/放弃(U)]:
	//选择第 4 机柜的上边

续表六

操作步骤	操 作 过 程

步骤二
基站主设备绘制
	选择要修剪的对象，或按住 Shift 键选择要延伸的对象，或
	[栏选(F)/窗交(C)/投影(P)/边(E)/删除(R)/放弃(U)]:
	//选择第 4 机柜的下边
	选择要修剪的对象，或按住 Shift 键选择要延伸的对象，或
	[栏选(F)/窗交(C)/投影(P)/边(E)/删除(R)/放弃(U)]:
	//选择第 7 机柜的上边
	选择要修剪的对象，或按住 Shift 键选择要延伸的对象，或
	[栏选(F)/窗交(C)/投影(P)/边(E)/删除(R)/放弃(U)]:　↙
	//选择第 7 机柜的下边
	命令:
	//选择第 4 和第 7 机柜原右侧边
	命令: _.erase 找到 2 个。
	(2) 室内接地排绘制。
	命令: _line　↙
	指定第一个点:
	//捕捉上墙体内侧的右端点
	指定下一点或 [放弃(U)]:　<正交 开> 2100
	//方向向左
	指定下一点或 [放弃(U)]: 100
	//方向向下
	指定下一点或 [闭合(C)/放弃(U)]: 300
	//方向向右
	指定下一点或 [闭合(C)/放弃(U)]: 100
	//方向向上
	指定下一点或 [闭合(C)/放弃(U)]:　↙
	命令:
	//选择辅助直线
	命令: _.erase 找到 1 个
	//删除辅助直线
	命令: CIRCLE　↙
	指定圆的圆心或 [三点(3P)/两点(2P)/切点、切点、半径(T)]:
	//室内地排的中心位置
	指定圆的半径或 [直径(D)]: 30　↙
	命令: _line　↙
	指定第一个点:
	//捕捉圆心

续表七

操作步骤	操 作 过 程

步骤二
基站主设备绘制
	指定下一点或 [放弃(U)]:　<正交 关> 500
	//左下倾角
	指定下一点或 [放弃(U)]: 700
	//方向向左
	命令: _line　↙
	指定第一个点:
	//捕捉地排边线
	指定下一点或 [放弃(U)]:　<正交 关> 1000
	//左下倾角
	指定下一点或 [放弃(U)]: 700
	//方向向左
	命令: _copy　↙
	选择对象: 指定对角点: 找到 1 个
	//选择文本框
	选择对象:
	当前设置:　复制模式 = 多个
	指定基点或 [位移(D)/模式(O)] <位移>:
	指定第二个点或 [阵列(A)] <使用第一个点作为位移>:
	//引线上方
	指定第二个点或 [阵列(A)/退出(E)/放弃(U)] <退出>:
	//引线上方
	双击文本框，分别将文本内容修改为“接地引入点”和“室内接地排”。
	(3) 交流配电箱绘制。
	命令: _line　↙
	指定第一个点:
	//捕捉上墙体内侧的右端点
	指定下一点或 [放弃(U)]:　<正交 开> 1000
	//方向向左
	指定下一点或 [放弃(U)]: 300
	//方向向下
	指定下一点或 [闭合(C)/放弃(U)]: 600
	//方向向右
	指定下一点或 [闭合(C)/放弃(U)]: 300
	//方向向上
	指定下一点或 [闭合(C)/放弃(U)]:　↙

续表八

操作步骤	操 作 过 程

步骤二
基站主设备绘制
	命令:
	//选择辅助直线
	命令: _.erase 找到 1 个
	//删除辅助直线。
	(4) 空调室内机绘制。
	命令: _line ↙
	指定第一个点:
	指定下一点或 [放弃(U)]: 300
	//方向向下
	指定下一点或 [闭合(C)/放弃(U)]: 600
	//方向向右
	指定下一点或 [闭合(C)/放弃(U)]: 300
	//方向向上
	指定下一点或 [闭合(C)/放弃(U)]: C ↙
	命令: _offset ↙
	当前设置: 删除源 = 否 图层 = 源 OFFSETGAPTYPE = 0
	指定偏移距离或 [通过(T)/删除(E)/图层(L)] <900.0000>: 50
	选择要偏移的对象，或 [退出(E)/放弃(U)] <退出>:
	//选择空调的上边
	指定要偏移的那一侧上的点，或 [退出(E)/多个(M)/放弃(U)] <退出>:
	//方向向下
	选择要偏移的对象，或 [退出(E)/放弃(U)] <退出>: ↙
	命令: _rotate ↙
	UCS 当前的正角方向: ANGDIR = 逆时针 ANGBASE = 0
	选择对象: 找到 1 个
	选择对象: 找到 1 个，总计 5 个
	//选择空调室内机
	选择对象:
	指定基点:
	指定旋转角度，或 [复制(C)/参照(R)] <0>: 45
	命令: _move ↙
	选择对象: 找到 5 个
	//选择空调室内机
	选择对象:
	指定基点或 [位移(D)] <位移>:
	指定第二个点或 <使用第一个点作为位移>:

续表九

操作步骤	操 作 过 程

步骤二
基站主设备绘制
	//移动到合适位置
	(5) 蓄电池绘制。
	命令: _line ↙
	指定第一个点:
	//捕捉右墙体内侧的上端点
	指定下一点或 [放弃(U)]: <正交 开> 700
	//方向向下
	指定下一点或 [放弃(U)]: 300
	//方向向左
	指定下一点或 [闭合(C)/放弃(U)]: 1200
	//方向向下
	指定下一点或 [闭合(C)/放弃(U)]: 300
	//方向向右
	指定下一点或 [闭合(C)/放弃(U)]: ↙
	命令:
	//选择辅助直线
	命令: _.erase 找到 1 个
	//删除辅助直线
	命令: _copy ↙
	选择对象: 指定对角点: 找到 3 个
	//选择蓄电池外框
	选择对象:
	当前设置: 复制模式 = 多个
	指定基点或 [位移(D)/模式(O)] <位移>:
	指定第二个点或 [阵列(A)] <使用第一个点作为位移>: 500
	//方向向下
	指定第二个点或 [阵列(A)/退出(E)/放弃(U)] <退出>: ↙
	(6) 室外接地排绘制。
	命令: _line ↙
	指定第一个点:
	//捕捉走线孔的中点
	指定下一点或 [放弃(U)]: <正交 开>150
	//方向向左
	指定下一点或 [放弃(U)]: 50
	//方向向下
	指定下一点或 [闭合(C)/放弃(U)]: 300

续表十

操作步骤	操 作 过 程

步骤二
基站主设备绘制
	//方向向右
	指定下一点或 [闭合(C)/放弃(U)]: 50
	//方向向上
	指定下一点或 [闭合(C)/放弃(U)]: C ↙
	命令: _hatch ↙
	拾取内部点或 [选择对象(S)/删除边界(B)]: 正在选择所有对象...
	正在选择所有可见对象...
	正在分析所选数据...
	正在分析内部孤岛...
	拾取内部点或 [选择对象(S)/删除边界(B)]: ↙
	//室外地排的内部
	指定下一点或 [放弃(U)]: ↙
	命令: _line ↙
	指定第一个点:
	//捕捉室外地排的边线
	指定下一点或 [放弃(U)]: <正交 关> 500
	//右下倾角
	指定下一点或 [放弃(U)]: 700
	//方向向左
	命令: _copy ↙
	选择对象: 指定对角点: 找到 1 个
	//选择文本框
	选择对象:
	当前设置: 复制模式 = 多个
	指定基点或 [位移(D)/模式(O)] <位移>:
	指定第二个点或 [阵列(A)] <使用第一个点作为位移>:
	//引线上方
	双击文本框，将文本内容修改为“室外接地排”。
	(7) 新增设备绘制。
	命令: _copy ↙
	选择对象: 指定对角点: 找到 5 个
	//选择第二个机柜
	选择对象:
	当前设置: 复制模式 = 多个
	指定基点或 [位移(D)/模式(O)] <位移>:
	指定第二个点或 [阵列(A)] <使用第一个点作为位移>: 600 ↙

续表十一

操作步骤	操 作 过 程

步骤二
基站主设备绘制
	//方向向上
	命令: _line ↙
	指定第一个点:
	//捕捉新增机框上边的左端点
	指定下一点或 [放弃(U)]: 100
	//方向向右
	指定下一点或 [放弃(U)]: 80
	//方向向下
	指定下一点或 [闭合(C)/放弃(U)]: 300
	//方向向右
	指定下一点或 [闭合(C)/放弃(U)]: 440
	//方向向下
	指定下一点或 [闭合(C)/放弃(U)]: 300
	//方向向左
	指定下一点或 [闭合(C)/放弃(U)]: C ↙
	命令: _line ↙
	指定第一个点:
	//捕捉新绘制图形右侧直线的中点
	指定下一点或 [放弃(U)]:
	//捕捉新绘制图形左右侧直线的中点
	指定下一点或 [放弃(U)]: ↙
	命令:
	//选择辅助直线
	命令: _.erase 找到 2 个
	//删除辅助直线
	命令:
	//选择新增机柜及内部直线
	通过属性设置，将其线宽设置为“0.5mm”。
	(8) 室内设备文字输入。
	命令: _copy ↙
	选择对象: 指定对角点: 找到 1 个
	//选择文本框
	选择对象:
	当前设置:　复制模式 = 多个
	指定基点或 [位移(D)/模式(O)] <位移>:
	指定第二个点或 [阵列(A)] <使用第一个点作为位移>:

续表十二

操作步骤	操 作 过 程

步骤二
基站主设备绘制
	//第一个机柜中间的位置
	双击文本框，将文本内容修改为“8”
	重复以上命令，完成(1)～(7)、(9)、(10)文字内容的输入。
	(9) 尺寸标注。
	命令: _dimlinear ↙
	指定第一个尺寸界线原点或 <选择对象>:
	//左墙体内侧的端点
	指定第二条尺寸界线原点:
	//下 8# 机柜左边
	指定尺寸线位置或
	[多行文字(M)/文字(T)/角度(A)/水平(H)/垂直(V)/旋转(R)]:
	标注文字 = 1000
	重复以上命令，完成机房相关设备尺寸标注
	最终效果如图 8-3(b)所示

步骤三
辅助说明添加
	(1) 图例绘制。
	命令: _copy ↙
	选择对象: 找到 5 个
	//选择 8#机柜
	选择对象:
	当前设置: 复制模式 = 多个
	指定基点或 [位移(D)/模式(O)] <位移>:
	指定第二个点或 [阵列(A)] <使用第一个点作为位移>:
	//指定到左下角合适的位置
	命令: _scale ↙
	选择对象: 指定对角点: 找到 5 个
	//复制的机柜
	选择对象:
	指定基点:
	指定比例因子或 [复制(C)/参照(R)]: 0.2
	命令: _copy ↙
	选择对象: 找到 5 个
	//缩小后的机柜
	选择对象:
	当前设置: 复制模式 = 多个
	指定基点或 [位移(D)/模式(O)] <位移>:
	指定第二个点或 [阵列(A)] <使用第一个点作为位移>:

续表十三

操作步骤	操 作 过 程

步骤三
辅助说明添加
	//指定到下方合适的位置
	命令:
	//选择第一个缩小机柜的内侧线
	命令: _.erase 找到 1 个
	命令: _copy ↙
	选择对象: 找到 5 个
	//第一个缩小后的机柜
	选择对象:
	当前设置: 复制模式 = 多个
	指定基点或 [位移(D)/模式(O)] <位移>:
	指定第二个点或 [阵列(A)] <使用第一个点作为位移>:
	//指定到下方合适的位置
	选中最后的缩小机柜，将其直线的宽度设置为“0.5mm”
	命令: _copy ↙
	选择对象: 指定对角点: 找到 1 个
	//选择附近文字内容
	选择对象:
	当前设置: 复制模式 = 多个
	指定基点或 [位移(D)/模式(O)] <位移>:
	指定第二个点或 [阵列(A)] <使用第一个点作为位移>:
	//左下角合适的位置
	双击文字内容，将其修改为“图例:”
	利用同样的方法完成“原有设备、设备正面、新增设备”等文字内容的输入。
	(2) 设备配置表绘制。
	命令: _table ↙
	参数设置(6 列，列宽 50，11 行，行高 300)
	指定插入点:
	双击表格单元格，输入相应的文本内容，然后编辑表格，调整到适合位置。
	(3) 新增机架槽位示意图绘制。
	命令: _line ↙
	指定第一个点:
	//配置表下方合适的位置
	指定下一点或 [放弃(U)]: 2300
	//方向向右
	指定下一点或 [放弃(U)]: 2500
	//方向向下

续表十四

操作步骤	操 作 过 程

步骤三
辅助说明添加
	指定下一点或 [闭合(C)/放弃(U)]: 2300
	//方向向左
	指定下一点或 [闭合(C)/放弃(U)]: C ↙
	命令: _copy ↙
	选择对象: 指定对角点: 找到 1 个
	//选择上方直线
	选择对象:
	当前设置: 复制模式 = 多个
	指定基点或 [位移(D)/模式(O)] <位移>:
	//上方直线的端点
	指定第二个点或 [阵列(A)] <使用第一个点作为位移>: 350
	//方向向下
	指定第二个点或 [阵列(A)] <使用第一个点作为位移>: 700
	//方向向下
	指定第二个点或 [阵列(A)] <使用第一个点作为位移>: 1050
	//方向向下
	指定第二个点或 [阵列(A)] <使用第一个点作为位移>: 1750
	//方向向下
	指定第二个点或 [阵列(A)] <使用第一个点作为位移>: 2200 ↙
	//方向向下
	命令: _copy ↙
	选择对象: 指定对角点: 找到 1 个
	//选择附近文字内容
	选择对象:
	当前设置: 复制模式 = 多个
	指定基点或 [位移(D)/模式(O)] <位移>:
	指定第二个点或 [阵列(A)] <使用第一个点作为位移>:
	//示意图合适的位置
	双击文字内容，将其修改为“新增机架面板槽位示意图”
	重复上述命令，完成示意图其他文字内容输入。
	(4) 说明文字输入。
	命令: _copy ↙
	选择对象: 指定对角点: 找到 1 个
	//选择附近文字内容
	选择对象:
	当前设置: 复制模式 = 多个

续表十五

操作步骤	操 作 过 程
步骤三 辅助说明添加	指定基点或 [位移(D)/模式(O)] <位移>: 指定第二个点或 [阵列(A)] <使用第一个点作为位移>: //指定图例右边合适的位置 双击文字内容，并对其进行修改，如下所示。 **技术说明：** ① 机房梁下净高 3000 mm，机房采用上走线方式； ② 本次工程为扩建工程，室内新增综合柜一架，BBU 一台，DCDU 一台； ③ 室外 RRU 部分的工程量不计取。 **(5)** 图块导入。 命令: _insert ↙ 指定插入点或 [基点(B)/比例(S)/X/Y/Z/旋转(R)]: 然后根据图形大小，调整图幅的大小，并修改文字内容 最终效果如图 8-1 所示

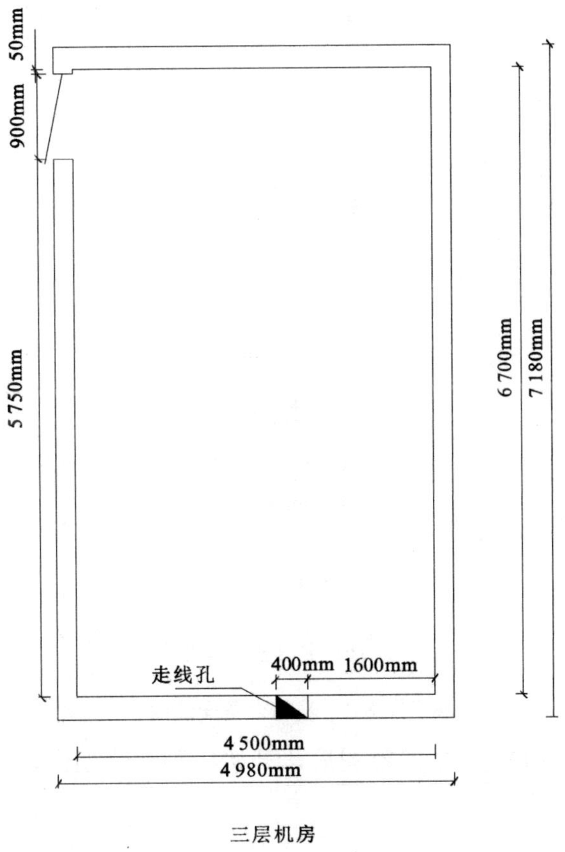

(a) 墙体

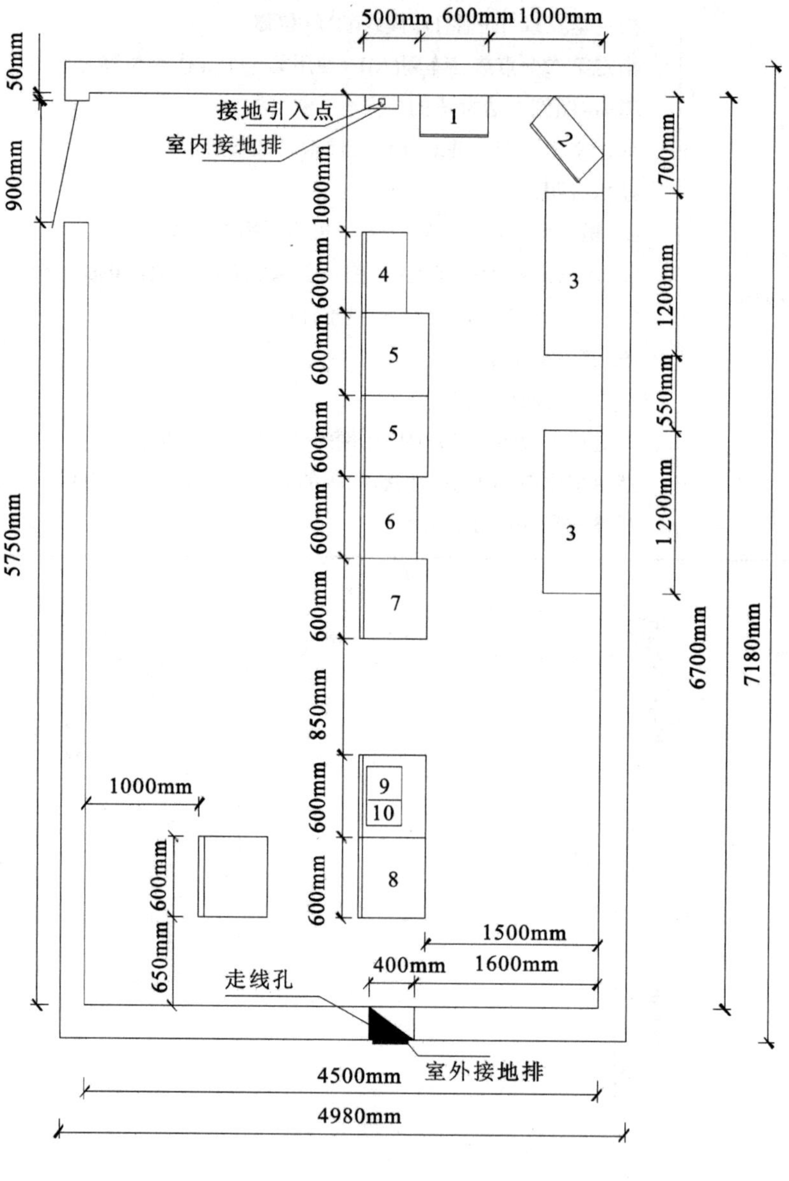

(b) 主设备布置图

图 8-3　基站设备安装图

在绘制××高校 LTE 基站扩容图后，开始绘制走线架图，参考操作步骤如表 8.2 所示。

表 8.2　××高校 LTE 基站走线布置图绘制步骤

操作步骤	操 作 过 程

步骤一
走线架绘制
	(1) 垂直走线架绘制。
	打开××高校 LTE 基站扩容图，
	另存为××高校 LTE 基站走线布置图
	删除标注、设备文字等信息，只保留设备图，结果如图 8-4(a)所示
	命令: _line ↙
	指定第一个点:
	//捕捉 1#配电箱的左侧端点
	指定下一点或 [放弃(U)]:
	//捕捉走线孔的左侧端点
	指定下一点或 [放弃(U)]: ↙
	OFFSET ↙
	当前设置: 删除源 = 否　图层 = 源　OFFSETGAPTYPE = 0
	指定偏移距离或 [通过(T)/删除(E)/图层(L)] <290.0000>: 400
	选择要偏移的对象，或 [退出(E)/放弃(U)] <退出>:
	//选择刚绘制的直线
	指定要偏移的那一侧上的点，或 [退出(E)/多个(M)/放弃(U)] <退出>:
	//方向向右
	命令: _line ↙
	指定第一个点:
	//捕捉垂直直线的上端点
	指定下一点或 [放弃(U)]: 840
	//方向向下
	指定下一点或 [放弃(U)]: 400
	//方向向左
	指定下一点或 [放弃(U)]: ↙
	OFFSET ↙
	当前设置: 删除源=否　图层=源　OFFSETGAPTYPE=0
	指定偏移距离或 [通过(T)/删除(E)/图层(L)] <290.0000>: 1780
	选择要偏移的对象，或 [退出(E)/放弃(U)] <退出>:
	//选择刚绘制的横线
	指定要偏移的那一侧上的点，或 [退出(E)/多个(M)/放弃(U)] <退出>:
	//方向向下
	重复偏移命令，再绘制两条走线架横线
	(2) 水平走线架绘制。
	命令: _line ↙
	指定第一个点:

续表一

操作步骤	操 作 过 程

步骤一
走线架绘制
	//捕捉蓄电池下边的右端点
	指定下一点或 [放弃(U)]: 1600
	//方向向左
	指定下一点或 [放弃(U)]: ↙
	OFFSET ↙
	当前设置: 删除源 = 否　图层 = 源　OFFSETGAPTYPE = 0
	指定偏移距离或 [通过(T)/删除(E)/图层(L)] <290.0000>: 400
	选择要偏移的对象，或 [退出(E)/放弃(U)] <退出>:
	//指定刚绘制的横线
	指定要偏移的那一侧上的点，或 [退出(E)/多个(M)/放弃(U)] <退出>:
	//方向向下
	命令: _line ↙
	指定第一个点:
	//捕捉刚绘制直线的右端点
	指定下一点或 [放弃(U)]: 600
	//方向向左
	指定下一点或 [放弃(U)]: 400
	//方向向上
	指定下一点或 [放弃(U)]: ↙
	OFFSET ↙
	当前设置: 删除源=否　图层=源　OFFSETGAPTYPE=0
	指定偏移距离或 [通过(T)/删除(E)/图层(L)] <290.0000>: 600
	选择要偏移的对象，或 [退出(E)/放弃(U)] <退出>:
	//刚绘制的竖线
	指定要偏移的那一侧上的点，或 [退出(E)/多个(M)/放弃(U)] <退出>:
	//方向向左
	绘制结果如图 8-4(b)所示

步骤二
线缆绘制
	(1) D1 电缆绘制。
	命令: _line ↙
	指定第一个点:
	//捕捉室内接入点圆的第 3 象限点
	指定下一点或 [放弃(U)]: 4900
	//捕方向向下
	指定下一点或 [放弃(U)]: ↙
	命令: _circle ↙
	指定圆的圆心或 [三点(3P)/两点(2P)/切点、切点、半径(T)]: ↙

续表二

操作步骤	操 作 过 程

步骤二
线缆绘制
	//捕捉直线的两端点
	指定圆的半径或 [直径(D)] <5.0000>: 10 ↙
	命令: _hatch
	拾取内部点或 [选择对象(S)/放弃(U)/设置(T)]:
	正在选择所有对象...
	拾取内部点或 [选择对象(S)/放弃(U)/设置(T)]: ↙
	//填充圆
	(2) D2 和 D3 电缆绘制。
	命令: _line ↙
	指定第一个点:
	//捕捉新增机柜设备中线的左侧端点
	指定下一点或 [放弃(U)]: 90
	//方向向右
	指定下一点或 [放弃(U)]: 40
	//方向向上
	命令: _copy ↙
	选择对象: 找到 1 个
	选择对象: 找到 1 个，总计 2 个
	//选择填充圆
	选择对象:
	当前设置: 复制模式 = 多个
	指定基点或 [位移(D)/模式(O)] <位移>:
	指定第二个点或 [阵列(A)] <使用第一个点作为位移>:
	//绘制直线的上端点
	命令: _mirror ↙
	选择对象: 指定对角点: 找到 3 个
	//选择刚绘制的图像
	选择对象:
	指定镜像线的第一点:
	//设备直线的左端点
	指定镜像线的第二点:
	//设备直线的右端点
	要删除源对象吗？[是(Y)/否(N)] <否>: ↙
	(3) Z1 电缆绘制。
	命令: _line ↙
	指定第一个点:

续表三

操作步骤	操 作 过 程

步骤二
线缆绘制
	//捕捉 DCDU 设备左上部大概位置
	指定下一点或 [放弃(U)]: 4090
	//方向向上
	指定下一点或 [放弃(U)]: ↙
	命令: _copy ↙
	选择对象: 找到 1 个
	选择对象: 找到 1 个，总计 2 个
	//选择填充圆
	选择对象:
	当前设置: 复制模式 = 多个
	指定基点或 [位移(D)/模式(O)] <位移>:
	指定第二个点或 [阵列(A)] <使用第一个点作为位移>:
	//指定 Z1 直线上端点
	指定第二个点或 [阵列(A)] <使用第一个点作为位移>: ↙
	//指定 Z1 直线下端点
	(4) Z2 电缆绘制。
	命令: _copy ↙
	选择对象: 找到 1 个
	选择对象: 找到 1 个，总计 6 个
	//选择 D2/D3 电缆
	选择对象:
	当前设置: 复制模式 = 多个
	指定基点或 [位移(D)/模式(O)] <位移>:
	指定第二个点或 [阵列(A)] <使用第一个点作为位移>: 50 ↙
	(5) Z3 电缆绘制。
	命令: _line ↙
	指定第一个点:
	//捕捉 DCDU 设备左下部大概位置
	指定下一点或 [放弃(U)]:
	//指定室外地排处
	指定下一点或 [放弃(U)]:
	命令: _copy ↙
	选择对象: 找到 1 个
	选择对象: 找到 1 个，总计 2 个
	//选择填充圆
	选择对象:

续表四

操作步骤	操 作 过 程

步骤二
线缆绘制
	当前设置： 复制模式 = 多个
	指定基点或 [位移(D)/模式(O)] <位移>:
	指定第二个点或 [阵列(A)] <使用第一个点作为位移>: ↙
	//指定 Z3 直线上端点
	(6) G1 电缆绘制。
	命令: _line ↙
	指定第一个点:
	//捕捉 BBU 设备右上部大概位置
	指定下一点或 [放弃(U)]:
	//室外地排处
	指定下一点或 [放弃(U)]:
	命令: _copy ↙
	选择对象：找到 1 个
	选择对象：找到 1 个，总计 2 个
	//选择填充圆
	选择对象:
	当前设置： 复制模式 = 多个
	指定基点或 [位移(D)/模式(O)] <位移>:
	指定第二个点或 [阵列(A)] <使用第一个点作为位移>: ↙
	//指定 G1 直线上端点
	(7) G2 光缆绘制。
	命令: _copy ↙
	选择对象：找到 1 个
	选择对象：找到 1 个，总计 3 个
	//选择 G1 电缆
	选择对象:
	当前设置： 复制模式 = 多个
	指定基点或 [位移(D)/模式(O)] <位移>:
	指定第二个点或 [阵列(A)] <使用第一个点作为位移>: 50 ↙
	//方向向右
	(8) W1 光纤绘制。
	命令: _line ↙
	指定第一个点:
	//捕捉 BBU 设备右上部靠近直线位置
	指定下一点或 [放弃(U)]: 3300
	//方向向上

续表五

操作步骤	操 作 过 程

步骤二
线缆绘制
	指定下一点或 [放弃(U)]:
	命令: _copy ↙
	选择对象: 找到 1 个
	选择对象: 找到 1 个，总计 2 个
	//选择填充圆
	选择对象:
	当前设置: 复制模式 = 多个
	指定基点或 [位移(D)/模式(O)] <位移>:
	指定第二个点或 [阵列(A)] <使用第一个点作为位移>:
	//指定 W1 直线的上端点
	指定第二个点或 [阵列(A)] <使用第一个点作为位移>: ↙
	//指定 W1 直线的下端点
	(9) 光纤符号绘制。
	命令: _circle ↙
	指定圆的圆心或 [三点(3P)/两点(2P)/切点、切点、半径(T)]:
	指定圆的半径或 [直径(D)]: 100 ↙
	命令: _line ↙
	指定第一个点:
	//指定园内合适点
	指定下一点或 [放弃(U)]: <正交 关> @100<45
	指定下一点或 [放弃(U)]: @30<200
	指定下一点或 [闭合(C)/放弃(U)]: ↙
	命令: _mirror
	选择对象: 找到 1 个
	//选择第 2 条直线
	选择对象:
	指定镜像线的第一点:
	//第 1 条直线的端点
	指定镜像线的第二点:
	//第 1 条直线的端点
	要删除源对象吗？[是(Y)/否(N)] <否>: ↙
	命令: _copy ↙
	选择对象: 指定对角点: 找到 3 个
	//绘制的三条直线
	选择对象:
	当前设置: 复制模式 = 多个

续表六

操作步骤	操 作 过 程

步骤二
线缆绘制
	指定基点或 [位移(D)/模式(O)] <位移>:
	指定第二个点或 [阵列(A)] <使用第一个点作为位移>:
	//右下方合适位置
	指定第二个点或 [阵列(A)/退出(E)/放弃(U)] <退出>: ↙
	命令: _move ↙
	选择对象: 指定对角点: 找到 7 个
	//光缆符号
	选择对象:
	指定基点或 [位移(D)] <位移>:
	指定第二个点或 <使用第一个点作为位移>:
	//移动到光缆上方
	(10) 线缆文字输入。
	命令: _copy ↙
	选择对象: 指定对角点: 找到 1 个
	//选择附近文字内容
	选择对象:
	当前设置: 复制模式 = 多个
	指定基点或 [位移(D)/模式(O)] <位移>:
	指定第二个点或 [阵列(A)] <使用第一个点作为位移>:
	//指定 D1 线附近
	双击文字内容，将其修改为“D1”
	重复上述命令，完成相关线缆文字内容输入
	绘制结果如图 8-4(c)所示

步骤三
辅助说明绘制
	(1) 图例绘制。
	① 新增设备图例。
	命令: _copy ↙
	选择对象: 找到 11 个
	//选择新增机柜
	选择对象:
	当前设置: 复制模式 = 多个
	指定基点或 [位移(D)/模式(O)] <位移>:
	指定第二个点或 [阵列(A)] <使用第一个点作为位移>:
	//指定到左下角合适位置
	命令: _scale ↙
	选择对象: 指定对角点: 找到 11 个
	//选择复制的机柜

续表七

操作步骤	操 作 过 程

步骤三
辅助说明绘制
	选择对象:
	指定基点:
	指定比例因子或 [复制(C)/参照(R)]: 0.2
	② 接地铜排图例。
	命令: _copy ↙
	选择对象: 找到 6 个
	//选择室内地排
	选择对象:
	当前设置: 复制模式 = 多个
	指定基点或 [位移(D)/模式(O)] <位移>:
	指定第二个点或 [阵列(A)] <使用第一个点作为位移>:
	//指定到下方合适位置
	命令: _scale ↙
	选择对象: 指定对角点: 找到 6 个
	//复制的机柜
	选择对象:
	指定基点:
	指定比例因子或 [复制(C)/参照(R)]: 0.2
	③ 水平走线架图例。
	命令: _line ↙
	指定第一个点:
	指定下一点或 [放弃(U)]: 260 ↙
	//方向向右
	命令: _offset ↙
	当前设置: 删除源 = 否 图层 = 源 OFFSETGAPTYPE = 0
	指定偏移距离或 [通过(T)/删除(E)/图层(L)] <50.0000>: 70
	选择要偏移的对象，或 [退出(E)/放弃(U)] <退出>:
	//选择刚绘制的直线
	指定要偏移的那一侧上的点，或 [退出(E)/多个(M)/放弃(U)] <退出>:
	//方向向下
	选择要偏移的对象，或 [退出(E)/放弃(U)] <退出>: ↙
	命令: _line ↙
	指定第一个点:
	//捕捉直线的端点

续表八

操作步骤	操 作 过 程

步骤三
辅助说明绘制
	指定下一点或 [放弃(U)]: 40
	//方向向右
	指定下一点或 [放弃(U)]: 70
	//方向向下
	指定下一点或 [闭合(C)/放弃(U)]: ↙
	命令: _offset　↙
	当前设置: 删除源 = 否　图层 = 源　OFFSETGAPTYPE = 0
	指定偏移距离或 [通过(T)/删除(E)/图层(L)] <70.0000>:　80
	选择要偏移的对象，或 [退出(E)/放弃(U)] <退出>:
	//选择刚绘制的竖线
	指定要偏移的那一侧上的点，或 [退出(E)/多个(M)/放弃(U)] <退出>:
	//方向向右
	选择要偏移的对象，或 [退出(E)/放弃(U)] <退出>:
	//选择刚绘制的竖线
	指定要偏移的那一侧上的点，或 [退出(E)/多个(M)/放弃(U)] <退出>:
	//方向向右
	选择要偏移的对象，或 [退出(E)/放弃(U)] <退出>:
	//选择刚绘制的竖线
	指定要偏移的那一侧上的点，或 [退出(E)/多个(M)/放弃(U)] <退出>:↙
	//方向向右
	④ 垂直走线架图例。
	命令: _copy　↙
	选择对象: 找到 5 个
	//选择水平走线架
	选择对象:
	当前设置: 复制模式 = 多个
	指定基点或 [位移(D)/模式(O)] <位移>:
	指定第二个点或 [阵列(A)] <使用第一个点作为位移>:
	//指定到下方合适位置
	命令: _rotate　↙
	UCS 当前的正角方向: ANGDIR = 逆时针　ANGBASE = 0
	选择对象: 指定对角点: 找到 5 个
	//选择复制的走线架
	选择对象:
	指定基点:

续表九

操作步骤	操 作 过 程

步骤三
辅助说明绘制
	指定旋转角度，或 [复制(C)/参照(R)] <0>:　270
	⑤ 电源线图例。
	命令: _line　↙
	指定第一个点:
	//指定图形下方合适的位置
	指定下一点或 [放弃(U)]: 800
	//方向向右
	指定下一点或 [闭合(C)/放弃(U)]: ↙
	⑥ 保护地图例。
	命令: _offset　↙
	当前设置: 删除源 = 否　图层 = 源　OFFSETGAPTYPE = 0
	指定偏移距离或 [通过(T)/删除(E)/图层(L)] <70.0000>:　400
	选择要偏移的对象，或 [退出(E)/放弃(U)] <退出>:
	//选择刚绘制的直线
	指定要偏移的那一侧上的点，或 [退出(E)/多个(M)/放弃(U)] <退出>:
	//方向向下
	⑦ 跳纤图例。
	命令: _offset　↙
	当前设置: 删除源 = 否　图层 = 源　OFFSETGAPTYPE = 0
	指定偏移距离或 [通过(T)/删除(E)/图层(L)] <70.0000>:　400
	选择要偏移的对象，或 [退出(E)/放弃(U)] <退出>:
	//选择刚绘制的直线
	指定要偏移的那一侧上的点，或 [退出(E)/多个(M)/放弃(U)] <退出>:
	//方向向下
	命令: _copy　↙
	选择对象: 找到 7 个
	//选择光缆符号
	选择对象:
	当前设置:　复制模式 = 多个
	指定基点或 [位移(D)/模式(O)] <位移>:
	指定第二个点或 [阵列(A)] <使用第一个点作为位移>:
	//指定到下方合适的位置
	⑧ 图例文字内容输入。
	命令: _copy　↙
	选择对象: 指定对角点: 找到 1 个
	//选择选择附近文字内容

续表十

操作步骤	操 作 过 程

步骤三
辅助说明绘制
	选择对象:
	当前设置:　复制模式 = 多个
	指定基点或 [位移(D)/模式(O)] <位移>:
	指定第二个点或 [阵列(A)] <使用第一个点作为位移>:
	//指定左下角合适的位置
	双击文字内容，将其修改为“图例：”
	利用同样的方法完成“新增设备、原有垂直走线架、原有水平走线架、电源线、保护线、跳纤、接地铜排”等文字内容的输入。
	(2) 线缆表绘制。
	命令: _table　↙
	参数设置(7 列，列宽 50，16 行，行高 220)
	指定插入点:
	双击表格单元格，输入相应的文本内容，然后编辑表格，调整到适合位置。
	(3) 说明文字输入。
	命令: _copy　↙
	选择对象: 指定对角点: 找到 1 个
	//选择附近文字内容
	选择对象:
	当前设置:　复制模式 = 多个
	指定基点或 [位移(D)/模式(O)] <位移>:
	指定第二个点或 [阵列(A)] <使用第一个点作为位移>:
	//指定图例右边合适的位置
	双击文字内容，并将其进行修改，如下所示。
	注意事项：
	① 直流电源线、交流电源线、信号线必须分开布放；
	② 走线架应与机房内钢筋保持绝缘，经过梁、柱时，就近与梁、柱加固；
	③ 室内的走线架及各类金属构件必须接地，各段走线架之间必须采用电气连接；
	④ 架间电缆及布线的两端必须有明显标识，不得错接、漏接，插接部件应牢固，接触良好，架间电缆及布线插接完毕应进行整理，绑扎；
	⑤ 电源线、信号线必须是整条线料，外皮完整，中间严禁有接头和急弯处；
	⑥ 电缆两端出线应整齐一致，预留长度应满足维护要求；
	⑦ 所有进出机房的管道或光电缆在施工完毕后必须用防火胶泥严密封堵。
	绘制结果如图 8-2 所示

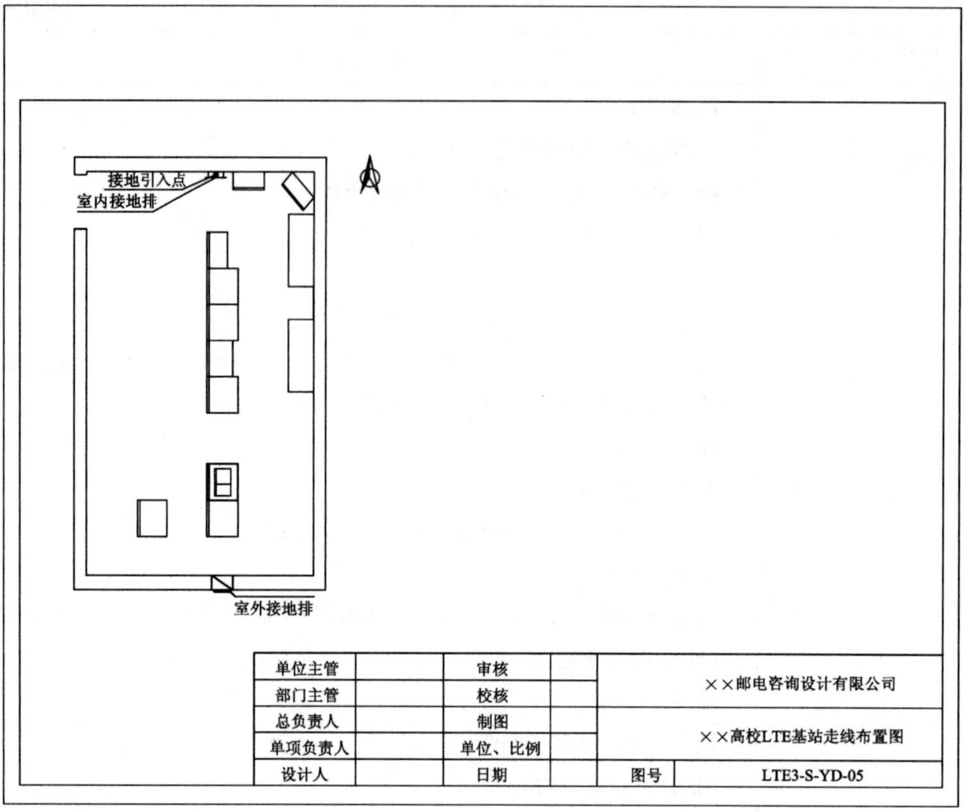

(a) ××高校 LTE 基站走线布置初始图

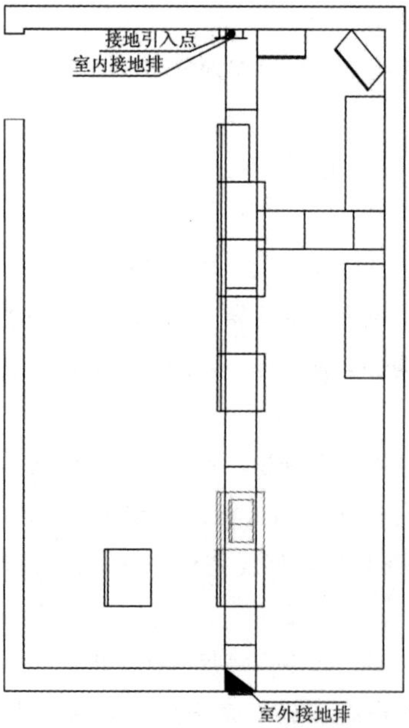

(b) ××高校 LTE 基站走线架图

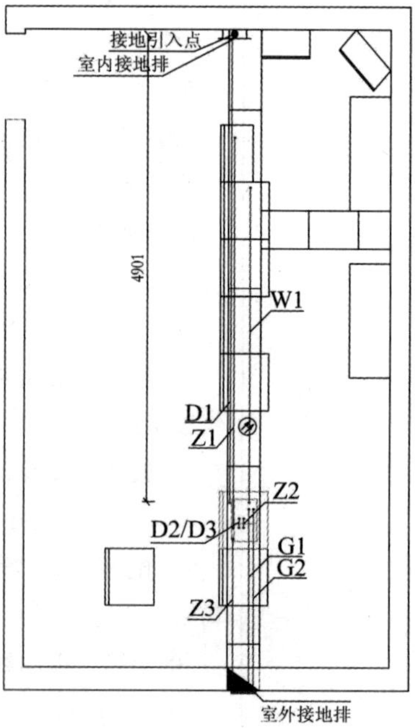

(c) ××高校 LTE 基站线缆图

图 8-4　基站走线布置图

8.4 知识解读

8.4.1 基站设备的安装要求

1. 基站设备的连接关系

基站工程涉及电源、核心网、传输和无线网四个专业，不同专业设备之间的连接关系如图 8-5 所示。

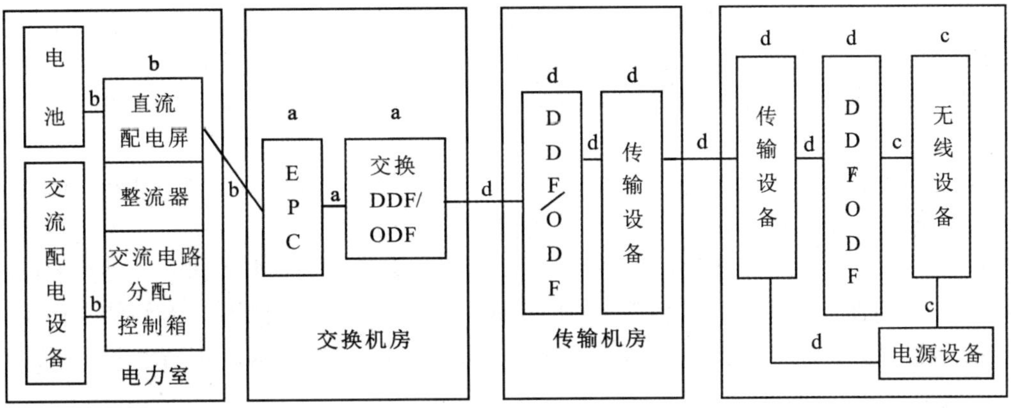

图 8-5　基站各专业设备之间的连接关系

2. 无线设备的安装要求

落地安装的设备机架应在机架底部与地面加固，当计算的螺栓直径大于 12mm 时可在顶部增加支撑连接构件来加固。走线架的吊挂件尽量吊于梁上，墙托架尽量装于梁、柱子上。

设备机架好后的前面应平直整齐、在同一平面，机架水平误差应小于 2mm，垂直误差应小于 3 mm。相邻机架应紧密靠拢，缝隙不超过 3mm(需留有足够维护空间的除外)。

当无线设备室外安装、基站设备室外挂墙、塔桅或落地支架安装时，荷载承重和加固方式应满足土建相关规范要求，安装墙体应为混凝土墙或砖(非空心砖)墙等。设备室外挂墙安装的位置应便于线缆布放及维护操作，设备底部与地面间距应保证进线端线缆的平直和弯曲半径的要求，同时便于施工维护并防止设备被雪埋或雨水浸泡。设备挂墙安装应保证水平/竖直方向偏差均小于 ±1°，设备正面面板的朝向应便于接线及维护。根据设备尺寸大小，设备前向预留空间不宜小于 800 mm，以便维护；周边应根据设备安装规格要求预留散热空间。设备安装件的安装应符合相关设备供应商的安装及固定技术要求，所有配件应紧密固定。室外设备单元挂架应安装在抱杆、铁塔等合理位置上，尽量接近天线下端，减少上跳线的长度。当室外单元与天线同抱杆安装时，应依据设备的大小，中间保持一定的间距，不宜小于 300 mm，以便于施工和维护。室外单元与收发信机和馈线的接口应朝下，接头应连接紧固。各种外部接线端子均应做防水密封处理。

当无线设备安装于室外机柜中时，设备安装方式应保证有足够的安装维护空间和线缆走线方便，多设备单元安装时应注意间隔排布合理。宜采用机柜两侧安装导轨或托板的方式对设备单元进行支撑，应通过螺丝对设备两侧与机柜立柱进行固定。室外机柜内的线缆应沿着机柜内部线槽进行布放并绑扎结实，线缆避免交叉，电源线和信号线应分别从机柜两侧分开布放，避免相互干扰。

3. 天馈线的安装要求

对于安装在楼面的天线，其天馈线走线架、天线杆底座应与楼面牢固固定，天线应用固定卡箍与天线杆固定。安装在铁塔上的天线也应用固定卡箍与天线杆拧紧。室外天线与天线支撑杆的连接应不少于两处。馈线与天线的连接处馈线不宜太紧，接头处宜留有一定的富余量。

天线安装在增高架或铁塔上时，全向天线宜安装在塔顶位置。如果安装在塔身侧面，全向天线离塔体间距应不小于 1 m，定向天线离塔体间距应不小于 0.5 m。天线安装于楼顶上时，抱杆高度应考虑楼面和女儿墙对天线的阻挡，要求安装在女儿墙上的天线下端应高出女儿墙上沿 1 m，抱杆应高于天线顶部 350 mm，天线方位角应避开周围 100 m 以内的高层建筑物、广告牌、高塔和地形地物等的阻挡。

馈线布放时，应注意整齐美观，避免相互交叉。馈线长度应合适，富余的线缆应排列布置整齐。馈线应用馈线卡子固定，水平方向馈线卡子间距应不大于 1.5 m，垂直方向馈线卡子间距应不大于 1 m。当无法用馈线卡子固定时，用扎带将馈线之间相互绑扎。馈线的单次弯曲半径和多次弯曲半径应符合最小弯曲半径及最小反复弯曲半径的要求。馈线的连接头应牢固安装，接触良好，并做防水密封处理。馈线进出口的墙孔应用防水、阻燃的材料进行密封。

8.4.2 基站的设计

机房设计主要包括移动基站设备的设备机架、传输综合柜、供电电源系统以及走线架等的安装设计。下面以电源系统为例介绍蓄电池容量及开关电源的设计方法。

1. 蓄电池容量计算与选型

蓄电池容量的计算公式如下：

$$Q \geqslant \frac{KIT}{\eta[1+\alpha(t-25)]}$$

式中，T 为蓄电池放电时间，一般来说，对于一类市电，蓄电池放电时间为 1 小时，对于二类市电为 2 小时，对于三类市电为 3 小时，对于四类市电为 10 小时；t 为机房的最低环境温度；K 为安全系数，一般取值为 1.25；α 为电池温度系数，当 $\alpha = 0.006$ 时，放电小时率 > 10，当 $\alpha = 0.008$ 时，10 > 放电小时率 > 1，当 $\alpha = 0.01$ 时，放电小时率 < 1；η 为蓄电池的逆变效率，一般取值为 0.75；I 为放电电流，即机房内所有直流设备(包括数据设备、传输设备、无线设备以及其他设备等直流设备)的最大负载电池之和。

【例 8-1】 假设某机房内传输设备为 20 A，数据设备为 60 A，无线设备电流为 40 A，其他设备(不含无线专业设备)为 20 A，采用高频开关电源供电。求该机房内蓄电池的容量。假设 K 取 1.25，放电时间 T 为 3 小时，不计最低环境温度的影响，即假设 $t = 25℃$，蓄电池的逆变效率为 0.75，电池温度系数为 0.006。

分析： 已知 $K = 1.25$，$T = 3$ 小时，$n = 3/4$，$\alpha = 0.006$，$t = 25℃$。

总的放电电流

$$I = 20 + 60 + 40 + 20 = 140\ \text{A}$$

依据计算公式得

$$Q = 1.25 \times 140 \times \frac{3}{0.75} = 700\ \text{A} \cdot \text{h}$$

蓄电池一般分两组安装，此时每组蓄电池的额定容量按照 1/2 计算容量来选择，选择总容量略大于计算容量，即$Q \times \frac{1}{2}$=350 A・h。

根据计算结果可以选用相应型号的设备，因此，应选取两组 SNS-400AH 蓄电池组，两组蓄电池的总容量为 800 A・h，如表 8.3 所示。

表 8.3　蓄电池组型号一览表

序号	系列	组电压/V	排列方式	规格/mm			重量/kg	承重/(kg/m^2)	价格/元	备注
				长/mm	宽/mm	高/mm				
1	SNS-300AH	48 V	双层双列	933	495	1032	530	1322	14 400	
			单层双列	1746	495	412	522	636		
			双层单列	1776	293	1032	535	1105		
2	SNS-400AH	48 V	双层双列	1128	566	1042	734	1350	19 200	
			单层双列	2118	566	422	720	703		
			双层单列	2156	338	1042	741	1720		
3	SNS-500AH	48 V	双层双列	1198	656	1042	835	1421	24 000	
			单层双列	2195	656	422	823	743		
			双层单列	2233	383	1042	839	1285		
4	SNS-600AH	48 V	双层双列	998	990	1032	1060	1170	28 800	
			单层双列	1811	990	412	1044	578		
			双层单列	1841	495	1032	1069	1184		
5	SNS-800AH	48 V	双层双列	1213	970	1162	1496	1607	38 400	
			单层双列	2210	970	432	1470	837		
			双层单列	2248	545	1162	1497	1517		

2. 开关电源容量计算与选型

开关电源整流模块的容量主要依据额定输出电流来选取。其电流 I_k 满足以下条件：

$$I_k \geqslant I + I_c$$

式中，I 为直流设备的最大负荷电流，即放电电流值；I_c 为蓄电池的充电电流，若为 10 小时允冲(蓄电池允许的充电时间)，则对于供电网较好的基站，可取 $I_c = (0.1 \sim 0.15)Q$。

整流模块数目的选择原则为：整流模块数目按照 $n+1$(整流模块数目小于 10)冗余原则确定。当整流模块数目大于 10 时，每 10 只要备用一只。整流模块数目 n 的计算如下：

$$n \geqslant \frac{I_k}{I_{me}}$$

式中，I_{me} 为每个整流模块的额定输出电流。

【例 8-2】 假设机房直流电压均为 −48 V，近期各专业负荷如下：传输设备为 20 A，数据设备为 60 A，无线设计为 40 A、其他设备(不含无线专业)设备为 20 A。采用高频开关电源供电。假设 K 取 1.25，放电时间 T 为 3 小时，不计最低环境温度的影响，即假设 $t = 25℃$，蓄电池的逆变效率 η 为 0.75，电池温度系数 $\alpha = 0.006$。结合例题 8-1 计算出的蓄电池容量，蓄电池按照 10 小时充放电率考虑，计算开关电源配置容量并选择型号。

分析：根据计算公式 $I_k \geqslant I + I_c$，则

$$I = 20 + 60 + 40 + 20 = 140 \text{ A}$$

由题意知：I_c 为 10 小时允冲电流，则

$$I_c = 800 \text{ A} \cdot \text{h} \times 0.15 = 120 \text{ A}$$

即 $I_k = 260$ A，$n \geqslant \frac{I_k}{I_{me}} = \frac{260}{30} \approx 9$。

依据整流模块选用原则，整流模块数目应取 10 个，查看表 8.4 可知，所选用设备型号为 PS48300-1B/30-300A。

表 8.4　开关电源设备型号一览表

序号	产品型号	单位	模块数量	规格尺寸[高 × 宽 × 深 (mm × mm × mm)]	荷载 /(kg/m^2)
1	PS48300-1B/30-180A	架	6	2000 × 600 × 600	435
2	PS48300-1B/30-210A	架	7	2000 × 600 × 600	442
3	PS48300-1B/30-240A	架	8	2000 × 600 × 600	458
4	PS48300-1B/30-270A	架	9	2000 × 600 × 600	465
5	PS48300-1B/30-300A	架	10	2000 × 600 × 600	480
6	PS48600-2B/50-400A	架	8	2000 × 600 × 600	520

8.4.3　基站工程图例

无线通信设备安装工程常用图例如表 8.5 所示。

表 8.5　无线通信设备安装工程常用图例

序号	图形符号	说　　明
1	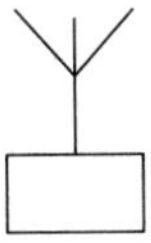	无线通信局站的一般符号 可在天线符号旁加注以下文字符号，表示不同类型的无线电台： UHF—特高频无线电台站；VHF—甚高频无线电台；NMC—网管中心； OMC—维护中心；RC—修理中心；SC—软件中心；ES—选调站
2		移动通信局站，移动通信交换局。 方框内换为 BS，则表示基站
3	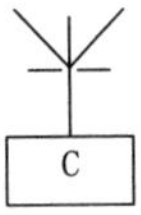	一点多址中心站
4		一点多址中继站
5	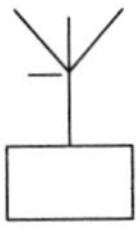	一点多址选调站
6	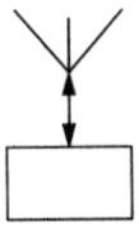	无线电收发信电台 (在同一天线上可以实现同时发射和接收)
7	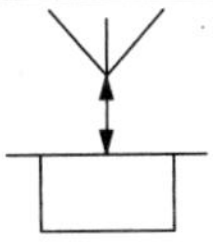	便携式电台 (在同一天线上可以实现交替发射和接收)
8		移动电话手持机
9	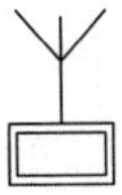	无线电控制台
10	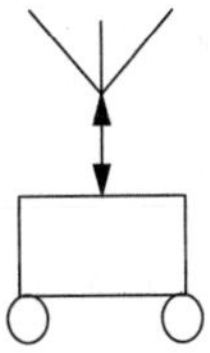	可移动的无线电台 (在同一天线上实现交替发射和接收)

机房设施常用图例如表 8.6 所示。

表 8.6　机房设施常用图例

序号	图形符号	说　明
1	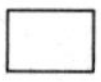	屏、盘、架的一般符号
2		列架的一般符号
3		
4	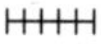	带机墩的机架及列架
5		双面列架
6	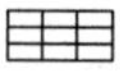	总配线架
7	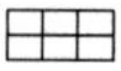	一般配线架符号 可在图中标注符号来具体表示：DDF—数字配线架； ODF—光纤配线架；VDF—单频配线架；IDF—中间配线架
8		走线架、电缆走道
9		电缆槽道(架顶)
10		走线槽(地面)(实线表示明槽，虚线表示暗槽)
11		暗槽(长横线为虚线)

8.4.4　基站工程图的绘制要求

(1) 根据提供的资料确定机房是原有还是新建。

(2) 图纸的字高、标注、线宽应统一，图纸总体要清晰美观。

(3) 画平面图时应先画出机房的总体结构(如墙壁、门、窗等并标注尺寸，墙壁厚度规定为 240 mm 或 300 mm，本案例中墙壁厚度为 240 mm)。

(4) 平面图中必须标有“××层机房”的字样。

(5) 画出机房内设备的尺寸大小及位置，利旧综合配线架要画出它的位置并进行标注，如需新增综合配线架(ODF 架)，要了解新增给定配线架的尺寸，并标注安装位置。

(6) 在图中主设备上必须加尺寸标注(即某点到墙的距离)，使主设备能够准确定位。

(7) 平面图中必须有指北针、图例、技术说明，用以说明本次工程情况，配套设备的位置，机房楼层及梁下净高等。

(8) 机房平面图中必须加设备配置表。

(9) 图中如有馈孔，要将馈孔加进去。

(10) 画出机房走线放置的位置并标明尺寸大小。

(11) 画出从线缆进洞至综合配线架之间光(电)缆的走向。

(12) 主图外要有标准图衔，并根据要求在图衔中填写单位、比例、设计阶段、图名、图号等。

拓展案例

任务 4 拓展案例××校区内的实训楼 2 的 1 楼 B 机房 LTE 扩容设备勘察草图如图 8-6 所示，请根据通信工程制图标准绘制出能指导工人施工的 B 机房设备扩容图纸。已知新增综合柜 5 放置在原有联通机柜 8 的边上，BBU 及 DCDU 安装在综合柜 5 中。

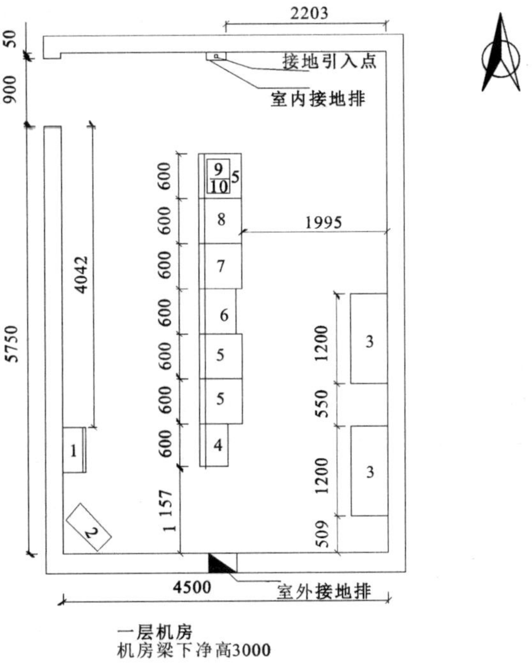

设备配置表

序号	设备名称	设备尺寸［高×宽×深(mm×mm×mm)］	单位	数量	备注
1	交流配电箱	800×600×300	台	1	铁塔提供
2	空调室内机	1800×600×300	台	1	铁塔提供
3	蓄电池(500A·h)	400×1200×500	架	2	铁塔提供、单层双列
4	综合开关电源	1600×600×400	架	1	铁塔提供
5	综合柜	1800×600×600	架	3	铁塔提供，新增1架
6	华为机柜	600×600×500	架	1	铁塔提供
7	电信机柜	1800×600×600	架	1	铁塔提供
8	联通机柜	1800×600×600	架	1	铁塔提供
9	BBU3910		台	1	新增设备
10	DCDU-03B		台	1	新增设备

图 8-6　B 机房 LTE 扩容设备勘察草图

课 后 习 题

1. 单项选择题

(1) 下面图纸无比例要求的是(　　)。

A. 建筑平面图　　B. 系统框图　　C. 设备加固图　　D. 平面布置图

(2) 绘制建筑平面图时，采用的绘图单位是(　　)。

A. mm　　B. cm　　C. m　　D. km

(3) 在绘图过程中，当所要表述的含义不便于用图例完全清楚表达时，可在图中加入(　　)来进一步加以说明。

A. 图例　　B. 指北针　　C. 数字　　D. 技术说明

2. 填空题

(1) 基站工程涉及电源、核心网、传输和____________四个专业。

(2) 安装好后设备机架的前面应平直整齐、在同一平面，机架水平误差应小于__________，垂直误差应小于3mm。

(3) 根据设备尺寸大小，设备前向预留一定空间，宜不小于__________ mm，以便于维护。

(4) 馈线布放时，应整齐美观，避免相互__________。

(5) 馈线应用馈线卡子固定，水平方向馈线卡子间距应不大于__________m，垂直方向馈线卡子间距应不大于1m。

(6) 整流模块数选择原则：当整流模块数目小于10时，整流模块数目按照$n+1$的冗余原则确定。当整流模块数目大于10时，每__________要备用一只。

(7) 机房墙壁厚度规定一般为240mm或__________mm。

3. 简答题

(1) 写出蓄电池容量的计算公式。

(2) 写出开关电源容量的计算公式。

(3) 简述机房设施常用图例有哪些。

(4) 基站工程图绘制要求有哪些？

(5) 机房平面图中的设备配置表应包含哪些内容？

(6) 在绘制机房平面图时，如何用图形符号表示出设备的正面摆放位置？

(7) 在绘制机房平面图时，如何用图形符号来区分新建设备、原有设备、规划预留设备？

项目三

通信工程概预算编制

项目介绍

江苏省××市联通公司在审核过××设计咨询有限公司项目二的工程图纸后，准备实施该项目。需要为后期施工做准备，要求××设计咨询有限公司将项目二的各单项工程预算统计出来，便于编制该项目的标的，进行工程招标，落实该项目的工作计划。

于是××设计咨询有限公司项目经理小王根据预算的编制方法，将该项目细分为架空线路单项工程、直埋线路单项工程、管道工程及管道线路单项工程、基站设备安装单项工程。安排项目组预算编制人员依据××市联通公司给定的已知条件及工信部〔2016〕451号概预算定额进行架空线路工程预算编制、直埋线路工程预算编制、管道工程及管道线路工程预算编制、基站设备安装扩容工程预算编制，并编制该建设项目的总预算。

任务 9　架空线路工程预算编制

9.1　任务描述

为了将项目二中任务五的架空线路工程造价统计出来，小王要求项目组的小张在一周内完成××高校校园架空线路工程预算的编制。已知条件如下所示。

(1) 任务 5 的××高校校园架空线路工程图(图 5-3)。

(2) 本工程施工企业距离施工现场为 200 km。

(3) 本工程勘察设计费(除税价)为 1000 元，监理费(除税价)为 500 元。

(4) 本工程预算内施工用水、电、蒸汽费按 200 元计取，不计工程干扰费、已完工程及设备保护费、运土费、工程排污费、建设用地及综合赔补费、项目建设管理费、可行性研究费、研究试验费、环境影响评价费、工程保险费、工程招标代理费、其他费用、生产准备及开办费、建设期利息。

本工程使用的主要材料均由建筑服务方提供，材料平均运距均按 200 km 计算，材料单价如表 9.1 所示。

表 9.1　主材单价表

序号	类别	名称	规格	单位	主材单价/元	增值税税率
1	光缆	架空光缆	36 芯	m	5.90	13%
2	塑料及塑料制品	保护软管		m	7.30	13%
3	水泥及水泥构件	水泥电杆	梢径 13～17 cm	根	260.00	13%
4		水泥	32.5	kg	0.40	13%
5		水泥拉线盘		套	55.00	13%
6		水泥底盘		块	110.00	13%
7	其他	镀锌钢绞线	7/2.2	kg	10.20	13%
8		镀锌钢绞线	7/2.6	kg	12.60	13%
9		镀锌铁线	ϕ1.5	kg	6.50	13%
10		镀锌铁线	ϕ3.0	kg	7.00	13%
11		镀锌铁线	ϕ4.0	kg	7.50	13%
12		地锚铁柄		套	22.00	13%
13		拉线衬环		个	1.80	13%
14		拉线抱箍		套	15.80	13%

续表

序号	类别	名称	规格	单位	主材单价/元	增值税税率
15	其他	吊线箍		套	17.00	13%
16		镀锌穿钉	长 50 mm	副	1.50	13%
17		镀锌穿钉	长 100 mm	副	2.00	13%
18		三眼双槽夹板		副	14.00	13%
19		三眼单槽夹板		副	10.80	13%
20		茶托拉板		块	2.20	13%
21		电缆挂钩		只	0.66	13%
22		光缆标识牌		个	2.00	13%

9.2 任务分析

为了完成××高校校园内架空线路工程预算的编制，小张首先要完成预算表的填写，再完成预算编制说明的撰写。

预算表的填写首先对任务五的架空线路工程图纸进行全面检查，包括要素是否完整，标注是否有误，技术说明是否表达清晰，有无本工程的工程量表，并收集工信部通信〔2016〕451 号概预算定额及勘察设计合同的相关信息；然后根据任务五的图纸进行工程量统计，套用《通信建设工程预算定额　第四册　通信线路工程》完成工程量预算表的填写；再查机械、仪表台班单价、主材单价完成机械使用费表、仪器仪表使用费表、主要材料表的填写；之后依据费用定额查费率完成建筑安装工程费表、工程建设其他费表的填写，之后进行单项工程费用总表的填写；最后，重新复核检查预算表的正确性。

编制说明从工程概况，编制依据及算法说明，工程技术经济指标分析，其他需要说明的问题四个方面进行撰写。

9.3 任务实施

本工程预算编制操作过程如下所述。

1. 列写工作量

仔细阅读图纸，列出图 5-3 中所有的工程量，注意工程地点在城区。

(1) 架空式光缆施工测量：

长度 =40 m+40 m+38 m+62 m+40 m+70 m+40 m+40 m+36 m=406 m

(2) 光缆单盘检测：本工程光缆为 36 芯。

(3) 城区立杆：本工程新建电杆 P3～P10，共 8 根。

(4) 电杆根部加固：P4 和 P5 两根电杆进行底盘加固保护。

(5) 城区安装拉线：P4、P5、P6、P7、P10 均安装拉线，共 6 条 7/2.6 拉线。

(6) 城区架设吊线：

长度= 40 m + 40 m + 38 m + 62 m + 40 m + 70 m + 40 m + 40 m + 36 m = 406 m

(7) 架设辅助吊线：P6 和 P7 之间需要架设辅助吊线 1 条。

(8) 城区架设架空光缆：

长度 = 40 m + 40 m +38 m + 62 m + 40 m + 70 m + 40 m + 40 m + 36 m = 406 m

(9) 中继段测试：40 km 以下 1 个中继段测试。

2. 填写预算表

套用《通信建设工程预算定额　第四册　通信线路工程》完成表 9.2。

表 9.2　建筑安装工程工程量预算表(表三甲)

工程名称：××架空光缆线路工程　建设单位名称：××联通公司　表格编号：TXL-3　甲　第　全　页

序号	定额编号	项目名称	单位	数量	单位定额值/工日		合计值/工日	
					技工	普工	技工	普工
1	TXL1-002	架空光缆工程施工测量	百米	4.06	0.46	0.12	1.87	0.49
2	TXL1-006	光缆单盘检验	芯盘	36	0.02	0	0.72	0.00
3	TXL3-001	城区立 9 m 以下水泥杆(综合土)	根	8	0.676	0.728	5.41	5.82
4	TXL3-054	城区采用水泥杆夹板法装 7/2.6 单股拉线(综合土)	条	6	1.092	0.78	6.55	4.68
5	TXL3-039	电杆根部加固(底盘)	块	2	0.1	0.25	0.20	0.50
6	TXL3-171	城区水泥杆架设 7/2.2 吊线	千米/条	0.406	4.5	4.9	1.83	1.99
7	TXL3-180	架设 100 m 以下辅助吊线	条挡	1	1	1	1.00	1.00
8	TXL3-192	城区挂钩法架设架空光缆	千米/条	0.406	8.68	6.86	3.52	2.79
9	TXL6-073	40 km 以下光缆中继段测试	个	1	2.58	0	2.58	0.00
小计							23.68	17.27
系数调整后合计(小计 × 1.15)							27.23	19.86

设计负责人：×××　　审核：×××　　编制：××××　　编制日期：××××年××月

3. 填写机械使用费预算表和仪器使用费预算表

依据表 9.2，查机械、仪表台班单价定额完成表 9.3、表 9.4。

表 9.3　建筑安装工程机械使用费预算表(表三乙)

工程名称：××架空光缆线路工程　建设单位名称：××联通公司　表格编号：TX-3　乙　第　全　页

序号	定额编号	项目名称	单位	数量	机械名称	单位定额值		合计值/工日	
						数量/台班	单价/元	数量/台班	合价/元
1	TXL3-001	立 9 m 以下水泥杆(综合土)	根	8	汽车式起重机(5 t)	0.04	516	0.32	165.12
合计									165.12

设计负责人：×××　　审核：×××　　编制：××××　　编制日期：××××年××月

表 9.4　建筑安装工程仪器仪表使用费预算表(表三丙)

工程名称：××架空光缆线路工程　　建设单位名称：××联通公司　　TXL-3　丙　　第　全　页

序号	定额编号	项目名称	单位	数量	仪表名称	单位定额值		合计值(工日)	
						数量(台班)	单价(元)	数量(台班)	合价(元)
1	TXL1-002	架空光缆工程施工测量	百米	4.06	激光测距仪	0.05	119	0.20	24.16
2	TXL1-006	光缆单盘检验	芯盘	36	光时域反射仪	0.05	153	1.80	275.40
3	TXL1-006	光缆单盘检验	芯盘	36	偏振模色散测试仪	0.05	455	1.80	819.00
4	TXL6-073	40 km 以下光缆中继段测试	中继段	1	光时域反射仪	0.42	153	0.42	64.26
5	TXL6-073	40 km 以下光缆中继段测试	中继段	1	稳定光源	0.42	117	0.42	49.14
6	TXL6-073	40 km 以下光缆中继段测试	中继段	1	光功率计	0.42	116	0.42	48.72
7	TXL6-073	40 km 以下光缆中继段测试	中继段	1	偏振模色散测试仪	0.42	455	0.42	191.10
合计									1471.78

设计负责人：×××　　审核：×××　　编制：××××　　编制日期：××××年××月

4. 依据主材单价表进行主材使用量表的填写

1) 列写主材使用量表

根据表 9.2 找到每个定额下面的主材使用量，结果如表 9.5 所示。

表 9.5　主材使用量表

序号	定额编号	项目名称	单位	数量	主材名称	规格型号	单位	单位定额值	使用量
1	TXL3-001	立 9 m 以下水泥杆(综合土)	根	8	水泥电杆	梢径 13～17cm	根	1.01	8.08
2	TXL3-001	立 9 m 以下水泥杆(综合土)	根	8	水泥	32.5	kg	0.2	1.60
3	TXL3-054	水泥杆夹板法装 7/2.6 单股拉线(综合土)	条	6	镀锌钢绞线	7/2.6	kg	3.8	22.80
4	TXL3-054	水泥杆夹板法装 7/2.6 单股拉线(综合土)	条	6	镀锌铁线	ϕ1.5	kg	0.04	0.24
5	TXL3-054	水泥杆夹板法装 7/2.6 单股拉线(综合土)	条	6	镀锌铁线	ϕ3.0	kg	0.55	3.30
6	TXL3-054	水泥杆夹板法装 7/2.6 单股拉线(综合土)	条	6	镀锌铁线	ϕ4.0	kg	0.22	1.32
7	TXL3-054	水泥杆夹板法装 7/2.6 单股拉线(综合土)	条	6	地锚铁柄		套	1.01	6.06
8	TXL3-054	水泥杆夹板法装 7/2.6 单股拉线(综合土)	条	6	水泥拉线盘		套	1.01	6.06
9	TXL3-054	水泥杆夹板法装 7/2.6 单股拉线(综合土)	条	6	三眼双槽夹板		副	2.02	12.12

续表一

序号	定额编号	项目名称	单位	数量	主材名称	规格型号	单位	单位定额值	使用量
10	TXL3-054	水泥杆夹板法装 7/2.6 单股拉线(综合土)	条	6	拉线衬环		个	2.02	12.12
11	TXL3-054	水泥杆夹板法装 7/2.6 单股拉线(综合土)	条	6	拉线抱箍		套	1.01	6.06
12	TXL3-039	电杆根部加固(底盘)	块	2	水泥底盘		块	1.01	2.02
13	TXL3-171	水泥杆架设 7/2.2 吊线(城区)	千米/条	0.406	镀锌钢绞线	7/2.2	kg	221.27	89.84
14	TXL3-171	水泥杆架设 7/2.3 吊线(城区)	千米/条	0.406	镀锌穿钉	长 50 mm	副	28.28	11.48
15	TXL3-171	水泥杆架设 7/2.4 吊线(城区)	千米/条	0.406	镀锌穿钉	长 100 mm	副	1.01	0.41
16	TXL3-171	水泥杆架设 7/2.5 吊线(城区)	千米/条	0.406	吊线箍		套	28.28	11.48
17	TXL3-171	水泥杆架设 7/2.6 吊线(城区)	千米/条	0.406	三眼单槽夹板		副	28.28	11.48
18	TXL3-171	水泥杆架设 7/2.7 吊线(城区)	千米/条	0.406	镀锌铁线	ϕ4.0	kg	2	0.81
19	TXL3-171	水泥杆架设 7/2.8 吊线(城区)	千米/条	0.406	镀锌铁线	ϕ3.0	kg	1	0.41
20	TXL3-171	水泥杆架设 7/2.9 吊线(城区)	千米/条	0.406	镀锌铁线	ϕ1.5	kg	0.1	0.04
21	TXL3-171	水泥杆架设 7/2.10 吊线(城区)	千米/条	0.406	拉线抱箍		套	4.04	1.64
22	TXL3-171	水泥杆架设 7/2.11 吊线(城区)	千米/条	0.406	拉线衬环		个	8.08	3.28
23	TXL3-180	架设 100 m 以下辅助吊线	条/挡	1	镀锌穿钉	长 50 mm	副	4.04	4.04
24	TXL3-180	架设 100 m 以下辅助吊线	条/挡	1	吊线箍		套	2.02	2.02
25	TXL3-180	架设 100 m 以下辅助吊线	条/挡	1	镀锌铁线	ϕ3.0	kg	0.6	0.60
26	TXL3-180	架设 100 m 以下辅助吊线	条/挡	1	镀锌铁线	ϕ1.5	kg	0.3	0.30
27	TXL3-180	架设 100 m 以下辅助吊线	条/挡	1	拉线衬环		个	2.02	2.02

续表二

序号	定额编号	项目名称	单位	数量	主材名称	规格型号	单位	单位定额值	使用量
28	TXL3-180	架设 100 m 以下辅助吊线	条/挡	1	镀锌钢绞线	7/2.2	kg	22.127	22.13
29	TXL3-180	架设 100 m 以下辅助吊线	条/挡	1	三眼单槽夹板		副	2	2.00
30	TXL3-180	架设 100 m 以下辅助吊线	条/挡	1	茶托拉板		块	2	2.00
31	TXL3-192	城区挂钩法架设架空光缆	千米/条	0.406	架空光缆		m	1007	408.84
32	TXL3-192	城区挂钩法架设架空光缆	千米/条	0.406	电缆挂钩		只	2060	836.36
33	TXL3-192	城区挂钩法架设架空光缆	千米/条	0.406	保护软管		m	25	10.15
34	TXL3-192	城区挂钩法架设架空光缆	千米/条	0.406	镀锌铁线	ϕ1.5	kg	1.02	0.41
35	TXL3-192	城区挂钩法架设架空光缆	千米/条	0.406	光缆标识牌		个	10	4.06

2) 对主材进行分类汇总

对材料进行分类汇总(光缆、电缆、塑料及塑料制品、木材及木制品、水泥及水泥构件和其他)，并将相同材料的使用数量进行合并计算，如表 9.6 所示。

表 9.6　主材分类汇总表

序号	类别	主材名称	规格型号	单位	使用量
1	光缆	架空光缆		m	408.84
2	塑料及塑料制品	保护软管		m	10.15
3	水泥及水泥构件	水泥电杆	梢径 13～17 cm	根	8.08
4		水泥	32.5	kg	1.60
5		水泥拉线盘		套	6.06
6		水泥底盘		块	2.02
7	其他	镀锌钢绞线	7/2.2	kg	111.96
8		镀锌钢绞线	7/2.6	kg	22.80
9		镀锌铁线	ϕ1.5	kg	0.72
10		镀锌铁线	ϕ3.0	kg	4.31
11		镀锌铁线	ϕ4.0	kg	2.13
12		地锚铁柄		套	6.06
13		拉线衬环		个	17.42

续表

序号	类别	主材名称	规格型号	单位	使用量
14	其他	拉线抱箍		套	7.70
15		吊线箍		套	13.50
16		镀锌穿钉	长 50 mm	副	15.52
17		镀锌穿钉	长 100 mm	副	0.41
18		三眼双槽夹板		副	12.12
19		三眼单槽夹板		副	13.48
20		茶托拉板		块	2.00
21		电缆挂钩		只	836.36
22		光缆标识牌		个	4.06

3) 填写主要材料表

根据工程类型、国内配套主材的运距为 200km 等，查找运杂费、运输保险费、采购保管费的费率，完成表 9.7。

表 9.7　主要材料表(表四甲)

工程名称：××架空光缆线路工程　建设单位名称：××联通公司　表格编号：TXL-4　甲　第　全　页

序号	器材名称	规格程式	单位	数量	单价/元	合计/元			备注
					除税价	除税价	增值税	含税价	
1	架空光缆	36 芯	m	408.84	5.90	2412.16	313.58	2725.74	
光缆小计 1						2412.16	313.58	2725.74	
运杂费(小计 1 × 1.5%)						36.18	4.70	40.89	
运输保险费(小计 1 × 0.1%)						2.41	0.31	2.73	
采购保管费(小计 1 × 1.1%)						26.53	3.45	29.98	
光缆类合计 1						2477.28	322.05	2799.33	
2	保护软管		m	10.15	7.30	74.10	9.63	83.73	
塑料及塑料制品小计 2						74.10	9.63	83.73	
运杂费(小计 2 × 4.8%)						3.56	0.46	4.02	
运输保险费(小计 2 × 0.1%)						0.07	0.01	0.08	
采购保管费(小计 2 × 1.1%)						0.82	0.11	0.92	
塑料及塑料制品合计 2						78.54	10.21	88.75	
3	水泥电杆	梢径 13～17 cm	根	8.08	260.00	2100.80	273.10	2373.90	
4	水泥	32.5	kg	1.60	0.40	0.64	0.08	0.72	
5	水泥拉线盘		套	6.06	55.00	333.30	43.33	376.63	
6	水泥底盘		块	2.02	110.00	222.20	28.89	251.09	

续表

序号	器材名称	规格程式	单位	数量	单价/元	合计/元			备注
					除税价	除税价	增值税	含税价	
水泥及水泥构件小计 3						2656.94	345.40	2751.26	
运杂费(小计 3 × 20%)						531.39	69.08	600.47	
运输保险费(小计 3 × 0.1%)						2.66	0.35	3.00	
采购保管费(小计 3 × 1.1%)						29.23	3.80	33.03	
水泥及水泥构件合计 3						3220.21	418.63	3638.84	
7	镀锌钢绞线	7/2.2	kg	111.96	10.20	1141.99	148.46	1290.45	
8	镀锌钢绞线	7/2.6	kg	22.80	12.60	287.28	37.35	324.63	
9	镀锌铁线	ϕ1.5	kg	0.72	6.50	6.44	0.84	7.27	
10	镀锌铁线	ϕ3.0	kg	4.31	7.00	30.17	3.92	34.09	
11	镀锌铁线	ϕ4.0	kg	2.13	7.50	15.98	2.08	18.05	
12	地锚铁柄		套	6.06	22.00	133.32	17.33	150.65	
13	拉线衬环		个	17.42	1.80	31.36	4.08	35.43	
14	拉线抱箍		套	7.70	15.80	121.66	15.82	137.48	
15	吊线箍		套	13.50	17.00	229.50	29.84	259.34	
16	镀锌穿钉	长 50 mm	副	15.52	1.50	23.28	3.03	26.31	
17	镀锌穿钉	长 100 mm	副	0.41	2.00	0.82	0.11	0.93	
18	三眼双槽夹板		副	12.12	14.00	169.68	22.06	191.74	
19	三眼单槽夹板		副	13.48	10.80	145.58	18.93	164.51	
20	茶托拉板		块	2.00	2.20	4.40	0.57	4.97	
21	电缆挂钩		只	836.36	0.66	552.00	71.76	623.76	
22	光缆标识牌		个	4.06	2.00	8.12	1.06	9.18	
其他类小计 4						2901.57	377.20	3278.78	
运杂费(小计 4 × 4%)						116.06	15.09	131.15	
运输保险费(小计 4 × 0.1%)						2.90	0.38	3.28	
采购保管费(小计 4 × 1.1%)						31.92	4.15	36.07	
其他类合计 4						3050.01	396.58	3447.19	
总计(合计 1 + 合计 2 + 合计 3 + 合计 4)						8826.24	1147.46	9974.11	

设计负责人：××× 审核：××× 编制：×××× 编制日期：××××年××月

5. 填写建筑安装工程费表和工程建设其他费表

依据费用定额及给定的条件查费率完成表 9.8 和表 9.9 的填写。

(1) 填写预算表 9.8 时，需要按照已知的工程建设条件，确定每项费用的费率，同时注意费用定额中标注的特殊情况等。已知施工企业驻地距施工现场 200 km，所以临时设施费费率为 5%；工程所在地位江苏省非特殊地区，所以不计取特殊地区施工增加费；本工程为建设方提供主材，所以无甲方提供材料，销项税额=建筑安装工程费(除税价)×9%。

(2) 填写预算表 9.9 时，本工程勘察设计费(除税价)为 1000 元；勘察设计费的增值税=1000×6%=60 元。本工程监理费(除税价)为 500 元；勘察设计费的增值税=500×6%=30 元。安全生产费(除税价)=建筑安装工程费(除税价)×1.5%=319.21 元；安全生产费的增值税=319.21×9%=28.73 元。

表 9.8　建筑安装工程费表(表二)

工程名称：××架空光缆线路工程　建设单位名称：××联通公司　表格编号：TXL-2　第　全　页

序号	费用名称	依据和计算方法	合计/元	序号	费用名称	依据和计算方法	合计/元
	建安工程费(含税价)	一＋二＋三＋四	23 195.87	7	夜间施工增加费	人工费×2.5%	107.89
	建安工程费(除税价)	一＋二＋三	21 280.61	8	冬雨季施工增加费	人工费×1.8%	77.68
一	直接费	(一)＋(二)	17 781.20	9	生产工具用具使用费	人工费×1.5%	64.73
(一)	直接工程费	1＋2＋3＋4	14 805.49	10	施工用水电蒸汽费	已知条件	200.00
1	人工费	(–1)＋(–2)	4315.47	11	特殊地区施工增加费	不计	0.00
–1	技工费	技工总工日×114 元/工日	3104.27	12	已完工程及设备保护费	不计	0.00
–2	普工费	普工总工日×61 元/工日	1211.19	13	运土费	不计	0.00
2	材料费	(–1)＋(–2)	8853.12	14	施工队伍调遣费	174×5×2	1740.00
–1	主要材料费	来自表 9.7	8826.64	15	大型施工机械调遣费	不计	0.00
–2	辅助材料费	主要材料费×0.3%	26.48	二	间接费	(一)＋(二)	2636.32
3	机械使用费	来自表 9.3	165.12	(一)	规费	1+2＋3＋4	1453.88
4	仪表使用费	来自表 9.4	1471.78	1	工程排污费	不计	0.00
(二)	措施费	1＋2＋…＋15	2975.71	2	社会保障费	人工费×28.5%	1229.91
1	文明施工费	人工费×1.5%	64.73	3	住房公积金	人工费×4.19%	180.82
2	工地器材搬运费	人工费×3.4%	146.73	4	危险作业意外伤害保险费	人工费×1%	43.15
3	工程干扰费	不计	0.00	(二)	企业管理费	人工费×27.4%	1182.44
4	工程点交、场地清理费	人工费×3.3%	142.41	三	利润	人工费×20%	863.09
5	临时设施费	人工费×5%	215.77	四	销项税额	建安费×9%	1915.26
6	工程车辆使用费	人工费×5%	215.77				

设计负责人：×××　审核：×××　编制：××××　编制日期：××××年××月

表 9.9　工程建设其他费表(表五甲)

工程名称：××架空光缆线路工程

建设单位名称：××联通公司　　　　表格编号：TXL-5　甲　第　全　页

序号	费 用 名 称	计算依据及方法	金 额 /元			备注
			除税价	增值税	含税价	
1	建设用地及综合赔补费	不计	0.00	0.00	0	
2	项目建设管理费	不计	0.00	0.00	0	
3	可行性研究费	不计	0.00	0.00	0	
4	研究试验费	不计	0.00	0.00	0	
5	勘察设计费	已知条件	1000.00	60.00	1060.00	
6	环境影响评价费	不计	0.00	0.00	0.00	
7	建设工程监理费	已知条件	500.00	30.00	530.00	
8	安全生产费	建安费(除税价) × 1.5%	319.21	28.73	347.94	
9	引进技术及进口设备其他费	不计	0.00	0.00	0.00	
10	工程保险费	不计	0.00	0.00	0.00	
11	工程招标代理费	不计	0.00	0.00	0.00	
12	专利及专利技术使用费	不计	0.00	0.00	0.00	
13	其他费用	不计	0.00	0.00	0.00	
	总计		1819.21	118.73	1937.94	
14	生产准备及开办费 (运营费)	不计				

设计负责人：×××　　审核：×××　　编制：××××　　编制日期：××××年××月

6. 填写单项工程费用总表

单项工程费用总表中建筑安装工程费来自表 9.8，工程建设其他费来自表 9.9。因为本工程是一阶段设计，因此需要计取预备费，预备费的费率为 4%。结果如表 9.10 所示。

7. 编写本工程预算的编制说明

1) 工程概况

本设计为××架空线路单项工程一阶段设计，架空线路长度 406 m，预算总价为 26 177.92 元。

2) 编制依据及有关费用费率的计取

(1) 工信部通信〔2016〕451 号《工业和信息化部关于印发信息通信建设工程预算定额、工程费用定额及工程概预算编制规程的通知》。

(2) 《通信建设工程预算定额　第四册　通信线路工程》。

(3) 本工程勘察设计费(除税价)为 1000 元，监理费(除税价)为 500 元，预算内施工用水、电、蒸汽费按 200 元计取，不计工程干扰费、已完工程及设备保护费、运土费、工程排污费、建设用地及综合赔补费、项目建设管理费、可行性研究费、研究试验费、环境影响评价费、工程保险费、工程招标代理费、其他费用、生产准备及开办费、建设期利息。

表 9.10　单项工程费用总表(表一)

建设项目名称：××高校校园光缆 A 基站光缆接入

项目名称：××架空光缆线路工程　　建设单位名称：××联通公司　　表格编号：TXL-1　　第　全　页

序号	表格编号	费用名称	小型建筑工程费	需要安装的设备费/元	不需要安装的设备、工器具费/元	建筑安装工程费/元	其他费用/元	预备费/元	总价值/元			
									除税价	增值税	含税价	其中外币
1	TXL-2	建筑安装工程费				21 280.61			21 280.61	1915.26	23 195.87	
2	TXL-5 甲	工程建设其他费					1819.21		1819.21	118.73	1937.94	
合计									23 099.82	2033.98	25 133.81	
3		预备费						923.99	923.99	120.12	1044.11	
4		建设期利息										
总计									24 023.8	2154.10	26 177.92	
其中回收费用												

设计负责人：×××　　审核：×××　　编制：××××　　编制日期：××××年××月

3) 工程技术经济指标分析

本工程总投资为 26 177.92 元，其中建筑安装工程费为 23 195.87 元，工程建设其他费为 1937.94 元，预备费为 1044.11 元。各部分费用所占比例如表 9.11 所示。

表 9.11　工程技术经济指标分析表

工程项目名称：××架空光缆线路工程				
序　号	项　目	单　位	经济指标分析	
			数　量	指　标/%
1	工程总投资(预算)	元	26 177.92	100.00
	其中：需要安装的设备	元	0.00	0.00
	建筑安装工程费	元	23 195.87	88.61
	预备费	元	1044.11	3.99
	工程建设其他费	元	1937.94	7.40
2	光缆总皮长	公里	0.41	
3	折合纤芯千米	纤芯公里	14.62	
4	皮长造价	元/公里	64 477.63	
5	单位工程造价	元/纤芯公里	1791.05	

4) 其他需要说明的问题

本工程无其他需要说明的问题。

9.4 知识解读

9.4.1 信息通信工程费用的构成

信息通信建设工程项目总费用由若干个单项工程项目总费用构成。各单项工程项目总费用由工程费、工程建设其他费、预备费、建设期利息四部分构成，如图 9-1 所示。

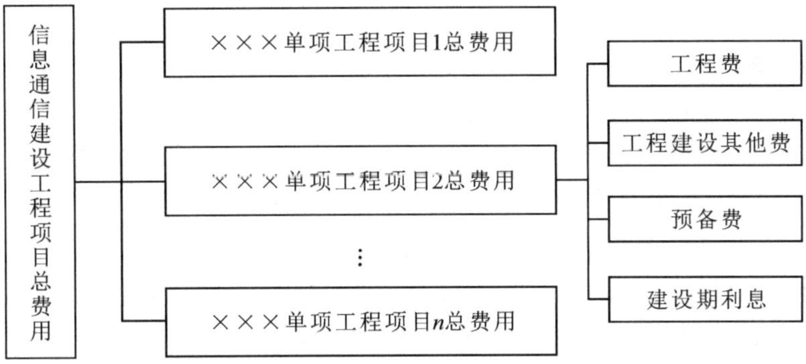

图 9-1　信息通信工程费用的构成

9.4.2 概预算编制流程

对信息通信建设工程项目进行概预算编制时，首先要收集工程的相关资料，熟悉图纸，完成工程量的统计；其次根据所套用的预算定额确定材料用量、机械台班量、仪表台班量；再根据费用定额确定各项费用的费率；复核检查完毕后，撰写工程项目的编制说明；最后经审核后印刷出版。其流程如图 9-2 所示。

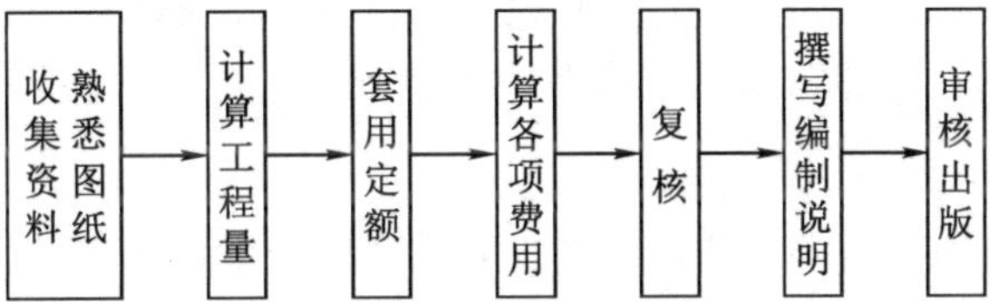

图 9-2　概预算编制流程

1. 收集资料，熟悉图纸

每个工程项目都有其自身的特点和要求，应初步了解工程的作用、目的，根据各工程的要求，初步掌握工程建设的标准；针对工程项目的实际情况，进行相关资料收集，包括通信建设工程概预算定额、费用定额以及材料、设备价格等；对施工图进行一次全面的检查，即检查图纸的完整性，检查图纸中的尺寸标注是否有误，检查工程说明是否准确，检查是否有工程的主要工程量表。

2. 计算工程量

工程量是编制概预算的基本数据。计算工程量时要注意以下几点：

(1) 工程量的计量单位必须与所套用的预算定额的单位保持一致。

(2) 工程量统计可以按施工图纸从上至下、从内至外、从左至右依次进行，还可以按照概预算定额目录顺序进行统计。

(3) 为避免工程量计算过程中多项、重项或漏项的情况，可以将同类项进行合并，并填写工程量总表。

3. 套用定额

套用定额时，必须保证实际工程的工作内容与概预算定额所规定的工作内容一致。另外，要特别注意概预算定额的总说明、册说明、章节说明以及定额项目表下方的注释内容，特殊情况需进行相应调整。

正确套用定额后，要选定工程中涉及的机械、仪表台班单价和设备、材料价格。其中，机械、仪表台班单价可以查找“通信建设工程施工机械、仪表台班定额”；设备、材料价格是由定额编制管理部门所给定的，但要注意概预算编制所需要的设备、材料价格是指预算价格，如果给定的是原价，则还需要计取其运杂费、运输保险费、采购及保管费和采购代理服务费。

注意：进行主材统计时，若定额子目表主要材料栏中材料定额量用括号或分数表示，则表示供系统设计选用；若以*号表示，则表示由设计来确定其用量。

4. 计算各项费用

根据工信部通信〔2016〕451 号文下发的费用定额，注意不同工程类型、不同条件下相关费用费率的计取原则，以及计算工程中涉及的其他各项费用，并按通信建设工程概预算表格的填写要求填写建筑安装工程费用预算表、工程建设其他费预算表和工程预算总表。

5. 复核

检查填写的所有内容，检查所列项工程量、套用定额、计算结果等是否正确等。表格的检查顺序一般为：工程量预算表→机械使用费预算表→仪器仪表使用费预算表→主要材料表→工程建设其他费预算表→建筑安装工程费用预算表→工程预算总表→汇总表。

6. 撰写编制说明

复核无误后，编写预算编制说明。在概预算表格中不能说明的一些事项，都应该在编制说明中用文字表达出来。

7. 审核出版

工程项目的概预算审核其主要目的是核实工程概预算的造价，是控制工程造价、提高经济效益的重要手段。根据实际情况，恰当运用多种审核方法(如全面审核法、重点审核法、对比审核法等)，以使结果客观、准确、精确。严格按照国家有关工程项目建设的方针、政策和规定对费用实事求是地逐项核实，经主管单位审核签字后，再进行印刷出版。

9.4.3 架空线路工程的工作流程

架空线路工程工作流程是：施工测量与单盘检测，立杆，装撑杆，安装拉线，架设吊线，架设光(电)缆，持续与测试光(电)缆。

1. 施工测量与单盘检测

1) 施工测量及 GPS 定位

工作内容：核对图纸，复查路由位置，施工定点画线，做标记，光(电)缆配盘、GPS 定位(校表、测量、记录数据)等。

2) 单盘检测

工作内容：光(电)缆检验外观，测试单盘光(电)缆的传输特性，记录、整理测试资料等。

2. 立杆

1) 立水泥杆

工作内容：打洞，清理土方，立杆，装 H 杆腰梁，回填夯实，号杆(将电杆编号)等。

2) 立木电杆

工作内容：打洞，清理土方，防护根部，组接电杆，立杆，装横木，装 H 杆腰梁，回填夯实，号杆等。

3) 电杆根部加固及保护

工作内容：

(1) 护桩：挖坑，固定护桩并涂油，夯实回土等。

(2) 围桩、石笼、护墩：编铁笼，打桩，填石，砌石墩，抹面，回土夯实等。

(3) 卡盘、底盘：挖坑，安装，回土夯实等。

(4) 帮桩：挖坑，缠扎固定 (涂油)，回土夯实等。

(5) 打桩：搭架，拆架，打桩，接杆等。

4) 装撑杆

工作内容：挖坑，装撑杆，装卡盘或横木，夯实回土，固定撑杆等。

3. 安装拉线

1) 水泥杆单股拉线

工作内容：挖坑，埋设地锚，安装拉线，收紧拉线，做中、上把，清理现场等。

2) 木杆单股拉线

工作内容：挖坑，埋设地锚，安装拉线，收紧拉线，做中、上把，清理现场等。

3) 装设特种拉线

工作内容：挖拉线坑，埋设地锚，安装拉线，收紧拉线，做中把和上把，清理现场等。

4) 制作横木拉线地锚及其他

工作内容：

(1) 制作横木拉线地锚：绑扎、制作地锚，清理现场等。

(2) 安装拉线隔电子，拉线警示保护管：安装、绑扎保护管，清理现场等。

4. 架设吊线

工作内容：

(1) 架设吊线：安装并紧固支持物(或固定物)，布放吊线，紧线，做终结(丁字结、假终结、十字结)等。

(2) 架设辅助吊线：预做吊挂物，紧线，调整及紧固吊挂，做终结等。

5. 架设光(电)缆

1) 架设自承式架空光缆

工作内容：施工准备，装吊线支持物，布放紧固光缆，盘光缆余长，做各种吊线结，安装标识牌等。

2) 挂钩法架设架空光缆

工作内容：施工准备，架设光缆，卡挂挂钩，盘光缆余长，安装标识牌等。

3) 缠绕法架设架空光缆

工作内容：施工准备，架设光缆，缠绕钢丝，盘光缆余长，绑保护物，安装标识牌等。

4) 架设电缆

工作内容：施工准备，架设电缆，卡挂挂钩，处理断头、进行充气试验等。自承式架空电缆含装吊线支承物、检验电缆、布放紧固电缆、做各种吊线结等。

6. 光(电)缆接续与测试

1) 光缆接续

工作内容：

(1) 光缆掏纤：确定掏纤的位置，开剥外护套，分纤剪断，直通光纤保护，盘留、固定等。

(2) 光缆接续：检验器材，确定接头的位置，熔接纤芯，测试衰减，盘绕固定余纤，固定加强芯，包封外护套，安装接头盒托架或保护盒等。

(3) 现场组装光纤活动连接器：检验器材，处理光纤端面，安装光纤连接器，测试衰减等。

(4) 光缆成端接头：检验器材，熔接尾纤，测试衰减，固定活接头，固定光缆等。

2) 光缆中继段测试

工作内容：进行光纤特性测试，记录、整理测试资料等。

3) 电缆芯线接续

工作内容：

(1) 成端电缆芯线接续：确定位置，检验电缆，对号测试，接续芯线等。

(2) 电缆芯线接续：确定位置，检验电缆，编麻线，对号测试，接续芯线(含充油膏电缆的芯线清洗)等。

(3) 电缆芯线改接：新旧电缆对号、编线，改接芯线，测试等。

4) 电缆全程测试

工作内容：按验收规范要求测试电缆的各种电气指标，记录数据，整理测试资料等。

9.4.4 架空线路工程的工程量统计

1. 工程量清单

工程量清单如表 9.12 所示。

表 9.12　架空线路工程主要工程量清单

序号	定额编号	工程量名称	说　明
1	TXL1-002	光(电)缆工程施工测量(架空法)	
2	TXL1-006～TXL1-007	光(电)缆单盘检测(光缆法)	光缆和电缆定额不同
3	TXL3-001～TXL3-033	立电杆	不同的土质、电杆高度、电杆类型，所套用的定额不同
4	TXL3-051～TXL3-134	安装拉线	不同的土质、安装方式、拉线程式，所套用的定额不同
5	TXL3-156～TXL3-179	架设吊线	不同的土质、拉线程式，所套用的定额不同
6	TXL3-180	架设 100 m 以内辅助吊线	电杆间距超过 50 m，需另外架设辅助吊线
7	TXL3-181～TXL3-222	架空光(电)缆	不同架设方式、光(电)缆芯数，所套用的定额不同
8	TXL6-005～TXL6-006	光缆成端接头	束状、带状光缆所套用的定额不同
9	TXL6-007～TXL6-042	光缆接续	不同芯数光缆所套用的定额不同
10	TXL6-043～TXL6-100	光缆中继段测试	不同线路总长度、光缆芯数的光缆，所套用的定额不同

2. 统计注意事项

(1) 工程的施工测量工程量按室外的路由长度计算。

(2) 当工程规模较小，总工日在 100 工日以下时，增加 15%；当总工日为 100～250 工日时，增加 10%。

(3) 挖电杆、拉线、撑杆坑等涉及的土质按综合土、软石、坚石三类划分。其中，综合土的构成为：普通土 20%，硬土 50%，沙砾土 30%。

(4) 定额中，立电杆与撑杆、安装拉线部分为平原地区的定额，用于丘陵、水田、城区时按相应定额人工的 1.3 倍计取，用于山区时按相应定额人工的 1.6 倍计取。

(5) 更换电杆及拉线按定额相关子目的 2 倍计取。

(6) 组立/安装 L 杆，取与 H 杆同等的杆高的人工定额的 1.5 倍；组立/安装井字杆，取与 H 杆同等杆高的人工定额的 2 倍。

(7) 高桩拉线中，电杆至拉桩间正拉线的架设，套用相应安装吊线的定额，立高桩则套用相应立电杆的定额。

(8) 架空明线的线位间如需架设安装架空吊线，按相应子目人工定额的 1.3 倍计取。

(9) 敷设挡距在 100 m 及以上的吊线、光(电)缆时，其人工按相应定额的 2 倍计取。

(10) 拉线坑所在地表有水或严重渗水，应由设计人员另计取排水等措施费用。

9.4.5　架空线路工程预算的编制方法

本设计为××平原地区架空光缆线路单项工程一阶段的设计，其工程施工图如图 9-3 所示。土质为综合土，新建 8 m 水泥杆，敷设 36 芯单模光缆，吊线程式为 7/2.2，P2 和 P3 之间穿越水塘，需要架设辅助吊线，并进行中继段测试。

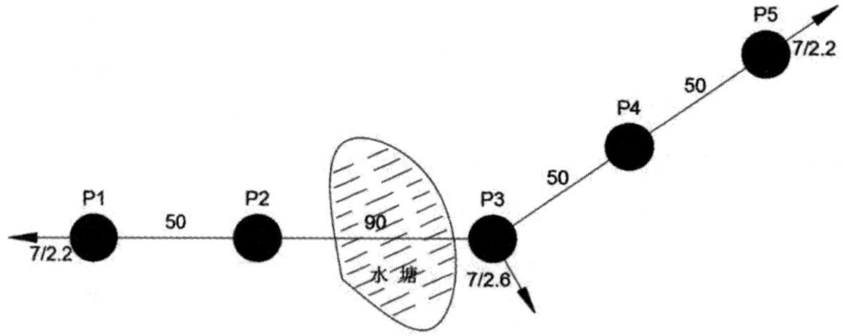

图 9-3　××架空光缆线路工程施工图

已知本工程施工企业驻地距施工现场 200 km，工程所在地点为江苏省非特殊地区；本工程勘察设计费(除税价)为 2000 元，监理费(除税价)为 1500 元；本工程预算内施工用水、电、蒸汽费按 500 元计取，不计工程干扰费、已完工程及设备保护费、运土费、工程排污费、建设用地及综合赔补费、项目建设管理费、可行性研究费、研究试验费、环境影响评价费、工程保险费、工程招标代理费、生产准备及开办费、建设期利息及其他费用；国内配套主材的运距均为 150 km，本工程使用的主要材料均由建筑服务方提供，具体主材单价如表 9.1 所示。

案例分析

1. 计算工程量

(1) 架空式光缆施工测量：

$$长度=50\,m+90\,m+50\,m+50\,m=240\,m$$

(2) 光缆单盘检测：本工程光缆为 36 芯。

(3) 立杆：图中电杆 P1～P5，共 5 根。

(4) 安装拉线：起始杆 P1 和 P5 处各安装 1 条 7/2.2 拉线，转角杆 P3 处安装 1 条 7/2.6 拉线。

(5) 架设吊线：

$$长度=50\,m+90\,m+50\,m+50\,m=240\,m$$

(6) 架设辅助吊线：P2 和 P3 之间有水塘，需要架设辅助吊线 1 条。

(7) 架设架空光缆：

$$长度=50\,m+90\,m+50\,m+50\,m=240\,m$$

(8) 中继段测试：40 km 以下中继段测试 1 个。

2. 填写预算表格

1) 工程量预算表、机械使用费预算表、仪器仪表使用费预算表的填写

根据计算出的工程量，查看《通信建设工程预算定额　第四册　通信线路工程》，完成表 9.13～表 9.15 的填写。

表 9.13　建筑安装工程工程量预算表(表三甲)

工程名称：××架空光缆线路工程　建设单位名称：××公司　表格编号：TXL-3　甲　第　全　页

序号	定额编号	项目名称	单位	数量	单位定额值/工日		合计值/工日	
					技工	普工	技工	普工
1	TXL1-002	架空光缆工程施工测量	百米	2.4	0.46	0.12	1.10	0.29
2	TXL1-006	光缆单盘检验	芯盘	36	0.02	0	0.72	0.00
3	TXL3-001	立 9 m 以下水泥杆(综合土)	根	5	0.52	0.56	2.60	2.80
4	TXL3-051	水泥杆夹板法装 7/2.2 单股拉线(综合土)	条	2	0.78	0.6	1.56	1.20
5	TXL3-054	水泥杆夹板法装 7/2.6 单股拉线(综合土)	条	1	0.84	0.6	0.84	0.60
6	TXL3-168	水泥杆架设 7/2.2 吊线(平原)	千米/条	0.24	3	3.25	0.72	0.78
7	TXL3-180	架设 100 m 以下辅助吊线	条/挡	1	1	1	1.00	1.00
8	TXL3-187	挂钩法架设架空光缆	千米/条	0.24	6.31	5.13	1.51	1.23
9	TXL6-073	40 km 以下光缆中继段测试	个	1	2.58	0	2.58	0.00
小计							12.64	7.90
系数调整后合计(小计 × 1.15)							14.53	9.08

设计负责人：×××　审核：×××　编制：××××　编制日期：××××年××月

表 9.14　建筑安装工程机械使用费预算表(表三乙)

工程名称：××架空光缆线路工程　建设单位名称：××公司　表格编号：TXL-3　乙　第　全　页

序号	定额编号	项目名称	单位	数量	机械名称	单位定额值		合计值/工日	
						数量/台班	单价/元	数量/台班	合价/元
1	TXL3-001	立 9 m 以下水泥杆(综合土)	根	5	汽车式起重机(5 t)	0.04	516	0.2	103.2
合计									103.2

设计负责人：×××　审核：×××　编制：××××　编制日期：××××年××月

表 9.15　建筑安装工程仪器仪表使用费预算表(表三丙)

工程名称：××架空光缆线路工程　　建设单位名称：　TXL-3　丙　　第　全　页

序号	定额编号	项目名称	单位	数量	仪表名称	单位定额值		合计值/工日	
						数量/台班	单价/元	数量/台班	合价/元
1	TXL1-002	架空光缆工程施工测量	百米	2.4	激光测距仪	0.05	119	0.12	14.28
2	TXL1-006	光缆单盘检验	芯盘	36	光时域反射仪	0.05	153	1.8	275.4
3	TXL1-006	光缆单盘检验	芯盘	36	偏振模色散测试仪	0.05	455	1.8	819
4	TXL6-073	40 km 以下光缆中继段测试	个	1	光时域反射仪	0.42	153	0.42	64.26
5	TXL6-073	40 km 以下光缆中继段测试	个	1	稳定光源	0.42	117	0.42	49.14
6	TXL6-073	40 km 以下光缆中继段测试	个	1	光功率计	0.42	116	0.42	48.72
7	TXL6-073	40 km 以下光缆中继段测试	个	1	偏振模色散测试仪	0.42	455	0.42	191.1
合计									1461.9

设计负责人：×××　　审核：×××　　编制：××××　　编制日期：××××年××月

2) 主要材料表的填写

在填写主要材料表时，要根据表 9.13 列出的工程量，统计它们使用的主要材料，如表 9.16 所示。

表 9.16　主 材 统 计 表

序号	定额编号	项目名称	单位	数量	主材名称	规格型号	单位	单位定额值	使用量
1	TXL3-001	立 9 m 以下水泥杆(综合土)	根	5	水泥电杆	梢径 13～17 cm	根	1.01	5.05
2	TXL3-001	立 9 m 以下水泥杆(综合土)	根	5	水泥	32.5	kg	0.2	1.00
3	TXL3-051	水泥杆夹板法装 7/2.2 单股拉线(综合土)	条	2	镀锌钢绞线	7/2.2	kg	3.02	6.04
4	TXL3-051	水泥杆夹板法装 7/2.2 单股拉线(综合土)	条	2	镀锌铁线	ϕ1.5	kg	0.02	0.04
5	TXL3-051	水泥杆夹板法装 7/2.2 单股拉线(综合土)	条	2	镀锌铁线	ϕ3.0	kg	0.3	0.60
6	TXL3-051	水泥杆夹板法装 7/2.2 单股拉线(综合土)	条	2	镀锌铁线	ϕ4.0	kg	0.22	0.44

续表一

序号	定额编号	项目名称	单位	数量	主材名称	规格型号	单位	单位定额值	使用量
7	TXL3-051	水泥杆夹板法装 7/2.2 单股拉线(综合土)	条	2	地锚铁柄		套	1.01	2.02
8	TXL3-051	水泥杆夹板法装 7/2.2 单股拉线(综合土)	条	2	水泥拉线盘		套	1.01	2.02
9	TXL3-051	水泥杆夹板法装 7/2.2 单股拉线(综合土)	条	2	三眼双槽夹板		副	2.02	4.04
10	TXL3-051	水泥杆夹板法装 7/2.2 单股拉线(综合土)	条	2	拉线衬环		个	2.02	4.04
11	TXL3-051	水泥杆夹板法装 7/2.2 单股拉线(综合土)	条	2	拉线抱箍		套	1.01	2.02
12	TXL3-054	水泥杆夹板法装 7/2.6 单股拉线(综合土)	条	1	镀锌钢绞线	7/2.6	kg	3.8	3.80
13	TXL3-054	水泥杆夹板法装 7/2.6 单股拉线(综合土)	条	1	镀锌铁线	ϕ1.5	kg	0.04	0.04
14	TXL3-054	水泥杆夹板法装 7/2.6 单股拉线(综合土)	条	1	镀锌铁线	ϕ3.0	kg	0.55	0.55
15	TXL3-054	水泥杆夹板法装 7/2.6 单股拉线(综合土)	条	1	镀锌铁线	ϕ4.0	kg	0.22	0.22
16	TXL3-054	水泥杆夹板法装 7/2.6 单股拉线(综合土)	条	1	地锚铁柄		套	1.01	1.01
17	TXL3-054	水泥杆夹板法装 7/2.6 单股拉线(综合土)	条	1	水泥拉线盘		套	1.01	1.01
18	TXL3-054	水泥杆夹板法装 7/2.6 单股拉线(综合土)	条	1	三眼双槽夹板		副	2.02	2.02
19	TXL3-054	水泥杆夹板法装 7/2.6 单股拉线(综合土)	条	1	拉线衬环		个	2.02	2.02
20	TXL3-054	水泥杆夹板法装 7/2.6 单股拉线(综合土)	条	1	拉线抱箍		套	1.01	1.01
21	TXL3-168	水泥杆架设 7/2.2 吊线(平原)	千米/条	0.24	镀锌钢绞线	7/2.2	kg	221.27	53.10
22	TXL3-168	水泥杆架设 7/2.2 吊线(平原)	千米/条	0.24	镀锌穿钉	长 50 mm	副	22.22	5.33
23	TXL3-168	水泥杆架设 7/2.2 吊线(平原)	千米/条	0.24	镀锌穿钉	长 100 mm	副	1.01	0.24
24	TXL3-168	水泥杆架设 7/2.2 吊线(平原)	千米/条	0.24	吊线箍		套	22.22	5.33
25	TXL3-168	水泥杆架设 7/2.2 吊线(平原)	千米/条	0.24	三眼单槽夹板		副	22.22	5.33

续表二

序号	定额编号	项目名称	单位	数量	主材名称	规格型号	单位	单位定额值	使用量
26	TXL3-168	水泥杆架设 7/2.2 吊线(平原)	千米/条	0.24	镀锌铁线	ϕ4.0	kg	2	0.48
27	TXL3-168	水泥杆架设 7/2.2 吊线(平原)	千米/条	0.24	镀锌铁线	ϕ3.0	kg	1	0.24
28	TXL3-168	水泥杆架设 7/2.2 吊线(平原)	千米/条	0.24	镀锌铁线	ϕ1.5	kg	0.1	0.02
29	TXL3-168	水泥杆架设 7/2.2 吊线(平原)	千米/条	0.24	拉线抱箍		套	4.04	0.97
30	TXL3-168	水泥杆架设 7/2.2 吊线(平原)	千米/条	0.24	拉线衬环		个	8.08	1.94
31	TXL3-180	架设 100 m 以下辅助吊线	条/挡	1	镀锌穿钉	长 50 mm	副	4.04	4.04
32	TXL3-180	架设 100 m 以下辅助吊线	条/挡	1	吊线箍		套	2.02	2.02
33	TXL3-180	架设 100 m 以下辅助吊线	条/挡	1	镀锌铁线	ϕ3.0	kg	0.6	0.60
34	TXL3-180	架设 100 m 以下辅助吊线	条/挡	1	镀锌铁线	ϕ1.5	kg	0.3	0.30
35	TXL3-180	架设 100 m 以下辅助吊线	条/挡	1	拉线衬环		个	2.02	2.02
36	TXL3-180	架设 100 m 以下辅助吊线	条/挡	1	镀锌钢绞线	7/2.2	kg	22.127	22.13
37	TXL3-180	架设 100 m 以下辅助吊线	条/挡	1	三眼单槽夹板		副	2	2.00
38	TXL3-180	架设 100 m 以下辅助吊线	条/档	1	茶托拉板		块	2	2.00
39	TXL3-187	挂钩法架设架空光缆	千米/条	0.24	架空光缆		m	1007	241.68
40	TXL3-187	挂钩法架设架空光缆	千米/条	0.24	电缆挂钩		只	2060	494.40
41	TXL3-187	挂钩法架设架空光缆	千米/条	0.24	保护软管		m	25	6.00
42	TXL3-187	挂钩法架设架空光缆	千米/条	0.24	镀锌铁线	ϕ1.5	kg	1.02	0.24
43	TXL3-187	挂钩法架设架空光缆	千米/条	0.24	光缆标识牌		个	10	2.40

对材料进行分类汇总(按光缆、电缆、塑料及塑料制品、木材及木制品、水泥及水泥构件和其他等类别)，并将相同材料的使用数量进行合并计算，如表 9.17 所示。

表 9.17　主材用量分类汇总表

	类 别	名 称	规 格	单 位	使用量
1	光缆	架空光缆		m	241.68
2	塑料及塑料制品	保护软管		m	6.00
3	水泥及水泥构件	水泥电杆	梢径 13～17 cm	根	5.05
4		水泥	32.5	kg	1.00
5		水泥拉线盘		套	3.03
6	其他	镀锌钢绞线	7/2.2	kg	81.27
7		镀锌钢绞线	7/2.6	kg	3.80
8		镀锌铁线	ϕ1.5	kg	0.65
9		镀锌铁线	ϕ3.0	kg	1.99
10		镀锌铁线	ϕ4.0	kg	1.14
11		地锚铁柄		套	3.03
12		拉线衬环		个	10.02
13		拉线抱箍		套	4.00
14		吊线箍		套	7.35
15		镀锌穿钉	长 50 mm	副	9.37
16		镀锌穿钉	长 100 mm	副	0.24
17		三眼双槽夹板		副	6.06
18		三眼单槽夹板		副	7.33
19		茶托拉板		块	2.00
20		电缆挂钩		只	494.40
21		光缆标识牌		个	2.40

根据该工程类型、国内配套主材的运距为 150 km，查找运杂费、运输保险费、采购保管费的费率，完成主要材料表的填写，如表 9.18 所示。

表 9.18　主 要 材 料 表

工程名称：××架空光缆线路工程　建设单位名称：××公司　表格编号：TXL-4　甲　第　全　页

序号	器材名称	规格程式	单位	数量	单价/元	合计/元			备注
					除税价	除税价	增值税	含税价	
1	架空光缆	36 芯	m	241.68	5.90	1425.91	185.37	1611.28	
光缆小计 1						1425.91	185.37	1611.28	
运杂费(小计 1 × 1.5%)						21.39	2.78	24.17	
运输保险费(小计 1 × 0.1%)						1.43	0.19	1.61	
采购保管费(小计 1 × 1.1%)						15.69	2.04	17.72	
光缆类合计 1						1464.41	190.37	1654.79	

续表

序号	器材名称	规格程式	单位	数量	单价/元	合计/元			备注
					除税价	除税价	增值税	含税价	
2	保护软管		m	6	7.30	43.80	5.69	49.49	
塑料及塑料制品小计 2						43.80	5.69	49.49	
运杂费(小计 2 × 4.8%)						2.10	0.27	2.38	
运输保险费(小计 2 × 0.1%)						0.04	0.01	0.05	
采购保管费(小计 2 × 1.1%)						0.48	0.06	0.54	
塑料及塑料制品合计 2						46.43	6.04	52.46	
3	水泥电杆	梢径 13～17 cm	根	5.05	260.00	1313.00	170.69	1483.69	
4	水泥	32.5	kg	1	0.40	0.40	0.05	0.45	
5	水泥拉线盘		套	3.03	55.00	166.65	21.66	188.31	
水泥及水泥构件小计 3						1480.05	192.41	1672.46	
运杂费(小计 3 × 20%)						296.01	38.48	334.49	
运输保险费(小计 3 × 0.1%)						1.48	0.19	1.67	
采购保管费(小计 3 × 1.1%)						16.28	2.12	18.40	
水泥及水泥构件合计 3						1793.82	233.20	2027.02	
6	镀锌钢绞线	7/2.2	kg	81.27	10.20	828.95	107.76	936.72	
7	镀锌钢绞线	7/2.6	kg	3.8	12.60	47.88	6.22	54.10	
8	镀锌铁线	ϕ1.5	kg	0.65	6.50	4.23	0.55	4.77	
9	镀锌铁线	ϕ3.0	kg	1.99	7.00	13.93	1.81	15.74	
10	镀锌铁线	ϕ4.0	kg	1.14	7.50	8.55	1.11	9.66	
11	地锚铁柄		套	3.03	22.00	66.66	8.67	75.33	
12	拉线衬环		个	10.02	1.80	18.04	2.34	20.38	
13	拉线抱箍		套	4	15.80	63.20	8.22	71.42	
14	吊线箍		套	7.35	17.00	124.95	16.24	141.19	
15	镀锌穿钉	长 50 mm	副	9.37	1.50	14.06	1.83	15.88	
16	镀锌穿钉	长 100 mm	副	0.24	2.00	0.48	0.06	0.54	
17	三眼双槽夹板		副	6.06	14.00	84.84	11.03	95.87	
18	三眼单槽夹板		副	7.33	10.80	79.16	10.29	89.46	
19	茶托拉板		块	2	2.20	4.40	0.57	4.97	
20	电缆挂钩		只	494.4	0.66	326.30	42.42	368.72	
21	光缆标识牌		个	2.4	2.00	4.80	0.62	5.42	
其他类小计 4						1690.43	219.76	1910.18	
运杂费(小计 4 × 4%)						67.62	8.79	76.41	
运输保险费(小计 4 × 0.1%)						1.69	0.22	1.91	
采购保管费(小计 4 × 1.1%)						18.59	2.42	21.01	
其他类合计 4						1778.33	231.18	2009.51	
总计(合计 1 + 合计 2 + 合计 3 + 合计 4)						5082.99	660.79	5743.78	

设计负责人：×××　　审核：×××　　编制：××××　　编制日期：××××年××月

3) 建筑安装工程费用预算表的填写

填写建筑安装工程费用预算表时，需要按照已知的工程建设条件，确定每项费用的费率，同时注意费用定额中标注的特殊情况等。

(1) 已知施工企业驻地距施工现场 200 km，所以临时设施费的费率为 5%。

(2) 已知工程所在地位江苏省非特殊地区，所以不计取特殊地区施工增加费。

(3) 本工程为建设方提供主材，所以无甲方提供材料，销项税额 = 建筑安装工程费(除税价) × 9%。

由此完成建筑安装工程费用预算表如表 9.19 所示。

表 9.19　建筑安装工程费用预算表(表二)

工程名称：××架空光缆线路工程　　建设单位名称：××公司　　表格编号：TXL-2　　第 全 页

序号	费用名称	依据和计算方法	合计/元	序号	费用名称	依据和计算方法	合计/元
	建安工程费(含税价)	一＋二＋三＋四	14 647.34	7	夜间施工增加费	人工费×2.5%	55.28
	建安工程费(除税价)	一＋二＋三	13 437.93	8	冬雨季施工增加费	人工费×1.8%	39.80
一	直接费	(一)＋(二)	11 645.01	9	生产工具用具使用费	人工费×1.5%	33.17
(一)	直接工程费	1＋2＋3＋4	8874.36	10	施工用水电蒸汽费	已知条件	500.00
1	人工费	(-1)＋(-2)	2211.02	11	特殊地区施工增加费	不计	0.00
-1	技工费	技工总工日 × 114 元/工日	1656.89	12	已完工程及设备保护费	不计	0.00
-2	普工费	普工总工日 × 61 元/工日	554.13	13	运土费	不计	0.00
2	材料费	(-1)＋(-2)	5098.24	14	施工队伍调遣费	174 × 5 × 2	1740.00
-1	主要材料费	来自(表四)甲主材表	5082.99	15	大型施工机械调遣费	不计	0.00
-2	辅助材料费	主要材料费 × 0.3%	15.25	二	间接费	(一)＋(二)	1350.71
3	机械使用费	来自表 9.14	103.20	(一)	规费	1＋2＋3＋4	744.89
4	仪表使用费	来自表 9.15	1461.90	1	工程排污费	不计	0.00
(二)	措施费	1＋2＋…＋15	2770.65	2	社会保障费	人工费 × 28.5%	630.14
1	文明施工费	人工费 × 1.5%	33.17	3	住房公积金	人工费 × 4.19%	92.64
2	工地器材搬运费	人工费 × 3.4%	75.17	4	危险作业意外伤害保险费	人工费 × 1%	22.11
3	工程干扰费	不计	0.00	(二)	企业管理费	人工费 × 27.4%	605.82
4	工程点交、场地清理费	人工费 × 3.3%	72.96	三	利润	人工费 × 20%	442.20
5	临时设施费	人工费 × 5%	110.55	四	销项税额	建安费 × 9%	1209.41
6	工程车辆使用费	人工费 × 5%	110.55				

设计负责人：×××　　审核：×××　　编制：××××　　编制日期：××××年××月

4) 工程建设其他费预算表的填写

(1) 本工程勘察设计费(除税价)为 2000 元；勘察设计费的增值税=2000×6%=120 元。

(2) 本工程监理费(除税价)为 1500 元；勘察设计费的增值税=1500×6%=90 元。

(3) 安全生产费(除税价)=建筑安装工程费(除税价)×1.5%=13 437.93×1.5%

≈201.57 元

安全生产费的增值税=201.57×9%

=18.14 元

由此完成工程建设其他费预算表如表 9.20 所示。

表 9.20　工程建设其他费预算表(表五甲)

工程名称：××架空光缆线路工程　　建设单位名称：××公司　　表格编号：TXL-5 甲　第 全 页

序号	费 用 名 称	计算依据及方法	金 额 /元			备注
			除税价	增值税	含税价	
1	建设用地及综合赔补费	不计	0.00	0.00	0	
2	项目建设管理费	不计	0.00	0.00	0	
3	可行性研究费	不计	0.00	0.00	0	
4	研究试验费	不计	0.00	0.00	0	
5	勘察设计费	已知条件	2000.00	120.00	2120.00	
6	环境影响评价费	不计	0.00	0.00	0.00	
7	建设工程监理费	已知条件	1500.00	90.00	1590.00	
8	安全生产费	建安费(除税价) × 1.5%	201.57	18.14	219.71	
9	引进技术及进口设备其他费	不计	0.00	0.00	0.00	
10	工程保险费	不计	0.00	0.00	0.00	
11	工程招标代理费	不计	0.00	0.00	0.00	
12	专利及专利技术使用费	不计	0.00	0.00	0.00	
13	其他费用	不计	0.00	0.00	0.00	
	总计		3701.57	228.14	3929.71	
14	生产准备及开办费(运营费)	不计				

设计负责人：×××　　审核：×××　　编制：××××　　编制日期：××××年××月

5) 工程预算总表的填写

建筑安装工程费来自费用预算表(见表 9.19)，工程建设其他费来自表 9.20。因为本工程是一阶段的设计，因此需要计取预备费，预备费的费率为 4%，预备费的增值税＝预备费(除税价)×9%。

由此完成的工程预算总表如表 9.21 所示。

表 9.21　工程预算总表(表一)

建设项目名称：××架空光缆线路工程

项目名称：××架空光缆线路工程　　建设单位名称：××公司　　表格编号：TXL-1　　第　全　页

序号	表格编号	费用名称	小型建筑工程费/元	需要安装的设备费/元	不需要安装的设备、工器具费/元	建筑安装工程费/元	其他费用/元	预备费/元	总价值/元			
									除税价/元	增值税/元	含税价/元	其中外币/元
1	TXL-2	建筑安装工程费				13 437.93			13 437.93	1209.41	14 647.34	
2	TXL-5甲	工程建设其他费					3701.57		3701.57	228.14	3929.71	
		合计							17 139.50	1437.55	18 577.05	
3		预备费						685.58	685.58	89.13	774.71	
4		建设期利息										
总计									17 825.08	1526.68	19 351.76	
其中回收费用												

设计负责人：×××　　审核：×××　　编制：××××　　编制日期：××××年××月

3. 撰写编制说明

1) 工程概况

本设计为××平原地区架空光缆线路单项工程一阶段设计，架空线路长度 240 m，预算总价值为 19 351.76 元。

2) 编制依据及有关费用费率的计取

(1) 工信部通信〔2016〕451 号《工业和信息化部关于印发信息通信建设工程预算定额、工程费用定额及工程概预算编制规程的通知》。

(2) 《通信建设工程预算定额　第四册　通信线路工程》。

(3) 本工程勘察设计费(除税价)为 2000 元，监理费(除税价)为 1500 元，预算内施工用水、电、蒸汽费按 500 元计取，不计工程干扰费、已完工程及设备保护费、运土费、工程排污费、建设用地及综合赔补费、项目建设管理费、可行性研究费、研究试验费、环境影响评价费、工程保险费、工程招标代理费、其他费用、生产准备及开办费、建设期利息。

3) 工程技术经济指标分析

本工程总投资为 19 351.76 元，其中建筑安装工程费为 14 647.34 元，工程建设其他费为 3929.71 元，预备费为 774.71 元。各部分费用所占比例如表 9.22 所示。

表 9.22　工程技术经济指标分析表

工程项目名称：××架空光缆线路工程				
序 号	项 目	单 位	经济指标分析	
			数 量	指 标(%)
1	工程总投资(预算)	元	19 351.76	100.00
	其中：需要安装的设备	元	0.00	0.00
	建筑安装工程费	元	14 647.34	75.69
	预备费	元	774.71	4.00
	工程建设其他费	元	3929.71	20.31
2	光缆总皮长	公里	0.24	
3	折合纤芯公里	纤芯公里	8.64	
4	皮长造价	元/公里	80 632.31	
5	单位工程造价	元/纤芯公里	2239.79	

拓展案例

按照任务 5 的拓展案例工程图(图 5-8)要求，请根据 2017 版信息通信工程定额进行金郑村架空线路预算的编制，工程已知条件如下：

(1) 施工企业与现场的距离为 40km，主材运距为 65km，主材由建筑方提供，材料单价(除税价)如表 9.23 所示。

表 9.23 主材单价表

序号	名称	规格程式	单位	主材单价(除税)	增值税税率
1	光缆	48 芯	m	4.40	13%
2	保护软管		m	9.5	13%
3	水泥电杆(梢径 13～17 cm)		根	240	13%
4	水泥 C32.5	C32.5	kg	0.35	13%
5	水泥拉线盘		套	45	13%
6	镀锌钢绞线 7/2.2		kg	10.5	13%
7	镀锌钢绞线 7/2.6		kg	10.9	13%
8	镀锌铁线ϕ1.5	ϕ1.5	kg	6.9	13%
9	镀锌铁线ϕ3.0	ϕ3.0	kg	7.8	13%
10	镀锌铁线ϕ4.0	ϕ4.0	kg	7.9	13%
11	地锚铁柄		套	25	13%
12	三眼双槽夹板		块	12	13%
13	拉线衬环		个	1.5	13%
14	拉线抱箍		套	10.9	13%
15	吊线箍		副	17.0	13%
16	镀锌穿钉 50		副	8.5	13%
17	镀锌穿钉 100		副	15.3	13%
18	三眼单槽夹板		副	9.2	13%
19	茶托拉板		块	9.6	13%
20	挂钩		只	0.3	13%
21	标志牌		个	1.1	13%
22	接头盒		只	80	13%

(2) 本工程勘察设计费(除税价)为 2000 元，监理费(除税价)为 1500 元。

(3) 本工程预算内施工用水电蒸汽费按 500 元计取，不计建设用地及综合赔补费、工程干扰费、工程排污费、已完工程及设备保护费、运土费、项目建设管理费、可行性研究费、环境影响评价费、工程保险费、工程招标代理费、其他费用、生产准备开办费及建设期利息。

(4) 本工程在平原地区敷设 48 芯光缆一条，光缆自然弯曲系数忽略不计，单盘光缆检验不要求测试偏振模色散指标。

课 后 习 题

1. 单项选择题

(1) 通信工程定额一旦制订出，在一段时期内不得随便改动，并且所有工程建设部门必须严格按照定额标准执行。此句话体现了信息通信工程定额的哪个特点(　　)。

A. 科学性、系统性　　B. 稳定性、强制性

C. 系统性、权威性　　D. 时效性、科学性

(2) 在预算定额中，主要材料包括(　　)。

A. 直接使用量　　B. 直接使用量和预留量

C. 直接使用量和规定的损耗量　　D. 预留量和损耗量

(3) 在通信工程预算定额手册中只能查到人工、主材、机械仪表台班数量，这体现了预算定额的(　　)特点。

A. 技普分开　　B. 稳定性

C. 量价分离　　D. 简明适用

2. 判断题

(1) 安装拉线的工程量统计中拉线程式不同，所套用的定额不同。　　(　　)

(2) 在套用定额时，任何地方立一根 8 m 水泥杆，所套用的定额都相同。　　(　　)

(3) 在套用定额时，在任何地方敷设 7/2.2 拉线，所套用的定额都相同。　　(　　)

(4) 在套用定额时，在任何地方敷设 7/2.2 吊线，所套用的定额都相同。　　(　　)

(5) 信息通信工程定额中凡采用“××以内”或“××以下”字样者均不包含××本身。　　(　　)

3. 填空题

(1) 信息通信建设工程项目总费用由若干个＿＿＿＿＿＿＿＿总费用构成。

(2) 单项工程总费用由工程费、工程建设其他费、＿＿＿＿＿＿＿＿、建设期利息四部分构成。

(3) 工程量的计量单位必须要与所套用的＿＿＿＿＿＿＿＿单位保持一致。

(4) 当架空线路工程规模较小时，总工日在 100 工日以下时，增加＿＿＿＿＿＿＿＿；总工日在 100～250 工日时，增加＿＿＿＿＿＿＿＿。

(5) 定额中立电杆与撑杆、安装拉线部分为平原地区的定额，用于丘陵、水田、城区时按相应定额人工的＿＿＿＿＿＿倍计取；用于山区时按相应定额人工的＿＿＿＿＿＿倍计取。

4. 简答题

(1) 简述信息通信建设工程概预算编制流程。

(2) 简述预算表的填写顺序。

(3) 简述架空线路工程的工作流程。

(4) 简述立水泥杆的工作内容是什么。

(5) 简述光缆接续的工作内容是什么。

(6) 简述架空线路工程的工程量套用哪本预算定额手册。

任务 10　直埋线路工程预算编制

10.1　任 务 描 述

为了将项目二中的任务 6 的直埋线路工程造价统计出来，小王要求项目组的小张在一周内完成××高校校园直埋线路工程预算的编制。已知条件如下。

(1) 任务 6 的××高校校园直埋线路工程图如图 6-2 所示。

(2) 本工程施工企业距离施工现场为 200 km。

(3) 本工程勘察设计费(除税价)为 500 元，监理费(除税价)为 500 元。

(4) 本工程预算内施工用水、电、蒸汽费按 500 元计取，不计工程干扰费、已完工程及设备保护费、运土费、工程排污费、建设用地及综合赔补费、项目建设管理费、可行性研究费、研究试验费、环境影响评价费、工程保险费、工程招标代理费、生产准备及开办费、建设期利息及其他费用。

(5) 本工程使用的主要材料均由建筑服务方提供，材料平均运距均按 200 km 计算，材料单价如表 10.1 所示。

表 10.1　主 材 单 价 表

序号	类别	名称	规格	单位	主材单价	增值税税率
1	光缆	光缆	36 芯	m	5.9	13%
2	塑料及塑料制品	聚乙烯塑料管		m	4	13%
3	其他	镀锌无缝钢管	ϕ50～ϕ100	m	48	13%
4		管箍		个	10	13%
5		管材	直	根	10	13%
6		管材	弯	根	10	13%
7		镀锌铁线	ϕ1.5	kg	6.5	13%
8		镀锌铁线	ϕ4.0	kg	7.5	13%

10.2　任 务 分 析

为了完成××高校校园内直埋线路工程预算的编制，小张首先要完成预算表的填写，再完成预算编制说明的撰写。

预算表的填写首先对任务 6 的直埋线路工程图纸进行全面检查，包括要素是否完整，标注是否有误，技术说明是否表达清晰，有无本工程的工程量表，并收集工信部通信〔2016〕451 定额及勘察设计合同的相关信息。然后根据任务 6 的图纸进行工程量统计。套用《通信

建设工程预算定额 第四册 通信线路工程》完成工程量预算表的填写，查机械、仪表台班单价、主材单价后完成机械使用费预算表、仪表使用费预算表、主要材料表的填写，依据费用定额查费率完成工程费用预算表、工程建设其他费预算表的填写。之后进行工程预算总表的填写。最后重新复核检查预算表的正确性。

编制说明从工程概况、编制依据及算法说明、工程技术经济指标分析、其他需要说明的问题四个方面进行撰写。

10.3 任务实施

直埋线路工程预算编制操作过程如下所述。

1. 仔细阅读图纸并列出图 6-2 中所有的工程量

(1) 直埋光缆线路工程施工测量：测量光缆长度 = 95 m。

(2) 挖、夯填光(电)缆沟及接头坑(普通土)：

$$沟、坑体积 = (0.4 + 0.2) \times \frac{1.2}{2} \times 92 = 33.12\ m^3$$

(3) 敷设 36 芯直埋光缆：光缆长度=95 m。

(4) 敷设机械顶管：顶管数量 = 3 m。

(5) 安装引上钢管：P10 处有一根引上钢管，引上钢管数量=1。

(6) 穿放引上光缆：光缆数量 = 1。

2. 填写建筑安装工程量预算表

套用《通信建设工程预算定额 第四册 通信线路工程》完成建筑安装工程工程量预算表的填写，如表 10.2 所示。

表 10.2　建筑安装工程工程量预算表(表三甲)

工程名称：××直埋光缆线路工程　　建设单位名称：××联通公司　　表格编号：TXL-3 甲　第 全 页

序号	定额编号	项目名称	单位	数量	单位定额值/工日		合计值/工日	
					技工	普工	技工	普工
1	TXL1-001	直埋光缆工程施工测量	百米	0.95	0.56	0.14	0.53	0.13
2	TXL2-007	挖、夯填光(电)缆沟及接头坑(普通土)	百立方米	0.3312	0	40.88	0.00	13.54
3	TXL2-015	平原地区敷设直埋光缆(36 芯)	千米/条	0.095	5.88	26.88	0.56	2.55
4	TXL2-108	机械顶管	m	3	0.6	0.2	1.80	0.60
5	TXL4-043	安装引上钢管(ϕ50 以下，杆上)	套	1	0.2	0.2	0.20	0.20
6	TXL4-050	穿放引上光缆	条	1	0.52	0.52	0.52	0.52
小计							3.61	17.55
系数调整后合计(小计×1.15)							4.15	20.18

设计负责人：×××　　审核：×××　　编制：××××　　编制日期：××××年××月

3. 填写机械使用费预算表和仪表使用费预算表

依据表 10.2，查机械、仪表台班单价定额完成机械使用费预算表和仪表使用费预算表的填写，结果如表 10.3、表 10.4 所示。

表 10.3　建筑安装工程机械使用费预算表(表三乙)

工程名称：××直埋光缆线路工程　　建设单位名称：××联通公司　　表格编号：TXL-3 乙　第 全 页

序号	定额编号	项目名称	单位	数量	机械名称	单位定额值		合计值/工日	
						数量/台班	单价/元	数量/台班	合价/元
1	TXL2-007	挖、夯填光(电)缆沟及接头坑(普通土)	百立方米	0.3312	夯实机	0.75	117	0.25	29.06
2	TXL2-108	机械顶管	m	3	液压顶管机	0.15	444	0.45	199.80
合计									228.86

设计负责人：×××　　审核：×××　　编制：××××　　编制日期：××××年××月

表 10.4　建筑安装工程仪表使用费预算表(表三丙)

工程名称：××直埋光缆线路工程　　建设单位名称：××联通公司　表格编号：TXL-3 丙　第　全　页

序号	定额编号	项目名称	单位	数量	仪表名称	单位定额值		合计值/工日	
						数量/台班	单价/元	数量/台班	合价/元
1	TXL1-001	直埋光缆工程施工测量	百米	0.95	地下管线探测仪	0.05	157	0.0475	7.46
2	TXL1-001	直埋光缆工程施工测量	百米	0.95	激光测距仪	0.04	119	0.038	4.52
合计									11.98

设计负责人：×××　　审核：×××　　编制：××××　　编制日期：××××年××月

4. 依据主材单价表进行主要材料表的填写

(1) 根据表 10.2 找到每个定额下面的主材使用量，结果如表 10.5 所示。

表 10.5　主 材 统 计 表

序号	定额编号	项目名称	单位	数量	主材名称	规格型号	单位	单位定额值	使用量
1	TXL2-015	平原地区敷设直埋光缆(36 芯)	千米/条	0.095	光缆	36 芯	m	1005	95.48
2	TXL2-108	机械顶管	m	3	镀锌无缝钢管	ϕ50～ϕ100	m	1.01	3.03
3	TXL2-108	机械顶管	m	3	管箍		个	0.17	0.51
4	TXL4-043	安装引上钢管(ϕ50 以下，杆上)	套	1	管材	直	根	1.01	1.01
5	TXL4-043	安装引上钢管(ϕ50 以下，杆上)	套	1	管材	弯	根	1.01	1.01

续表

序号	定额编号	项目名称	单位	数量	主材名称	规格型号	单位	单位定额值	使用量
6	TXL4-043	安装引上钢管(ϕ50 以下，杆上)	套	1	镀锌铁线	ϕ4.0	kg	1.2	1.20
7	TXL4-050	穿放引上光缆	条	1	光缆	36 芯	m	6	6.00
8	TXL4-050	穿放引上光缆	条	1	镀锌铁线	ϕ1.5	kg	0.1	0.10
9	TXL4-050	穿放引上光缆	条	1	聚乙烯塑料管		m	6	6.00

(2) 对主材进行分类汇总。对材料进行分类汇总(光缆、电缆、塑料及塑料制品、木材及木制品、水泥及水泥构件和其他)，并将相同材料的使用数量进行合并计算，如表 10.6 所示。

表 10.6 主材用量分类汇总表

序号	类 别	名 称	规 格	单 位	使用量
1	光缆	光缆	36 芯	m	101.48
2	塑料及塑料制品	聚乙烯塑料管		m	6.00
3	其他	镀锌无缝钢管	ϕ50～ϕ100	m	3.03
4		管箍		个	0.51
5		管材	直	根	1.01
6		管材	弯	根	1.01
7		镀锌铁线	ϕ1.5	kg	0.10
8		镀锌铁线	ϕ4.0	kg	1.20

(3) 完成主要材料表的填写。根据工程类型、国内配套主材的运距为 200 km 等，查找运杂费、运输保险费、采购保管费的费率，完成主要材料表的填写，如表 10.7 所示。

表 10.7 主 要 材 料 表

工程名称：××直埋光缆线路工程 建设单位名称：××联通公司 表格编号：TXL-4 甲 第 全 页

序号	器材名称	规格程式	单位	数量	单价/元	合计/元			备注
					除税价	除税价	增值税	含税价	
1	光缆	36 芯	m	101.48	5.9	598.70	77.83	676.53	
光缆小计 1						598.70	77.83	676.53	
运杂费(小计 1 × 1.5%)						8.98	1.17	10.15	
运输保险费(小计 1 × 0.1%)						0.60	0.08	0.68	
采购保管费(小计 1 × 1.1%)						6.59	0.86	7.44	
光缆类合计 1						614.87	79.93	694.80	

续表

序号	器材名称	规格程式	单位	数量	单价/元	合计/元			备注
					除税价	除税价	增值税	除税价	
2	聚乙烯塑料管		m	6.00	4	24.00	3.12	27.12	
塑料及塑料制品小计 2						24.00	3.12	27.12	
运杂费(小计 2 × 4.8%)						1.15	0.15	1.30	
运输保险费(小计 2 × 0.1%)						0.02	0.00	0.03	
采购保管费(小计 2 × 1.1%)						0.26	0.03	0.30	
光缆类合计 2						25.44	3.31	28.75	
3	镀锌无缝钢管	ϕ50～ϕ100	m	3.03	48	145.44	18.91	164.35	
4	管箍		个	0.51	10	5.10	0.66	5.76	
5	管材	直	根	1.01	10	10.10	1.31	11.41	
6	管材	弯	根	1.01	10	10.10	1.31	11.41	
7	镀锌铁线	ϕ1.5	kg	0.10	6.5	0.65	0.08	0.73	
8	镀锌铁线	ϕ4.0	kg	1.20	7.5	9.00	1.17	10.17	
其他类小计 3						180.39	23.45	203.84	
运杂费(小计 3 × 4%)						7.22	0.94	8.15	
运输保险费(小计 3 × 0.1%)						0.18	0.02	0.20	
采购保管费(小计 3 × 1.1%)						1.98	0.26	2.24	
其他类合计 3						189.77	24.67	214.44	
总计(合计 1 + 合计 2 + 合计 3)						830.08	107.91	937.99	

设计负责人：××× 审核：××× 编制：×××× 编制日期：××××年××月

5. 填写工程费用预算表和其他费用预算表

依据费用定额及给定的条件查找费率完成表 10.8 和表 10.9 所示的填写。

填写表 10.8 时，需要按照已知的工程建设条件，确定每项费用的费率，同时注意费用定额中所标注的特殊情况等。已知施工企业驻地距施工现场 200 km，所以临时设施费的费率为 5%；工程所在地位于江苏省非特殊地区，所以不计取特殊地区施工增加费；本工程为建设方提供主材，所以无甲方提供材料，销项税额 = 建筑安装工程费(除税价) × 9%。

填写预算表 10.9 时，本工程勘察设计费(除税价)为 500 元，勘察设计费的增值税 = 500 × 6% = 30 元；本工程监理费(除税价)为 500 元，监理费的增值税 = 500 × 6% = 30 元；安全生产费(除税价) = 建筑安装工程费(除税价) × 1.5% = 145.33 元，安全生产费的增值税 = 145.33 × 9% = 13.08 元。

表 10.8　建筑安装工程费用预算表(表二)

工程名称：××直埋光缆线路工程　建设单位名称：××联通公司　表格编号：TXL-2　第　全　页

序号	费用名称	依据和计算方法	合计/元	序号	费用名称	依据和计算方法	合计/元
	建安工程费(含税价)	一＋二＋三＋四	10 560.54	7	夜间施工增加费	人工费×2.5%	42.61
	建安工程费(除税价)	一＋二＋三	9688.57	8	冬雨季施工增加费	人工费×1.8%	30.68
一	直接费	(一)＋(二)	8306.63	9	生产工具用具使用费	人工费×1.5%	25.56
(一)	直接工程费	1＋2＋3＋4	2777.62	10	施工用水、电、蒸汽费	已知条件	500.00
1	人工费	(–1)＋(–2)	1704.21	11	特殊地区施工增加费	不计	0.00
–1	技工费	技工总工日×114 元/工日	473.35	12	已完工程及设备保护费	不计	0.00
–2	普工费	普工总工日×61 元/工日	1230.86	13	运土费	不计	0.00
2	材料费	(–1)＋(–2)	832.57	14	施工队伍调遣费	174×5×2	1740.00
–1	主要材料费	来自表 10.7	830.08	15	大型施工机械调遣费	调遣用车运价×调遣运距×2	2880.00
–2	辅助材料费	主要材料费×0.3%	2.49	二	间接费	(一)＋(二)	1041.10
3	机械使用费	来自表 10.3	228.86	(一)	规费	1＋2＋3＋4	574.15
4	仪表使用费	来自表 10.4	11.98	1	工程排污费	不计	0.00
(二)	措施费	1＋2＋…＋15	5450.89	2	社会保障费	人工费×28.5%	485.70
1	文明施工费	人工费×1.5%	25.56	3	住房公积金	人工费×4.19%	71.41
2	工地器材搬运费	人工费×3.4%	57.94	4	危险作业意外伤害保险费	人工费×1%	17.04
3	工程干扰费	不计	0.00	(二)	企业管理费	人工费×27.4%	466.95
4	工程点交、场地清理费	人工费×3.3%	56.24	三	利润	人工费×20%	340.84
5	临时设施费	人工费×5%	85.21	四	销项税额	建安费×9%	871.97
6	工程车辆使用费	人工费×5%	85.21				

设计负责人：×××　审核：×××　编制：××××　编制日期：××××年××月

表 10.9　工程建设其他费预算表(表五甲)

工程名称：××直埋光缆线路工程　建设单位名称：××联通公司　表格编号：TXL-5　甲　第 全 页

序号	费 用 名 称	计算依据及方法	金 额 /元			备注
			除税价	增值税	含税价	
1	建设用地及综合赔补费	不计	0.00	0.00	0	
2	项目建设管理费	不计	0.00	0.00	0	
3	可行性研究费	不计	0.00	0.00	0	
4	研究试验费	不计	0.00	0.00	0	
5	勘察设计费	已知条件	500.00	30.00	530.00	
6	环境影响评价费	不计	0.00	0.00	0.00	
7	建设工程监理费	已知条件	500.00	30.00	530.00	
8	安全生产费	建安费(除税价) × 1.5%	145.33	13.08	158.41	
9	引进技术及进口设备其他费	不计	0.00	0.00	0.00	
10	工程保险费	不计	0.00	0.00	0.00	
11	工程招标代理费	不计	0.00	0.00	0.00	
12	专利及专利技术使用费	不计	0.00	0.00	0.00	
13	其他费用	不计	0.00	0.00	0.00	
	总计		1145.33	73.08	1218.41	
14	生产准备及开办费 (运营费)	不计				

设计负责人：×××　审核：×××　编制：××××　编制日期：××××年××月

6. 填写工程预算总表

工程预算总表中建筑安装工程费来自表 10.8，工程建设其他费来自表 10.9。因为本工程是一阶段设计，所以需要计取预备费，预备费的费率为 4%，结果如表 10.10 所示。

表 10.10　工程预算总表(表一)

建设项目名称：××高校校园 A 基站光缆接入工程

项目名称：××直埋光缆线路工程　建设单位名称：××联通公司　表格编号：TXL-1　第　全　页

序号	表格编号	费用名称	小型建筑工程费/元	需要安装的设备费/元	不需要安装的设备、工器具费/元	建筑安装工程费/元	其他费用/元	预备费/元	总价值/元			
									除税价/元	增值税/元	含税价/元	其中外币
1	TXL-2	建筑安装工程费				9688.57			9688.57	871.97	1056.54	
2	TXL-5 甲	工程建设其他费					1145.33		1145.33	73.08	1218.41	
		合计							10 833.89	945.05	11 778.94	
3		预备费						433.36	433.36	56.34	489.69	

续表

序号	表格编号	费用名称	小型建筑工程费/元	需要安装的设备费/元	不需要安装的设备、工器具费/元	建筑安装工程费/元	其他费用/元	预备费/元	总价值/元			
									除税价/元	增值税/元	含税价/元	其中外币
4		建设期利息										
总计									11 267.25	1001.39	12 268.64	
其中回收费用												

设计负责人：×××　　审核：×××　　编制：××××　　编制日期：××××年××月

7. 编写本工程预算的编制说明

1) 工程概况

本设计为××直埋光缆线路单项工程一阶段的设计，直埋线路长度 95 m，预算总价值为 12 268.64 元。

2) 编制依据及有关费用费率的计取

(1) 工信部通信〔2016〕451号《工业和信息化部关于印发信息通信建设工程预算定额、工程费用定额及工程概预算编制规程的通知》。

(2) 《信息通信建设工程预算定额　第四册　通信线路工程》。

(3) 本工程勘察设计费(除税价)为 500 元，监理费(除税价)为 500 元，预算内施工用水、电、蒸汽费按 500 元计取，不计工程干扰费、已完工程及设备保护费、运土费、工程排污费、建设用地及综合赔补费、项目建设管理费、可行性研究费、研究试验费、环境影响评价费、工程保险费、工程招标代理费、生产准备及开办费、建设期利息及其他费用。

3) 工程技术经济指标分析

本工程总投资为 12 268.64 元，其中建筑安装工程费为 10 560.54 元，工程建设其他费为 1218.41 元，预备费为 489.69 元。各部分费用所占比例如表 10.11 所示。

表 10.11　工程技术经济指标分析表

工程项目名称：××直埋光缆线路工程				
序号	项目	单位	经济指标分析	
			数量	指标(%)
1	工程总投资(预算)	元	12 268.64	100.00
	其中：需要安装的设备	元	0.00	0.00
	建筑安装工程费	元	10 560.54	86.08
	预备费	元	489.69	3.99
	工程建设其他费	元	1218.41	9.93
2	光缆总皮长	公里	0.95	
3	折合纤芯公里	纤芯公里	34.20	
4	皮长造价	元/公里	12 235.98	
5	单位工程造价	元/纤芯公里	339.89	

10.4 知识解读

10.4.1 直埋线路工程的工作流程

直埋线路工程的工作流程包括：施工测量、单盘检测与开挖路面；挖、填光(电)缆沟及接头坑；敷设直埋光(电)缆；直埋光(电)缆的保护与防护；光(电)缆接续与测试。

1. 施工测量、单盘检测与开挖路面

1) *施工测量*

工作内容：

(1) 核对图纸、复查路由位置，施工定点画线、做标记、光(电)缆配盘等。

(2) GPS 实地定位：校表、测量、记录数据等。

2) *单盘检测*

工作内容：进行外观检验，测试单盘光(电)缆传输特性、记录、整理测试资料等。

3) *开挖路面*

工作内容：切割路面，开挖路面(含结构层)、渣土分类并堆放在沟边不影响施工的适当地点等。

2. 挖、填光(电)缆沟及接头坑

工作内容：

(1) 挖、填光(电)缆沟及接头坑：挖、填光(电)缆沟及接头坑，石沟布眼钻孔、装药放炮、弃渣清理或人工开槽等。

(2) 石质沟铺盖细土：运细土，撒铺(盖)细土等。

(3) 手推车倒运土方：装车，近距离运土，卸土等。

3. 敷设直埋光(电)缆

工作内容：施工准备、清理沟底，敷设光(电)缆，光(电)缆加保护，进行充气试验等。

4. 直埋光(电)缆保护

保护措施中的专用塑料管道光缆手孔工作内容：

(1) 砖砌专用塑料管道光缆手孔：找平、夯实、浇筑底座，砌砖，制作安装上口水泥盖板，安装人孔口圈、井盖，安装托架等。

(2) 埋设定型手孔：检查、现场搬运、安装固定定型手孔，紧固、处理手孔进、出口塑管端头，安装堵头、塞子等。

(3) 光(电)缆外观检查、检查气压，配盘，清沟抄平，人工抬放塑管，复查光(电)缆外观，接续、整理排列绑扎塑管，封堵端头等。

5. 直埋光(电)缆防护

防护措施中的顶管，铺管、砖、水泥槽及盖板的工作内容：

(1) 桥挂管、槽：打眼，固定穿钉，安装支架，接续钢管，铺管(槽道)、堵管头等。

(2) 顶钢管：挖工作坑、安装机具、接钢管、顶钢管、堵管孔等。
(3) 铺管：接管、铺管、堵管孔等。
(4) 铺砖：现场运输、铺砖等。
(5) 铺水泥盖板：现场运输、铺水泥盖板等。
(6) 铺水泥槽：现场运输、铺水泥槽、勾缝、盖盖板等。

6. 光(电)缆接续与测试

工作内容见 9.4.3 节。

10.4.2 直埋线路工程的工程量统计

1. 工程量清单

工程量清单如表 10.12 所示。

表 10.12　直埋线路工程主要工程量清单

序号	定额编号	工程量名称	说　明
1	TXL1-002	光(电)缆工程施工测量(架空法)	—
2	TXL1-006～TXL1-007	光(电)缆单盘检测(光缆法)	—
3	TXL1-008～TXL1-022	开挖路面	不同的开挖方式、路面结构、开挖厚度，所套用的定额不同
4	TXL2-001～TXL2-134	挖、填光(电)缆沟及接头坑	不同的土质、回填土的方式，所套用的定额不同
5	TXL2-015～TXL2-036	敷设直埋光(电)缆	不同的土质、光(电)缆芯数，所套用的定额不同
6	TXL2-107～TXL2-108	人工(机械)顶管	人工顶管与机械顶管，所套用的定额不同
7	TXL2-109～TXL2-115	直埋光(电)缆保护与防护	不同的保护方式，所套用的定额不同
8	TXL6-005～TXL6-006	光缆成端接头	束状、带状光缆所套用的定额不同
9	TXL6-007～TXL6-042	光缆接续	不同芯数光缆所套用的定额不同
10	TXL6-043～TXL6-100	光缆中继段测试	不同线路总长度、光缆芯数的光缆，所套用的定额不同

2. 统计注意事项

(1) 挖、填光(电)缆沟及接头坑工程定额不包括地下、地上障碍物处理的用工、用料情况，工程中实际发生时由设计按实计列。
(2) 敷设通信全塑电缆时按对数划分子目，而不论线径大小，定额工日不做调整。
(3) 海缆敷设工程所用的敷设船仅适用于近海作业。
(4) 安装水线光缆标志牌、信号灯，工程定额中不含引入外部供电线路的工作内容，工程中实际需要时由设计另行按实计列。

(5) 挖、填光(电)缆沟及进行接头坑的工程量计算时，应考虑沟底的宽度、沟的深度以及必要的放坡系数。

10.4.3 直埋线路工程预算的编制方法

本工程为××直埋光缆线路单项工程，其工程施工图如图 10-1 所示。施工地点为四川省西北部 3500 m 的高原地区，其中硬土区 400 m，其余为普通土。在硬土区挖、填光缆沟采用挖、夯填方式，在普通土区挖、填光缆沟采用挖、松填方式。

已知本工程采用 24 芯单模光缆，在高原地区施工，光缆两端需要与外界接续；光缆沟剖面图如图 10-2 所示，下底宽 0.3 m，上宽 0.6 m，光缆沟深 1.5 m；单盘光缆测试按单窗口取定；中继段光缆测试按单窗口取定；本工程施工企业驻地距施工现场 300 km，本工程勘察设计费(除税价)为 1000 元，监理费(除税价)为 1000 元；本工程预算内施工用水、电、蒸汽费按 500 元计取，不计工程干扰费、已完工程及设备保护费、运土费、工程排污费、建设用地及综合赔补费、项目建设管理费、可行性研究费、研究试验费、环境影响评价费、工程保险费、工程招标代理费、生产准备及开办费、建设期利息及其他费用；国内配套主材的运距均为 300 km，本工程使用的主要材料均由建筑服务方提供，具体主材单价如表 10.13 所示。

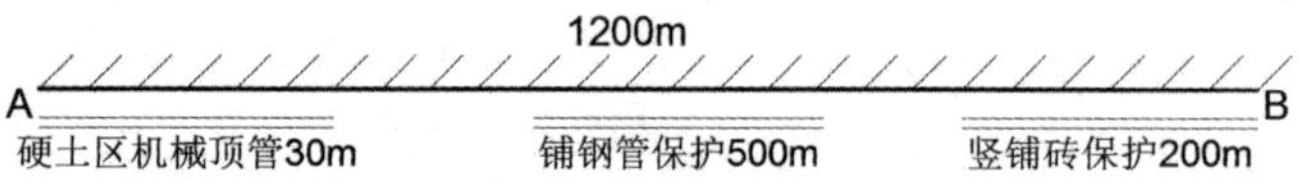

图 10-1　××直埋光缆线路工程路由图

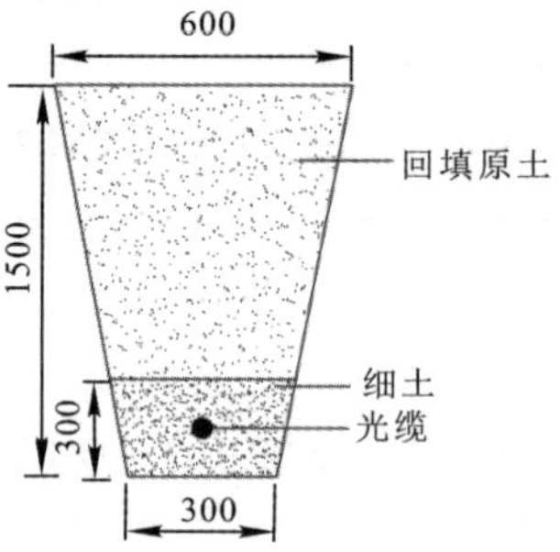

图 10-2　光缆沟剖面图(单位为 mm)

表 10.13　主材单价表

序号	类别	名称	规格	单位	主材单价	增值税税率
1	光缆	光缆	24 芯	m	5.5	13%
2	水泥及水泥构件	机制砖		块	1.5	13%
3	其他	镀锌无缝钢管	ϕ50～ϕ100	m	48	13%
4		管箍		个	10	13%
5		镀锌对缝钢管	ϕ50～ϕ100	m	38	13%
6		套管		个	8	13%
7		光缆接续器材		套	180	13%
8		光缆接头托架		套	15	13%

案例分析

1. 计算工程量

(1) 直埋光缆施工测量：长度=1200 m。

(2) 光缆单盘检测：本工程光缆为 24 芯。

(3) 挖、松填光(电)缆沟及接头坑(普通土)：

$$\text{体积}=(0.6+0.3)\times\frac{1.5}{2}\times 800=540\ \text{m}^3\text{。}$$

(4) 挖、夯填光(电)缆沟及接头坑(硬土)：

$$\text{体积}=(0.6+0.3)\times\frac{1.5}{2}\times(400-30)=249.75\ \text{m}^3\text{。}$$

(5) 敷设直埋光缆：长度=1200 m。

(6) 光缆接续：数量=2 头。

(7) 敷设机械顶管：数量=30m。

(8) 铺钢管保护：数量=500m。

(9) 竖铺砖保护：数量=200m。

(10) 中继段测试：40km 以下 1 个中继段测试。

2. 填写预算表格

1) 工程量预算表、机械使用费预算表、仪器仪表使用费预算表的填写

根据计算出的工程量，查看《通信建设工程预算定额　第四册　通信线路工程》，因为施工地点为 3500m 高原地区，定额中人工工日系数调整为 1.3、机械台班消耗量必须乘以 1.54，完成工程量预算表、机械使用费预算表、仪器仪表使用费预算表的填写，分别如表 10.14、表 10.15、表 10.16 所示。

表 10.14　建筑安装工程工程量预算表

工程名称：××直埋光缆线路工程　建设单位名称：××联通公司　表格编号：TXL-3 甲　第 全 页

序号	定额编号	项目名称	单位	数量	单位定额值/工日		合计值/工日	
					技工	普工	技工	普工
1	TXL1-001	直埋光缆工程施工测量	百米	12	0.728	0.182	8.74	2.18
2	TXL1-006	光缆单盘检验	芯盘	24	0.026	0	0.62	0.00
3	TXL2-001	挖、松填光(电)缆沟及接头坑(普通土)	百立方米	5.4	0	51.194	0.00	276.45
4	TXL2-008	挖、夯填光(电)缆沟及接头坑(硬土)	百立方米	2.4975	0	71.5	0.00	178.57
5	TXL2-015	平原地区敷设直埋光缆(24 芯)	千米/条	1.2	7.644	34.944	9.17	41.93
6	TXL2-108	机械顶管	m	30	0.78	0.26	23.40	7.80
7	TXL2-109	铺钢管保护	m	500	0.039	0.13	19.50	65.00
8	TXL2-113	竖铺砖保护	km	0.2	2.6	13	0.52	2.60
9	TXL6-009	光缆接续(24 芯)	头	2	3.237	0	6.47	0.00
10	TXL6-073	40 km 以下光缆中继段测试	个	1	3.354	0	3.35	0.00
	小计						71.78	574.54

设计负责人：×××　　审核：×××　　编制：××××　　编制日期：××××年××月

表 10.15　建筑安装工程机械使用费预算表

工程名称：××直埋光缆线路工程　建设单位名称：××联通公司　表格编号：TXL-3 乙　第　全　页

序号	定额编号	项目名称	单位	数量	机械名称	单位定额值		合计值/工日	
						数量/台班	单价/元	数量/台班	合价/元
1	TXL2-008	挖、夯填光(电)缆沟及接头坑(硬土区)	百立方米	2.4975	夯实机	1.155	117	2.884 612 5	337.499 663
2	TXL2-108	机械顶管	m	30	液压顶管机	0.231	444	6.93	3076.92
3	TXL2-113	光缆接续(24 芯)	头	2	汽油发电机(10 kW)	0.231	202	0.462	93.324
4	TXL2-113	光缆接续(24 芯)	头	2	光纤熔接机	0.462	144	0.924	133.056
合计									3640.799 66

设计负责人：×××　审核：×××　编制：××××　编制日期：××××年××月

表 10.16　建筑安装工程仪器仪表使用费预算表

工程名称：××直埋光缆线路工程　建设单位名称：××联通公司　TXL-3　丙　第　全　页

序号	定额编号	项目名称	单位	数量	仪表名称	单位定额值		合计值/工日	
						数量/台班	单价/元	数量/台班	合价/元
1	TXL1-001	直埋光缆工程施工测量	百米	12	地下管线探测仪	0.05	157	0.6	94.2
2	TXL1-001	直埋光缆工程施工测量	百米	12	激光测距仪	0.04	119	0.48	57.12
3	TXL1-006	光缆单盘检验	芯盘	24	光时域反射仪	0.05	153	1.2	183.6
4	TXL1-006	光缆单盘检验	芯盘	24	偏振模色散测试仪	0.05	455	1.2	546
5	TXL2-113	光缆接续(24 芯)	头	2	光时域反射仪	0.8	153	1.6	244.8
6	TXL6-073	40 km 以下光缆中继段测试	个	1	光时域反射仪	0.42	153	0.42	64.26
7	TXL6-073	40 km 以下光缆中继段测试	个	1	稳定光源	0.42	117	0.42	49.14
8	TXL6-073	40 km 以下光缆中继段测试	个	1	光功率计	0.42	116	0.42	48.72
9	TXL6-073	40 km 以下光缆中继段测试	个	1	偏振模色散测试仪	0.42	455	0.42	191.1
合计									1478.94

设计负责人：×××　审核：×××　编制：××××　编制日期：××××年××月

2) 主要材料表的填写

在填写主要材料表时，要根据表10.14列出的工程量，统计它们使用的主要材料，如表10.17所示。

表10.17　主材统计表

序号	定额编号	项目名称	单位	数量	主材名称	规格型号	单位	单位定额值	使用量
1	TXL2-015	平原地区敷设埋式光缆(24芯)	千米/条	1.2	光缆	24芯	m	1005	1206
2	TXL2-108	机械顶管	m	30	镀锌无缝钢管	$\phi50\sim\phi100$	m	1.01	30.3
3	TXL2-108	机械顶管	m	30	管箍		个	0.17	5.1
4	TXL2-109	铺钢管保护	m	500	镀锌对缝钢管	$\phi50\sim\phi100$	m	1.01	505
5	TXL2-109	铺钢管保护	m	500	套管		个	0.17	85
6	TXL2-113	竖铺砖保护	km	0.2	机制砖		块	4080	816
7	TXL6-009	光缆接续(24芯)	头	2	光缆接续器材		套	1.01	2.02
8	TXL6-009	光缆接续(24芯)	头	2	光缆接头托架		套	1.01	2.02

对材料进行分类汇总(光缆、电缆、塑料及塑料制品、木材及木制品、水泥及水泥构件及其他)，并将相同材料使用数量进行合并计算，如表10.18所示。

表10.18　主材用量分类汇总表

序号	类别	名称	规格	单位	使用量
1	光缆	光缆	24芯	m	1206
2	水泥及水泥构件	机制砖		块	816
3	其他	镀锌无缝钢管	$\phi50\sim\phi100$	m	30.3
4		管箍		个	5.1
5		镀锌对缝钢管	$\phi50\sim\phi100$	m	505
6		套管		个	85
7		光缆接续器材		套	2.02
8		光缆接头托架		套	2.02

根据工程类型、国内配套主材的运距为300 km等，查找运杂费、运输保险费、采购保管费的费率，完成主要材料表的填写，如表10.19所示。

表 10.19　主要材料表

工程名称：××直埋光缆线路工程　建设单位名称：××联通公司　表格编号：TXL-4　甲　第 全 页

序号	器材名称	规格程式	单位	数量	单价/元	合计/元			备注
					除税价	除税价	增值税	含税价	
1	光缆	24 芯	m	1206	5.5	6633.00	862.29	7495.29	
光缆小计 1						6633.00	862.29	7495.29	
运杂费(小计 1 × 1.7%)						112.76	14.66	127.42	
运输保险费(小计 1 × 0.1%)						6.63	0.86	7.50	
采购保管费(小计 1 × 1.1%)						72.96	9.49	82.45	
光缆类合计 1						6825.36	887.30	7712.65	
2	机制砖		块	816	1.5	1224.00	159.12	1383.12	
水泥及水泥构件小计 2						1224.00	159.12	1383.12	
运杂费(小计 2 × 23%)						281.52	36.60	318.12	
运输保险费(小计 2 × 0.1%)						1.22	0.16	1.38	
采购保管费(小计 2 × 1.1%)						13.46	1.75	15.21	
水泥及水泥构件合计 2						1520.21	197.63	1717.84	
3	镀锌无缝钢管	ϕ50～ϕ100	m	30.3	48	1454.40	189.07	1643.47	
4	管箍		个	5.1	10	51.00	6.63	57.63	
5	镀锌对缝钢管	ϕ50～ϕ100	m	505	38	19 190.00	2494.70	21 684.70	
6	套管		个	85	8	680.00	88.40	768.40	
7	光缆接续器材		套	2.02	180	363.60	47.27	410.87	
8	光缆接头托架		套	2.02	15	30.30	3.94	34.24	
其他类小计 3						21 769.30	2830.01	24 599.31	
运杂费(小计 3 × 4.5%)						979.62	127.35	1106.97	
运输保险费(小计 3 × 0.1%)						21.77	2.83	24.60	
采购保管费(小计 3 × 1.1%)						239.46	31.13	270.59	
其他类合计 3						23 010.15	2991.32	26 001.47	
总计(合计 1 + 合计 2 + 合计 3)						31 355.72	4076.24	35 431.96	

设计负责人：×××　审核：×××　编制：××××　编制日期：××××年××月

3) 建筑安装工程费用预算表的填写

填写建筑安装工程费用预算表时，要按照已知的工程建设条件，确定每项费用的费率，同时注意费用定额中标注的特殊情况等。

(1) 已知施工企业驻地距施工现场 300 km，所以临时设施费费率为 5%。

(2) 已知工程所在地位于高原地区，需计取特殊地区施工增加费。

(3) 本工程为建设方提供主材，所以无甲方提供材料，销项税额 = 建筑安装工程费(除税价) × 9%。

由此完成建筑安装工程费用预算表如表 10.20 所示。

表 10.20　建筑安装工程费用预算表(表二)

工程名称：××直埋光缆线路工程　建设单位名称：××联通公司　表格编号：TXL-2　第　全　页

序号	费用名称	依据和计算方法	合计/元	序号	费用名称	依据和计算方法	合计/元
	建安工程费(含税价)	一 + 二 + 三 + 四	153 496.44	7	夜间施工增加费	人工费 × 2.5%	1080.74
	建安工程费(除税价)	一 + 二 + 三	140 822.42	8	冬雨季施工增加费	人工费 × 2.5%	1080.74
一	直接费	(一) + (二)	105 767.47	9	生产工具用具使用费	人工费 × 1.5%	648.45
(一)	直接工程费	1 + 2 + 3 + 4	79 799.21	10	施工用水电蒸汽费	已知条件	1000.00
1	人工费	(−1) + (−2)	43 229.69	11	特殊地区施工增加费	8 元/天	5170.53
−1	技工费	技工总工日 × 114 元/工日	8183.01	12	已完工程及设备保护费	不计	0.00
−2	普工费	普工总工日 × 61 元/工日	35 046.67	13	运土费	不计	0.00
2	材料费	(−1) + (−2)	31 449.78	14	施工队伍调遣费	240 × 10 × 2	4800.00
−1	主要材料费	来自表 10.19	31.355.72	15	大型施工机械调遣费	调遣用车运价 × 调遣运距 × 2	4320.00
−2	辅助材料费	主要材料费 × 0.3%	94.07	二	间接费	(一) + (二)	26 409.02
3	机械使用费	来自表 10.15	3640.80	(一)	规费	1 + 2 + 3 + 4	14 564.08
4	仪表使用费	来自表 10.16	1478.94	1	工程排污费	不计	0.00
(二)	措施费	1 + 2 + … + 15	25 968.26	2	社会保障费	人工费 × 28.5%	12 320.46
1	文明施工费	人工费 × 1.5%	648.45	3	住房公积金	人工费 × 4.19%	1811.32
2	工地器材搬运费	人工费 × 3.4%	1469.81	4	危险作业意外伤害保险费	人工费 × 1%	432.30
3	工程干扰费	不计	0.00	(二)	企业管理费	人工费 × 27.4%	11 844.93
4	工程点交、场地清理费	人工费 × 3.3%	1426.58	三	利润	人工费 × 20%	8645.94
5	临时设施费	人工费 × 5%	2161.48	四	销项税额	建安费 × 9%	13 041.98
6	工程车辆使用费	人工费 × 5%	2161.48				

设计负责人：×××　审核：×××　编制：××××　编制日期：××××年××月

4) 工程建设其他费预算表的填写

(1) 本工程勘察设计费(除税价)为 1000 元；勘察设计费的增值税 = 1000 × 6% = 60 元。

(2) 本工程监理费(除税价)为 1000 元；监理设计费的增值税 = 1000 × 6% = 60 元。

(3) 安全生产费(除税价) = 建筑安装工程费(除税价) × 1.5%

≈ 2112.34 元

安全生产费的增值税 = 2112.34 × 9% = 190.11 元

由此完成工程建设其他费预算表如表 10.21 所示。

表 10.21　工程建设其他费预算表(表五甲)

工程名称：××直埋光缆线路工程　建设单位名称：××联通公司　表格编号：TXL-5 甲　第　全　页

序号	费 用 名 称	计算依据及方法	金 额 / 元			备注
			除税价	增值税	含税价	
1	建设用地及综合赔补费	不计	0.00	0.00	0	
2	项目建设管理费	不计	0.00	0.00	0	
3	可行性研究费	不计	0.00	0.00	0	
4	研究试验费	不计	0.00	0.00	0	
5	勘察设计费	已知条件	1000.00	60.00	1060.00	
6	环境影响评价费	不计	0.00	0.00	0.00	
7	建设工程监理费	已知条件	1000.00	60.00	1060.00	
8	安全生产费	建安费(除税价) × 1.5%	2112.34	190.11	2302.45	
9	引进技术及进口设备其他费	不计	0.00	0.00	0.00	
10	工程保险费	不计	0.00	0.00	0.00	
11	工程招标代理费	不计	0.00	0.00	0.00	
12	专利及专利技术使用费	不计	0.00	0.00	0.00	
13	其他费用	不计	0.00	0.00	0.00	
	总计		4112.34	310.11	4422.45	
14	生产准备及开办费(运营费)	不计				

设计负责人：×××　　审核：×××　　编制：××××　　编制日期：××××年××月

5) 工程预算总表的填写

建筑安装工程费来自表 10.20，工程建设其他费来自表 10.21。因为本工程是一阶段设计，所以需要计取预备费，预备费的费率为 4%，预备费的增值税 = 预备费(除税价) × 13%。

由此完成的工程预算总表如表 10.22 所示。

表 10.22　工程预算总表(表一)

建设项目名称：××直埋光缆线路工程

项目名称：××直埋光缆线路工程　　建设单位名称：××联通公司　表格编号：TXL-1　　第　全　页

序号	表格编号	费用名称	小型建筑工程费/元	需要安装的设备费/元	不需要安装的设备、工器具费/元	建筑安装工程费/元	其他费用/元	预备费/元	总价值/元			
									除税价/元	增值税/元	含税价/元	其中外币
1	TXL-2	建筑安装工程费				140 822.42			140 822.42	12 674.02	153 496.44	
2	TXL-5甲	工程建设其他费					4112.34		4112.34	310.11	4422.45	
		合计							144 934.76	12 984.13	157 918.89	
3		预备费						5797.39	5797.39	753.66	6551.05	
4		建设期利息										
总计									150 732.15	13 737.79	164 469.94	
其中回收费用												

设计负责人：×××　　审核：×××　　编制：××××　　编制日期：××××年××月

3. 撰写本工程预算的编制说明

1) 工程概况

本设计为××直埋光缆线路单项工程一阶段设计，直埋线路长度 1200 米，预算总价值为 164 469.94 元。

2) 编制依据及有关费用费率的计取

(1) 工信部通信〔2016〕451号《工业和信息化部关于印发信息通信建设工程预算定额、工程费用定额及工程概预算编制规程的通知》。

(2) 《通信建设工程预算定额　第四册　通信线路工程》。

(3) 本工程勘察设计费(除税价)为 1000 元，监理费(除税价)为 1000 元，预算内施工用水、电、蒸汽费按 500 元计取，不计工程干扰费、已完工程及设备保护费、运土费、工程排污费、建设用地及综合赔补费、项目建设管理费、可行性研究费、研究试验费、环境影响评价费、工程保险费、工程招标代理费、生产准备及开办费、建设期利息及其他费用。

3) 工程技术经济指标分析

本工程总投资为 164 469.94 元，其中建筑安装工程费为 153 496.44 元，工程建设其他费为 4422.45 元，预备费为 6551.05 元。各部分费用所占比例如表 10.23 所示。

表 10.23　工程技术经济指标分析表

工程项目名称：××直埋光缆线路工程				
序 号	项　目	单　位	经济指标分析	
			数　量	指　标/%
1	工程总投资(预算)	元	164 469.44	100.00
	其中：需要安装的设备	元	0.00	0.00
	建筑安装工程费	元	153 496.44	93.33
	预备费	元	6551.05	3.98
	工程建设其他费	元	4422.45	2.69
2	光缆总皮长	公里	1.20	
3	折合纤芯公里	纤芯公里	28.80	
4	皮长造价	元/公里	137 058.28	
5	单位工程造价	元/纤芯公里	5710.76	

拓展案例

按照任务 6 的拓展案例工程图纸(图 6-15)要求，请根据 2017 版信息通信工程定额进行已有管道线路预算的编制，已知条件如下。

(1) 本工程施工企业驻地距施工现场 30 km；工地所在地为江苏省××高校校园内，为非特殊地区。

(2) 本工程勘察设计费(除税价)为 1000 元，监理费(除税价)为 500 元。

(3) 光缆自然弯曲系数忽略不计，单盘光缆测试按单窗口取定，不要求测试偏振模色散。

(4) 本工程预算内不计列施工用水电蒸汽费、运土费、工程排污费、建设用地及综合赔补费、项目建设管理费、可行性研究费、研究试验费、环境影响评价费、工程保险费、工程招标代理费、其他费用、生产准备及开办费及建设期利息。

(5) 本工程主材运距均为 100 km，本工程主材均由建筑服务方提供，具体主材单价见表 10.24 所示。

表 10.24　主材单价表

序号	名称	规格程式	单位	主材单价(除税价)/元	增值税税率
1	光缆	36 芯	m	3.8	13%
2	聚乙烯塑料管		m	25	13%
3	固定堵头		个	3	13%
4	塞子		个	5	13%
5	聚乙烯波纹管		m	3.5	13%

续表

序号	名称	规格程式	单位	主材单价(除税价)/元	增值税税率
6	胶带(PVC)		盘	1.5	13%
7	托板垫		块	6.9	13%
8	水泥 32.5		kg	0.5	13%
9	中粗沙		kg	0.1	13%
10	镀锌铁线ϕ1.5	ϕ1.5	kg	6.8	13%
11	光缆托板		块	6.5	13%
12	余缆架		套	52	13%
13	标志牌		个	1	13%

课后习题

1. 单项选择题

(1) 某直埋线路工程在位于海拔 2000 m 以上的原始森林地区进行室外施工，如果根据工程量统计的工日为 1000 工日，海拔 2000 m 以上和森林施工对应调整系数分别为 1.13 和 1.3，则工程预算的总工日为(　　)工日。

A. 1130　　B. 1300

C. 1469　　D. 2430

(2) 下列施工仪表单价在(　　)元时可计入施工仪表台班消耗量。

A. 1600　　B. 1800

C. 2100　　D. 1900

(3) 如果进行光缆双窗口中继段测试，则人工和仪表分别要乘以(　　)的系数。

A. 1.2　　B. 1.5

C. 1.8　　D. 2.0

2. 判断题

(1) 在套用定额时，无论开挖何种路面，所套用的定额都相同。(　　)

(2) 在套用定额时，挖、填光(电)缆沟及接头坑的土质不同，所套用的定额不同。(　　)

(3) 在套用定额时，敷设不同芯数的埋式光(电)缆，所套用的定额都相同。(　　)

(4) 在套用定额时，无论采用何种顶管方式，所套用的定额都相同。(　　)

(5) 在套用定额时，采用的埋式光(电)缆保护措施不同，所套用的定额不同。(　　)

3. 填空题

(1) 建筑安装工程费用概预算表中冬天雨季施工增加费针对Ⅱ类地区的费率为________。

(2) 如海拔高程为 2000～4000 m，则特殊地区施工增加费的补贴金额为______元/天。

(3) 某直埋线路工程，如果施工企业距工程所在地为 100 km，则临时设施费的费率为__________。

(4) 某直埋线路工程在计算辅助材料费时，其辅助材料费的费率为__________。

4. 简答题

(1) 简述直埋线路工程的工作流程。

(2) 简述直埋线路工程的施工测量的工作内容是什么。

(3) 简述直埋线路工程的挖、填光(电)缆沟及接头坑的工作内容是什么。

(4) 简述直埋线路工程的埋式光(电)缆的保护与防护的工作内容是什么。

任务 11　管道工程预算编制

11.1　任 务 描 述

为了将项目二中任务 7 的通信管道勘察工程造价统计出来，小王要求项目组的小张在一周内完成××高校校园通信管道工程预算的编制。

已知条件如下：

(1) 任务 7 的××高校校园管道工程图见图 7-1，已有管道线路工程图见图 7-3(c)。

(2) 本工程施工企业距离施工现场 200 km。

(3) 本工程新建管道工程勘察设计费(除税价)为 800 元，监理费(除税价)为 500 元；已有管道线路工程的勘察设计费(除税价)为 1000 元，监理费(除税价)为 500 元。

(4) 本工程预算内新建管道工程的施工用水、电、蒸汽费按 500 元计取，已有管道线路工程的施工用水、电、蒸汽费按 200 元计取，不计工程干扰费、已完工程及设备保护费、运土费、工程排污费、建设用地及综合赔补费、项目建设管理费、可行性研究费、研究试验费、环境影响评价费、工程保险费、工程招标代理费、生产准备及开办费、建设期利息及其他费用。

本工程使用的主要材料均由建筑服务方提供，材料平均运距均按 200 km 计算，材料单价如表 11.1 所示。

表 11.1　主材单价表

序号	类别	名称	规格	单位	主材单价	增值税税率
1	光缆	光缆	36 芯	m	5.90	13%
2	塑料及塑料制品	塑料管(含连接件)		m	10	13%
3		塑料管支架		套	2	13%
4		聚乙烯塑料管		m	3.00	13%
5		聚乙烯波纹管		m	5.00	13%
6		固定堵头		个	3.00	13%
7		塞子		个	1.00	13%
8		胶带(PVC)		盘	2.00	13%
9	水泥及水泥构件	水泥	32.5	t	400	13%
10		粗沙		t	170	13%
11		中粗沙		kg	0.12	13%
12		碎石 7		t	90	13%
13		机制砖		千块	300	13%

续表

序号	类别	名称	规格	单位	主材单价	增值税税率
14	水泥及水泥构件	预制混凝土横梁		块	50	13%
15	木材及木制品	板方材III等		m^3	2600	13%
16	其他	管材(直)		根	10	13%
17		管材(弯)		根	10	13%
18		管卡		副	10	13%
19		钢筋	ϕ10	kg	3.2	13%
20		钢筋	ϕ12	kg	3.6	13%
21		钢筋	ϕ14	kg	3.8	13%
22		人孔口圈车行道		套	1600	13%
23		电缆托架	60 cm	根	5	13%
24		电缆托架用穿钉	M16	副	2	13%
25		积水罐		套	55.8	13%
26		拉力环		个	15.6	13%
27		镀锌铁线	ϕ1.5	kg	6.50	13%
28		光缆托板		块	5.00	13%
29		托板垫		块	10.00	13%
30		余缆架		套	15.00	13%
31		标志牌		个	2.00	13%

11.2　任务分析

为了完成××高校校园管道工程预算的编制，小张首先要完成预算表的填写，再完成预算编制说明的撰写。

预算表填写前，首先对任务7的管道工程图纸进行全面检查，其中包括要素是否完整，标注是否有误，技术说明是否表达清晰，有无本工程的工程量表，并收集工信部通信〔2016〕451号定额及勘察设计合同的具体内容。然后根据任务7的图纸进行工程量统计。再套用《通信建设工程预算定额　第四册　通信线路工程》和《通信建设工程预算定额　第五册　通信管道工程》完成工程量预算表的填写，查机械、仪表台班单价、主材单价完成机械使用费预算表、仪器仪表使用费预算表、主要材料表的填写，依据费用定额查费率完成建筑安装工程费用预算表、工程建筑其他费预算表的填写；之后进行工程预算总表的填写，最后重新复核检查预算表的正确性。

编制说明从工程概况、编制依据及算法说明、工程技术经济指标分析、其他需要说明的问题四个方面进行撰写。

注：管道工程分为管道线路工程和通信管道工程。其中，管道线路工程是指利用已有的管道进行布放光(电)缆的工程；通信管道工程是指新建管道再布放光(电)缆的工程。

11.3　任务实施

11.3.1　通信管道工程预算的编制

通信管道工程预算编制操作过程如下：

1. 列写工作量

仔细阅读图纸，列出图 7-1 中通信管道工程所有的工程量。

(1) 管道工程施工测量：

$$测量长度 = 45 + 45 + 40 + 2 = 132\ \text{m}$$

(2) 人工开挖管道沟及人孔坑：

$$管道沟及人孔坑数量 = 3 \times 1.45 + (0.725 + 0.514) \times \frac{0.702}{2} \times 132 \approx 61.75\ \text{m}^3$$

(3) 回填土方(松填原土)：

$$土方体积 = (0.725 + 0.514) \times \frac{0.702}{2} \times 132 \approx 57.41\ \text{m}^3$$

(4) 手推车倒运土方：土方体积 $= 3 \times 1.45 \approx 4.35\ \text{m}^3$。

(5) 铺设塑料管管道 2 孔：管道孔数量 $= 45 + 45 + 40 + 2 = 132$ m。

(6) 安装引上钢管(ϕ50)：引上钢管数量=1 处。

(7) 砖砌手孔 90×120(现场浇筑上覆)：手孔 11#、12#、13#数量=3 个。

2. 填写建筑安装工程工程量预算表

套用《通信建设工程预算定额　第五册　通信管道工程》，完成工程量预算表的填写，如表 11.2 所示。

表 11.2　建筑安装工程工程量预算表(表三甲)

工程名称：××通信管道工程　建设单位名称：××联通公司　表格编号：TXL-3　甲　第　全　页

序号	定额编号	项目名称	单位	数量	单位定额值/工日		合计值/工日	
					技工	普工	技工	普工
1	TGD1-001	管道工程施工测量	100 m	1.32	0.88	0.22	1.16	0.29
2	TGD1-017	人工开挖管道沟及人孔坑	100 m^3	0.62	0	26.25	0.00	16.28
3	TGD1-027	回填土方(松填原土)	100 m^3	0.57	0	14	0.00	7.98
4	TGD1-034	手推车倒运土方	100 m^3	0.04	0	12	0.00	0.48
5	TGD2-086	铺设塑料管管道 2 孔	100 m	1.32	0.69	1.06	0.91	1.40
6	TGD2-143	安装引上钢管(ϕ50)	处	1	0.25	0.25	0.25	0.25
7	TGD3-026	砖砌手孔 90 × 120(现场浇筑上覆)	个	3	3.75	4.15	11.25	12.45
小计							13.57	39.12
合计(小计 × 1.15)							15.61	44.99

设计负责人：×××　　审核：×××　　编制：××××　　编制日期：××××年××月

3. 填写机械使用费预算表和仪器仪表使用费预算表

依据表 11.2，查机械、仪表台班单价定额完成机械使用费预算表、仪器仪表使用费预算表的填写。因为本工程中无机械使用，所以只有仪器仪表使用费预算表，如表 11.3 所示。

表 11.3　建筑安装工程仪器仪表使用费预算表(表三丙)

工程名称：××通信管道工程　　建设单位名称：××联通公司　　TXL-3　丙　　第　全　页

序号	定额编号	项目名称	单位	数量	仪表名称	单位定额值		合计值/工日	
						数量/台班	单价/元	数量/台班	合价/元
1	TGD1-001	管道工程施工测量	100 m	1.32	激光测距仪	0.2	119	0.264	31.42
2	TGD1-001	管道工程施工测量	100 m	1.32	地下管线探测仪	0.2	157	0.264	41.45
	合计								72.86

设计负责人：×××　　审核：×××　　编制：××××　　编制日期：××××年××月

4. 依据主材单价表进行主要材料表的填写

1) 确定主材使用量并完成统计表

根据表 11.2 找到每个定额下面的主材使用量，结果如表 11.4 所示。

表 11.4　主 材 统 计 表

序号	定额编号	项目名称	单位	数量	主材名称	规格型号	单位	单位定额值	使用量
1	TGD2-086	铺设塑料管管道 2 孔	100 m	1.32	塑料管(含连接件)		m	202	266.64
2	TGD2-086	铺设塑料管管道 2 孔	100 m	1.32	塑料管支架		套	17	22.44
3	TGD2-143	安装引上钢管(ϕ50)	处	1	管材(直)		根	1.01	1.01
4	TGD2-143	安装引上钢管(ϕ50)	处	1	管材(弯)		根	1.01	1.01
5	TGD2-143	安装引上钢管(ϕ50)	处	1	管卡		副	2.02	2.02
6	TGD3-026	砖砌手孔 90 × 120 (现场浇筑上覆)	个	3	水泥	32.5	t	0.53	1.59
7	TGD3-026	砖砌手孔 90 × 120 (现场浇筑上覆)	个	3	粗沙		t	1.38	4.14
8	TGD3-026	砖砌手孔 90 × 120 (现场浇筑上覆)	个	3	碎石	7	t	0.72	2.16
9	TGD3-026	砖砌手孔 90 × 20 (现场浇筑上覆)	个	3	机制砖		千块	0.83	2.49
10	TGD3-026	砖砌手孔 90 × 120 (现场浇筑上覆)	个	3	钢筋	ϕ10	kg	1.76	5.28
11	TGD3-026	砖砌手孔 90 × 120 (现场浇筑上覆)	个	3	钢筋	ϕ12	kg	13.41	40.23
12	TGD3-026	砖砌手孔 90 × 120 (现场浇筑上覆)	个	3	钢筋	ϕ14	kg	13.82	41.46
13	TGD3-026	砖砌手孔 90 × 120 (现场浇筑上覆)	个	3	板方材	III 等	m^3	0.01	0.03
14	TGD3-026	砖砌手孔 90 × 120 (现场浇筑上覆)	个	3	人孔口圈车行道		套	1.01	3.03

续表

序号	定额编号	项目名称	单位	数量	主材名称	规格型号	单位	单位定额值	使用量
15	TGD3-026	砖砌手孔 90 × 120 (现场浇筑上覆)	个	3	电缆托架	60 cm	根	4.04	12.12
16	TGD3-026	砖砌手孔 90 × 120 (现场浇筑上覆)	个	3	电缆托架穿钉	M16	副	8.08	24.24
17	TGD3-026	砖砌手孔 90 × 120 (现场浇筑上覆)	个	3	积水罐		套	1.01	3.03
18	TGD3-026	砖砌手孔 90 × 120 (现场浇筑上覆)	个	3	拉力环		个	2.02	6.06
19	TGD3-026	砖砌手孔 90 × 120 (现场浇筑上覆)	个	3	预制混凝土横梁		块	2	6

2) 对主材进行分类汇总

对材料进行分类汇总(光缆、电缆、塑料及塑料制品、木材及木制品、水泥及水泥构件及其他)，并将相同材料的使用数量进行合并计算，如表 11.5 所示。

表 11.5　主材用量分类汇总表

序号	类别	名称	规格	单位	使用量
1	塑料及塑料制品	塑料管(含连接件)		m	266.64
2		塑料管支架		套	22.44
3	水泥及水泥构件	水泥	32.5	t	1.59
4		粗沙		t	4.14
5		碎石 7		t	2.16
6		机制砖		千块	2.49
7		预制混凝土横梁		块	6
8	木材及木制品	板方材III等		m^3	0.03
9	其他	直型管材		根	1.01
10		弯型管材		根	1.01
11		管卡		副	2.02
12		钢筋	ϕ10	kg	5.28
13		钢筋	ϕ12	kg	40.23
14		钢筋	ϕ14	kg	41.46
15		人孔口圈车行道		套	3.03
16		电缆托架	60 cm	根	12.12
17		电缆托架用穿钉	M16	副	24.24
18		积水罐		套	3.03
19		拉力环		个	6.06

3) 进行本工程的主要材料表的填写

根据工程类型、国内配套主材的运距为 200km 等信息，查找运杂费、运输保险费、采购及保管费对应的费率，完成主要材料表的填写，如表 11.6 所示。

表 11.6 主要材料表

工程名称：××通信管道工程 建设单位名称：××联通公司 表格编号：TXL-4 甲 第 全 页

序号	器材名称	规格程式	单位	数量	单价/元	合计/元			备注
					除税价	除税价	增值税	含税价	
1	塑料管(含连接件)		m	266.64	10	2666.40	346.63	3013.03	
2	塑料管支架		套	22.44	2	44.88	5.83	50.71	
塑料及塑料制品小计 1						2711.28	352.47	3063.75	
运杂费(小计 1 × 4.8%)						130.14	16.92	147.06	
运输保险费(小计 1 × 0.1%)						2.71	0.35	3.06	
采购保管费(小计 1 × 3.0%)						81.34	10.57	91.91	
塑料及塑料制品合计 1						2925.47	380.31	3305.78	
3	水泥	32.5	t	1.59	400	636.00	82.68	718.68	
4	粗沙		t	4.14	170	703.80	91.49	795.29	
5	碎石 7		t	2.16	90	194.40	25.27	219.67	
6	机制砖		千块	2.49	300	747.00	97.11	844.11	
7	预制混凝土横梁		块	6	50	300.00	39.00	339.00	
水泥及水泥构件小计 2						2581.20	335.56	2916.76	
运杂费(小计 2 × 20%)						516.24	67.11	583.35	
运输保险费(小计 2 × 0.1%)						2.58	0.34	2.92	
采购保管费(小计 2 × 3.0%)						77.44	10.07	87.50	
水泥及水泥构件合计 2						3177.46	413.07	3590.53	
8	板方材III等		m^3	0.03	2600	78.00	10.14	88.14	
木材及木制品小计 3						78.00	10.14	88.14	
运杂费(小计 3 × 9.4%)						7.33	0.95	8.29	
运输保险费(小计 3 × 0.1%)						0.08	0.01	0.09	
采购保管费(小计 3 × 3.0%)						2.34	0.30	2.64	
木材及木制品合计 3						87.75	11.41	99.16	
9	直型管材		根	1.01	10	10.10	1.31	11.41	

续表

序号	器材名称	规格程式	单位	数量	单价/元	合计/元			备注
					除税价	除税价	增值税	含税价	
10	弯型管材		根	1.01	10	10.10	1.31	11.41	
11	管卡		副	2.02	10	20.20	2.63	22.83	
12	钢筋	ϕ10	kg	5.28	3.2	16.90	2.20	19.09	
13	钢筋	ϕ12	kg	40.23	3.6	144.83	18.83	163.66	
14	钢筋	ϕ14	kg	41.46	3.8	157.55	20.48	178.03	
15	人孔口圈车行道		套	3.03	1600	4848.00	630.24	5478.24	
16	电缆托架	60 cm	根	12.12	5	60.60	7.88	68.48	
17	电缆托架用穿钉	M16	副	24.24	2	48.48	6.30	54.78	
18	积水罐		套	3.03	55.8	169.07	21.98	191.05	
19	拉力环		个	6.06	15.6	94.54	12.29	106.83	
其他类小计 4						5580.36	725.45	6305.81	
运杂费(小计 4×4%)						223.21	29.02	252.23	
运输保险费(小计 4×0.1%)						5.58	0.73	6.31	
采购保管费(小计 4×3.0%)						167.41	21.76	189.17	
其他类合计 4						5976.57	776.95	6753.52	
总计(合计 1+合计 2+合计 3+合计 4)						12 167.25	1581.74	13 748.99	

设计负责人：×××　　审核：×××　　编制：××××　　编制日期：××××年××月

5. 填写工程费用表和其他费用表

依据费用定额及给定的条件，查找对应的费率完成建筑安装工程费用预算表、工程建设其他费预算表的填写，如表 11.7、表 11.8 所示。

(1) 填写建筑安装工程费用预算表时，需要按照已知的工程建设条件，确定每项费用对应的费率，同时注意费用定额中标注的特殊情况等。已知施工企业驻地距施工现场 200 km，所以临时设施费费率为 5%；工程所在地位于江苏省的非特殊地区，所以不计取特殊地区施工增加费；本工程为建设方提供主材，无甲方提供材料，销项税额 = 建筑安装工程费(除税价) × 9%。

(2) 填写表 11.8 时，本工程勘察设计费(除税价)为 800 元，勘察设计费的增值税 = 800 × 6% = 48 元；本工程监理费(除税价)为 500 元，监理费的增值税 = 500×6%=30 元；安全生产费(除税价) = 建筑安装工程费(除税价) × 1.5% = 354.37 元，安全生产费的增值税 = 354.37 × 9% = 31.89 元。

表 11.7　建筑安装工程费用预算表(表二)

工程名称：××通信管道工程　　建设单位名称：××联通公司　　表格编号：TXL-2　　第　全　页

序号	费用名称	依据和计算方法	合计/元	序号	费用名称	依据和计算方法	合计/元
	建安工程费(含税价)	一＋二＋三＋四	25 750.76	7	夜间施工增加费	人工费 × 2.5%	113.10
	建安工程费(除税价)	一＋二＋三	23 624.55	8	冬雨季施工增加费	人工费 × 1.8%	81.43
一	直接费	(一)＋(二)	19 956.09	9	生产工具用具使用费	人工费 × 1.5%	67.86
(一)	直接工程费	1＋2＋3＋4	16 824.88	10	施工用水电蒸汽费	已知条件	500.00
1	人工费	(−1)＋(−2)	4523.93	11	特殊地区施工增加费	不计	0.00
−1	技工费	技工总工日 ×114 元/工日	1779.34	12	已完工程及设备保护费	不计	0.00
−2	普工费	普工总工日 × 61 元/工日	2744.59	13	运土费	不计	0.00
2	材料费	(−1)＋(−2)	12 228.08	14	施工队伍调遣费	174 × 5 × 2	1740.00
−1	主要材料费	来自表 11.6	12 167.25	15	大型施工机械调遣费	不计	0.00
−2	辅助材料费	主要材料费 × 0.5%	60.84	二	间接费	(一)＋(二)	2763.67
3	机械使用费	来自机械使用费预算表	0.00	(一)	规费	1＋2＋3＋4	1524.11
4	仪表使用费	来自表 11.3	72.86	1	工程排污费	不计	0.00
(二)	措施费	1＋2＋…＋15	3131.21	2	社会保障费	人工费 × 28.5%	1289.32
1	文明施工费	人工费 × 1.5%	67.86	3	住房公积金	人工费 × 4.19%	189.55
2	工地器材搬运费	人工费 × 1.2%	54.29	4	危险作业意外伤害保险费	人工费 × 1%	45.24
3	工程干扰费	不计	0.00	(二)	企业管理费	人工费 × 27.4%	1239.56
4	工程点交、场地清理费	人工费 × 1.4%	63.34	三	利润	人工费 × 20%	904.79
5	临时设施费	人工费 × 7.6%	343.82	四	销项税额	建安费 × 9%	2126.21
6	工程车辆使用费	人工费 × 2.2%	99.53				

设计负责人：×××　　审核：×××　　编制：××××　　编制日期：××××年××月

表 11.8　工程建设其他费预算表(表五甲)

工程名称：××通信管道工程　建设单位名称：××联通公司　表格编号：TXL-5 甲　第　全　页

序号	费 用 名 称	计算依据及方法	金额/元			备注
			除税价	增值税	含税价	
1	建设用地及综合赔补费	不计	0.00	0.00	0	
2	项目建设管理费	不计	0.00	0.00	0	
3	可行性研究费	不计	0.00	0.00	0	
4	研究试验费	不计	0.00	0.00	0	
5	勘察设计费	已知条件	800.00	48.00	848.00	
6	环境影响评价费	不计	0.00	0.00	0.00	

续表

序号	费 用 名 称	计算依据及方法	金额/元			备注
			除税价	增值税	含税价	
7	建设工程监理费	已知条件	500.00	30.00	530.00	
8	安全生产费	建安费(除税价) × 1.5%	354.37	31.89	386.26	
9	引进技术及进口设备其他费	不计	0.00	0.00	0.00	
10	工程保险费	不计	0.00	0.00	0.00	
11	工程招标代理费	不计	0.00	0.00	0.00	
12	专利及专利技术使用费	不计	0.00	0.00	0.00	
13	其他费用	不计	0.00	0.00	0.00	
	总计		1654.37	109.89	1764.26	
14	生产准备及开办费 (运营费)	不计				

设计负责人：×××　　审核：×××　　编制：××××　　编制日期：××××年××月

6. 填写工程预算总表

工程预算总表中建筑安装工程费来自表 11.7，工程建设其他费来自表 11.8。因为本工程是一阶段的设计，所以需要计取预备费，预备费的费率为 5%，结果如表 11.9 所示。

表 11.9　工程预算总表(表一)

建设项目名称：××高校校园 A 基站光缆接入工程

项目名称：××通信管道工程　　建设单位名称：××联通公司　　表格编号：TXL-1　　第　全　页

序号	表格编号	费用名称	小型建筑工程费/元	需要安装的设备费/元	不需要安装的设备、工器具费/元	建筑安装工程费/元	其他费用/元	预备费/元	总价值/元			
									除税价/元	增值税/元	含税价/元	其中外币
1	TXL-2	建筑安装工程费				23 624.55			23 624.55	2126.21	25 750.76	
2	TXL-5甲	工程建设其他费					1654.37		1654.37	108.89	1764.26	
		合计							25 278.92	2236.10	27 515.02	
3		预备费						1263.95	1263.95	164.31	1428.26	
4		建设期利息										
总计									26 542.86	2400.42	28 943.28	
其中回收费用												

设计负责人：×××　　审核：×××　　编制：××××　　编制日期：××××年××月

7. 编写本工程预算的编制说明

1) 工程概况

本设计为××通信管道单项工程一阶段设计，管道长度 132 米，预算总价值为 28 943.28 元。

2) 编制依据及有关费用费率的计取

(1) 工信部通信〔2016〕451号《工业和信息化部关于印发信息通信建设工程预算定额、工程费用定额及工程概预算编制规程的通知》。

(2) 《信息通信建设工程预算定额　第五册　通信管道工程》。

(3) 本工程勘察设计费(除税价)为800元，监理费(除税价)为500元，预算内施工用水、电、蒸汽费按500元计取，不计工程干扰费、已完工程及设备保护费、运土费、工程排污费、建设用地及综合赔补费、项目建设管理费、可行性研究费、研究试验费、环境影响评价费、工程保险费、工程招标代理费、生产准备及开办费、建设期利息及其他费用。

3) 工程技术经济指标分析

本工程总投资为28 943.28元，其中建筑安装工程费为25 750.76元，工程建设其他费为1764.26元，预备费为1428.26元。各部分费用所占比例如表11.10所示。

表11.10　工程技术经济指标分析表

工程项目名称：××通信管道工程				
序号	项　目	单　位	经济指标分析	
			数　量	指　标/%
1	工程总投资(预算)	元	28 943.28	100.00
	其中：需要安装的设备	元	0.00	0.00
	建筑安装工程费	元	25 750.76	88.97
	预备费	元	1428.26	4.93
	工程建设其他费	元	1764.28	6.10
2	管道总皮长	公里	0.13	
3	单位工程造价	元/孔千米	109 633.64	

11.3.2 通信管道线路工程预算的编制

通信管道线路工程预算编制操作过程如下所述。

1. 列出工作量

仔细阅读图纸，列出图7-3(c)中通信管道线路工程所有的工程量。

(1) 管道线路工程施工测量：线路长度 = 70 + 75 + 70 + 65 + 50 + 20 + 65 + 55 + 45 + 50 + 45 + 45 + 40 + 2 = 697 m。

(2) 人工敷设塑料子管(4孔)：塑料子管长度 = 70 + 75 + 70 + 65 + 50 + 20 + 65 + 55 + 45 + 50 + 45 + 45 + 40 + 2 = 697 m。

(3) 敷设管道光缆(36芯)：光缆长度 = 70 + 75 + 70 + 65 + 50 + 20 + 65 + 55 + 45 + 50 + 45 + 45 + 40 + 2 = 697 m。

(4) 打人孔墙洞(砖砌，3孔管以下)：1#、13#人孔数量 = 2处。

(5) 穿放引上光缆：引上光缆数量 = 1条。

2. 填写工程量预算表

套用《通信建设工程预算定额　第四册　通信线路工程》完成工程量预算表的填写，如表 11.11 所示。

表 11.11　建筑安装工程工程量预算表(表三甲)

项目名称：××通信管道线路工程　建设单位名称：××联通公司　表格编号：TXL-3 甲　第　全　页

序号	定额编号	项目名称	单位	数量	单位定额值/工日		合计值/工日	
					技工	普工	技工	普工
1	TXL1-003	管道线路工程施工测量	百米	6.97	0.35	0.09	2.44	0.63
2	TXL4-007	人工敷设塑料子管(4 孔)	km	0.697	7.13	12.96	4.97	9.03
3	TXL4-013	敷设管道光缆(36 芯)	千米/条	0.697	8.02	15.35	5.59	10.70
4	TXL4-033	打人孔墙洞(砖砌，3 孔管以下)	处	2	0.36	0.36	0.72	0.72
5	TXL4-050	穿放引上光缆	条	1	0.52	0.52	0.52	0.52
小计							14.24	21.60
系数调整后合计(小计 × 1.15)							16.37	24.84

设计负责人：×××　　　审核：×××　　　编制：××××　　　编制日期：××××年××月

3. 完成机械使用费预算表和仪器仪表使用费预算表的填写

依据表 11.11，查机械、仪表台班单价定额完成机械使用费预算表和仪器仪表使用费预算表的填写。因为本工程中无机械使用，所以只有仪器仪表使用费预算表，如表 11.12 所示。

表 11.12　建筑安装工程仪器仪表使用费预算表(表三丙)

项目名称：××通信管道线路工程　　建设单位名称：××联通公司　　TXL-3　丙　　第　全　页

序号	定额编号	项目名称	单位	数量	仪表名称	单位定额值		合计值/工日	
						数量/台班	单价/元	数量/台班	合价/元
1	TXL1-003	管道线路工程施工测量	百米	6.97	激光测距仪	0.04	119	0.28	33.18
2	TXL4-007	人工敷设塑料子管(4 孔)	km	0.697	有毒有害气体检测仪	0.5	117	0.35	40.77
3	TXL4-007	人工敷设塑料子管(4 孔)	km	0.697	可燃气体检测仪	0.5	117	0.35	40.77
4	TXL4-013	敷设管道光缆(36 芯)	千米/条	0.697	有毒有害气体检测仪	0.42	117	0.29	34.25
5	TXL4-013	敷设管道光缆(36 芯)	千米/条	0.697	可燃气体检测仪	0.42	117	0.29	34.25
合计									183.23

设计负责人：×××　　　审核：×××　　　编制：××××　　　编制日期：××××年××月

4. 依据主材单价表进行主要材料表的填写

1) 填写主材统计表

根据表 11.11 找到每个定额下面的主材使用量，结果如表 11.13 所示。

表 11.13　主材统计表

序号	定额编号	项目名称	单位	数量	主材名称	规格型号	单位	单位定额值	使用量
1	TXL4-007	人工敷设塑料子管(4 孔)	km	0.697	聚乙烯塑料管		m	4080	2843.76
2	TXL4-007	人工敷设塑料子管(4 孔)	km	0.697	固定堵头		个	24.3	16.94
3	TXL4-007	人工敷设塑料子管(4 孔)	km	0.697	塞子		个	73.5	51.23
4	TXL4-007	人工敷设塑料子管(4 孔)	km	0.697	镀锌铁线	ϕ1.5	kg	3.05	2.13
5	TXL4-013	敷设管道光缆(36 芯)	千米/条	0.697	聚乙烯波纹管		m	26.7	18.61
6	TXL4-013	敷设管道光缆(36 芯)	千米/条	0.697	胶带(PVC)		盘	52	36.24
7	TXL4-013	敷设管道光缆(36 芯)	千米/条	0.697	镀锌铁线	ϕ1.5	kg	3.05	2.13
8	TXL4-013	敷设管道光缆(36 芯)	千米/条	0.697	光缆		m	1015	707.46
9	TXL4-013	敷设管道光缆(36 芯)	千米/条	0.697	光缆托板		块	48.5	33.80
10	TXL4-013	敷设管道光缆(36 芯)	千米/条	0.697	托板垫		块	48.5	33.80
11	TXL4-013	敷设管道光缆(36 芯)	千米/条	0.697	余缆架		套	20	13.94
12	TXL4-013	敷设管道光缆(36 芯)	千米/条	0.697	标志牌		个	20	13.94
13	TXL4-033	打人孔墙洞(砖砌，3 孔管以下)	处	2	水泥	32.5	kg	5	10.00
14	TXL4-033	打人孔墙洞(砖砌，3 孔管以下)	处	2	中粗沙		kg	10	20.00
15	TXL4-050	穿放引上光缆	条	1	光缆		m	6	6.00
16	TXL4-050	穿放引上光缆	条	1	镀锌铁线	ϕ1.5	kg	0.1	0.10
17	TXL4-050	穿放引上光缆	条	1	聚乙烯塑料管		m	6	6.00

2) 对主材进行分类汇总

对材料进行分类汇总(光缆、电缆、塑料及塑料制品、木材及木制品、水泥及水泥构件及其他)，并将相同材料使用的数量进行合并计算，如表 11.14 所示。

表 11.14　主材用量分类汇总表

序号	类别	名称	规格	单位	使用量
1	光缆	光缆	36 芯	m	713.46
2	塑料及塑料制品	聚乙烯塑料管		m	2849.76
3		聚乙烯波纹管		m	18.61
4		固定堵头		个	16.94
5		塞子		个	51.23
6		胶带(PVC)		盘	34.24
7	水泥及水泥构件	水泥	32.5	kg	10.00
8		中粗沙		kg	20.00
9	其他	镀锌铁线	ϕ1.5	kg	4.36
10		光缆托板		块	33.80
11		托板垫		块	33.80
12		余缆架		套	13.94
13		标志牌		个	13.94

3) 进行本工程的主要材料表的填写

根据工程类型、国内配套主材的运距为 200 km 等，查找运杂费、运输保险费、采购及保管费对应的费率，完成主要材料表的填写，如表 11.15 所示。

表 11.15　主 要 材 料 表

工程名称：××通信管道工程　　建设单位名称：××联通公司　　表格编号：TXL-4　甲　　第　全　页

序号	器材名称	规格程式	单位	数量	单价/元	合计/元			备注
					除税价	除税价	增值税	含税价	
1	光缆	36 芯	m	713.46	5.90	4209.41	547.22	4756.64	
光缆小计 1						4209.41	547.22	4756.64	
运杂费(小计 1×1.5%)						63.14	8.21	71.35	
运输保险费(小计 1×0.1%)						4.21	0.55	4.76	
采购保管费(小计 1×1.1%)						46.30	6.02	52.32	
光缆合计 1						4323.04	562.00	4885.03	
2	聚乙烯塑料管		m	2849.76	3.00	8549.28	1111.41	9660.69	
3	聚乙烯波纹管		m	18.61	5.00	93.05	12.10	105.15	
4	固定堵头		个	16.94	3.00	50.82	6.61	57.43	
5	塞子		个	68.31	1.00	68.31	8.88	77.19	
6	胶带(PVC)		盘	36.24	2.00	72.49	9.42	81.91	
塑料及塑料制品小计 2						8833.93	1148.41	9982.35	
运杂费(小计 2 × 4.8%)						424.03	55.12	479.15	

续表

序号	器材名称	规格程式	单位	数量	单价/元	合计/元			备注
					除税价	除税价	增值税	含税价	
运输保险费(小计 2 × 0.1%)						8.83	1.15	9.98	
采购保管费(小计 2 × 1.1%)						97.17	12.63	109.81	
塑料及塑料制品合计 2						9363.97	1217.32	10 581.29	
7	水泥	32.5	kg	10.00	0.40	4.00	0.52	4.52	
8	中粗沙		kg	20.00	0.12	2.40	0.31	2.71	
水泥及水泥构件小计 3						6.40	0.83	7.23	
运杂费(小计 × 20%)						1.28	0.17	1.45	
运输保险费(小 3 × 0.1%)						0.01	0.00	0.01	
采购保管费(小计 3 × 1.1%)						0.07	0.01	0.08	
水泥及水泥构件合计 3						7.76	1.01	8.77	
9	镀锌铁线	ϕ1.5	kg	4.36	6.50	28.34	3.68	32.02	
10	光缆托板		块	33.80	5.00	169.00	21.97	190.97	
11	托板垫		块	33.80	10.00	338.00	43.94	381.94	
12	余缆架		套	13.94	15.00	209.10	27.18	236.28	
13	标志牌		个	13.94	2.00	27.88	3.62	31.50	
其他类小计 4						772.32	100.40	872.72	
运杂费(小计 4 × 4%)						30.89	4.02	34.91	
运输保险费(小计 4 × 0.1%)						0.77	0.10	0.87	
采购保管费(小计 4 × 1.1%)						6.16	0.8	6.96	
其他类合计 4						588.86	76.55	655.41	
总计(合计 1 + 合计 2 + 合计 3 + 合计 4)						14 283.62	1856.87	16 140.89	

设计负责人：×××　　审核：×××　　编制：××××　　编制日期：××××年××月

5. 完成建筑安装工程费用预算表和工程建设其他费预算表的填写

依据费用定额及给定的条件查费率并完成建筑安装工程费用预算表和工程建设其他费预算表的填写，如表 11.16、表 11.17 所示。

填写建筑安装工程费用预算表时，需要按照已知的工程建设条件，确定每项费用对应的费率，同时注意费用定额中标注的特殊情况等。已知施工企业驻地距施工现场 200 km，临时设施费费率为 5%；工程所在地位于江苏省非特殊地区，不计取特殊地区施工增加费；本工程为建设方提供主材，无甲方提供材料，销项税额 = 建筑安装工程费(除税价) × 9%。

填写预算表格表 11.8 时：本工程勘察设计费(除税价)为 1000 元；勘察设计费的增值税 = 1000 × 6% = 60 元。本工程监理费(除税价)为 500 元；监理设计费的增值税 = 500 × 6% = 30 元。安全生产费(除税价) = 建筑安装工程费(除税价) × 1.5% = 350.79 元。安全生产费的增值税＝350.79 × 9%＝31.57 元。

表 11.16　建筑安装工程费用预算表(表二)

项目名称：××通信管道线路工程　　建设单位名称：××联通公司　　表格编号：TXL-2　　第　全　页

序号	费用名称	依据和计算方法	合计/元	序号	费用名称	依据和计算方法	合计/元
	建安工程费(含税价)	一＋二＋三＋四	25 490.42	7	夜间施工增加费	人工费 × 2.5%	84.55
	建安工程费(除税价)	一＋二＋三	23 385.71	8	冬雨季施工增加费	人工费 × 1.8%	60.87
一	直接费	(一)＋(二)	20 643.30	9	生产工具用具使用费	人工费 × 1.5%	50.73
(一)	直接工程费	1＋2＋3＋4	17 891.63	10	施工用水电蒸汽费	已知条件	200.00
1	人工费	(−1)＋(−2)	3381.94	11	特殊地区施工增加费	不计	0.00
−1	技工费	技工总工日 × 114 元/工日	1866.74	12	已完工程及设备保护费	不计	0.00
−2	普工费	普工总工日 × 61 元/工日	1515.20	13	运土费	不计	0.00
2	材料费	(−1)＋(−2)	14 326.47	14	施工队伍调遣费	174 × 5 × 2	1740.00
−1	主要材料费	来自表 11.15	14 283.62	15	大型施工机械调遣费	不计	0.00
−2	辅助材料费	主要材料费 × 0.3%	42.85	二	间接费	(一)＋(二)	2066.02
3	机械使用费	来自机械使用费预算表	0.00	(一)	规费	1＋2＋3＋4	1139.37
4	仪表使用费	来自表 11.12	183.23	1	工程排污费	不计	0.00
(二)	措施费	1＋2＋…＋15	2751.66	2	社会保障费	人工费 × 28.5%	963.85
1	文明施工费	人工费 × 1.5%	50.73	3	住房公积金	人工费 × 4.19%	141.70
2	工地器材搬运费	人工费 × 3.4%	114.99	4	危险作业意外伤害保险费	人工费 × 1%	33.82
3	工程干扰费	不计	0.00	(二)	企业管理费	人工费 × 27.4%	926.65
4	工程点交、场地清理费	人工费 × 3.3%	111.60	三	利润	人工费×20%	676.39
5	临时设施费	人工费 × 5.0%	169.10	四	销项税额	建安费 × 9%	2104.71
6	工程车辆使用费	人工费 × 5.0%	169.10				

设计负责人：×××　　审核：×××　　编制：××××　　编制日期：××××年××月

表 11.17　工程建设其他费预算表(表五甲)

项目名称：××通信管道线路工程　建设单位名称：××联通公司　表格编号：TXL-5　甲　第 全 页

序号	费 用 名 称	计算依据及方法	金 额/元			备注
			除税价	增值税	含税价	
1	建设用地及综合赔补费	不计	0.00	0.00	0	
2	项目建设管理费	不计	0.00	0.00	0	
3	可行性研究费	不计	0.00	0.00	0	
4	研究试验费	不计	0.00	0.00	0	
5	勘察设计费	已知条件	1000.00	60.00	1060.00	
6	环境影响评价费	不计	0.00	0.00	0.00	
7	建设工程监理费	已知条件	500.00	30.00	530.00	
8	安全生产费	建安费(除税价) × 1.5%	350.79	31.57	382.36	
9	引进技术及进口设备其他费	不计	0.00	0.00	0.00	
10	工程保险费	不计	0.00	0.00	0.00	
11	工程招标代理费	不计	0.00	0.00	0.00	
12	专利及专利技术使用费	不计	0.00	0.00	0.00	
13	其他费用	不计	0.00	0.00	0.00	
	总计		1850.79	121.57	1972.36	
14	生产准备及开办费(运营费)	不计				

设计负责人：×××　　审核：×××　　编制：××××　　编制日期：××××年××月

6. 填写工程预算总表

工程预算总表中建筑安装工程费来自表 11.16，工程建设其他费来自表 11.17。因为本工程是一阶段设计，所以需要计取预备费，预备费的费率为 4%，结果如表 11.18 所示。

表 11.18　工程预算总表(表一)

建设项目名称：××高校校园 A 基站光缆接入工程

项目名称：××通信管道线路工程　建设单位名称：××联通公司　表格编号：TXL-1　第　全　页

序号	表格编号	费用名称	小型建筑工程费/元	需要安装的设备费/元	不需要安装的设备、工器具费/元	建筑安装工程费/元	其他费用/元	预备费/元	总价值/元			
									除税价/元	增值税/元	含税价/元	其中外币
1	TXL-2	建筑安装工程费				23 385.71			23 385.71	2104.71	25 490.42	
2	TXL-5甲	工程建设其他费					1850.79		1850.79	121.57	1972.36	
		合计							25 236.50	2226.28	27 462.78	
3		预备费						1009.46	1009.46	131.23	1140.69	

续表

序号	表格编号	费用名称	小型建筑工程费/元	需要安装的设备费/元	不需要安装的设备、工器具费/元	建筑安装工程费/元	其他费用/元	预备费/元	总价值/元 除税价/元	增值税/元	含税价/元	其中外币
4		建设期利息										
总计									26 245.96	2357.51	28 603.47	
其中回收费用												

设计负责人：×××　　　审核：×××　　　编制：××××　　　编制日期：××××年××月

7. 编写本工程预算的编制说明

1) 工程概况

本设计为××通信管道线路单项工程一阶段设计，敷设管道线路 697 m，预算总价值为 28 603.47 元。

2) 编制依据及有关费用费率的计取

(1) 工信部通信〔2016〕451号《工业和信息化部关于印发信息通信建设工程预算定额、工程费用定额及工程概预算编制规程的通知》。

(2) 《信息通信建设工程预算定额　第四册　通信线路工程》。

(3) 本工程勘察设计费(除税价)为 1000 元，监理费(除税价)为 500 元，预算内施工用水、电、蒸汽费按 200 元计取，不计工程干扰费、已完工程及设备保护费、运土费、工程排污费、建设用地及综合赔补费、项目建设管理费、可行性研究费、研究试验费、环境影响评价费、工程保险费、工程招标代理费、生产准备及开办费、建设期利息及其他费用。

3) 工程技术经济指标分析

本工程总投资为 28 603.47 元，其中建筑安装工程费为 25 490.42 元，工程建设其他费为 1972.36 元，预备费为 1140.69 元。各部分费用所占的比例如表 11.19 所示。

表 11.19　工程技术经济指标分析表

工程项目名称：××管道光缆线路工程				
序 号	项　　目	单　位	经济指标分析 数　量	指　标/%
1	工程总投资(预算)	元	28 603.47	100.00
	其中：需要安装的设备	元	0.00	0.00
	建筑安装工程费	元	25 490.42	89.12
	预备费	元	1140.69	3.99
	工程建设其他费	元	1972.36	6.90
2	光缆总皮长	公里	0.697	
3	折合纤芯公里	纤芯公里	25.092	
4	皮长造价	元/公里	41 037.98	
5	单位工程造价	元/纤芯公里	1139.94	

11.4 知识解读

11.4.1 通信管道工程的工作流程

通信管道工程的工作流程包括：施工测量与挖、填管道沟及人孔坑，敷设通信管道，砌筑人(手)孔，完成管道防护工程及其他。

1. 施工测量与挖、填管道沟及人孔坑

1) 施工测量

工作内容：核对图纸，复查路由位置和人(手)孔及管道坐标与高程，定位放线，做标记等。

2) 开挖路面

工作内容：人工(机械)切割路面，人工(机械)开挖路面(含结构层)，将渣土分类堆放在沟边不影响施工的适当地点等。

3) 开挖与回填管道沟及人(手)孔坑、碎石底基

工作内容：

(1) 人工挖土，开石方，修整底边，找平，清理弃渣或人工开石沟等。

(2) 挖掘机挖土，修整底边，找平，清理弃渣等。

(3) 回填土石方：准备回填物，回填(松填或夯实)等。

(4) 手推车倒运土方：装车，短距离运土，卸土等。

(5) 碎石底基：铺石子，找平拍实，面层铺沙找平等。

4) 挡土板及抽水

工作内容：

(1) 挡土板：制作、支撑挡土板，拆除挡土板，修理挡土板并将其集中囤放等。

(2) 抽水：安装、拆卸抽水器具，抽水等。

2. 铺设通信管道

1) 混凝土(塑料)管道基础

工作内容：制、支、拆、修木模，人工拌和浇筑混凝土，养护等。

2) 混凝土(塑料)管道基础加筋

工作内容：将钢筋调直、除锈、切断、成型、绑扎等。

3) 铺设水泥管道

工作内容：清刷水泥管，抬运、铺设水泥管，试通，抹接口，抹八字，填中缝，抹边(顶)缝，养护、试通等。

4) 铺设塑料管道

工作内容：加工、绑扎支架，锉管内口，铺设塑料管，接续塑料管，试通等。

5) 铺设镀锌钢管管道

工作内容：锉管内口，铺设钢管，焊接及处理，试通等。

6) 地下定向钻敷管

工作内容：将设备准备就位，现场组装，检验管材，打磨内口，管材接续，挖(填)工作

坑，测位钻孔，回拖扩孔，敷设管材，封堵管口，整理资料等。

7) 管道填充水泥砂浆、混凝土包封及安装引上管

工作内容：

(1) 管道填充水泥砂浆：拌和、填充水泥砂浆，养护等。

(2) 管道混凝土包封：制、支、拆模板，洗刷管身基础及模板，浇筑混凝土，养护等。

(3) 安装引上管：定位、装管、加固引上管等。

8) 砌筑通信光(电)缆通道

工作内容：找平、夯实，制、支、拆模板，砌砖，绑扎、置放钢筋，浇筑混凝土，抹通道内外壁，养护，安装缆线支架等。

3. 砌筑人(手)孔

1) 砖砌人(手)孔(现场浇筑上覆)

工作内容：找平、夯实，制、支、拆模板，砌砖，人孔内外壁抹灰、抹八字，安装电缆支架，绑扎、置放钢筋，浇筑混凝土，安装拉力环、积水罐和人孔口圈，养护等。

2) 砖砌人(手)孔(现场吊装上覆)

工作内容：

砖砌人(手)孔内容包括：找平、夯实，制、支、拆模板，砌砖，抹内外壁、抹八字，养护；

人孔上覆的吊装的内容包括：垫砂浆、就位、找平、灌浆，抹八字，安装拉力环、积水罐和人孔口圈等。

3) 砌筑混凝土预制砖人孔(现场吊装上覆)

工作内容：

砌筑混凝土预制砖人孔内容包括：找平、夯实，制、支、拆模板，砌块，抹内外壁、抹八字，养护；

人孔上覆的吊装的内容包括：垫砂浆、就位、找平、灌浆，抹八字，安装拉力环、积水罐和人孔口圈等。

4) 砖砌配线手孔

工作内容：找平、夯实，制、支、拆模板，砌砖，手孔内外壁抹灰、抹八字，安装光(电)缆支架、拉力环，浇灌混凝土，安装手孔口圈，养护等。

4. 完成管道防护工程及其他

1) 防水

工作内容：

(1) 防水砂浆抹面法：运料、清扫墙面，拌制砂浆，抹平压光、调制、涂刷素水泥浆，掺氯化铁，养护等。

(2) 油毡防水法：运料、调制、涂刷冷底子油，熬制沥青，涂刷沥青贴油毡，压实养护等。

(3) 玻璃布防水法：运料、调制、涂刷冷底子油，浸铺玻璃布，压实养护等。

(4) 聚氨酯防水法：运料、调制、找平水泥砂浆，涂刷聚氨酯，浸铺玻璃布，压实养护等。

2) 拆除及其他

工作内容：

(1) 砂浆砖砌体：拌和砂浆，砌砖等。

(2) 砂浆抹面：拌和砂浆，抹面等。

(3) 预埋铁件制作：下料、成型铁件，焊接铁件，防锈处理，现场安装等。

(4) 人孔壁开窗口：开凿、修整人孔壁，抹平窗口等。

(5) 拆除工程：拆除清理等。

(6) 升、降人(手)孔上覆：拆、砌人(手)孔砖块，二次吊装上覆，安装人(手)孔框、盖等。

(7) 升、降人(手)孔盖、铁框：拆、砌人(手)孔砖块，安装人(手)孔框、盖等。

11.4.2 通信管道工程的工程量统计

通信管道工程主要工程量清单如表 11.20 所示。

表 11.20　通信管道工程主要工程量清单

序号	定额编号	工程量名称	说　明
1	TGD1-001	通信管道工程施工测量	
2	TGD1-002～TGD1-016	开挖路面	不同路面材质、开挖方式以及路面厚度超过 100 mm，所套用的定额不同
3	TGD1-017～TGD1-026	开挖管道沟及人(手)孔坑	不同土质、开挖方式，所套用的定额不同
4	TGD1-027～TGD1-033	回填土石方	回填土石方的材质不同，所套用的定额不同
5	TGD1-034	手推车倒运土方	
6	TGD1-036	挡土板(管道沟)	
7	TGD1-037	挡土板(人孔坑)	
8	TGD1-038～TGD1-040	管道沟抽水	不同的水流强度，所套用的定额不同
9	TGD1-041～TGD1-043	人孔坑抽水	不同的水流强度，所套用的定额不同
10	TGD1-044～TGD1-046	手孔坑抽水	不同的水流强度，所套用的定额不同
11	TGD2-001～TGD2-021	混凝土管道基础	不同的管道类型，所套用的定额不同
12	TGD2-022～TGD2-035	混凝土管道基础加筋	不同的管道类型，所套用的定额不同
13	TGD2-066～TGD2-084	铺设水泥管道	不同的管道类型，所套用的定额不同
14	TGD2-085～TGD2-102	铺设塑料管道	不同的管道类型，所套用的定额不同
15	TGD2-136～TGD2-137	填充水泥砂浆	不同的水泥砂浆配合比，所套用的定额不同
16	TGD2-138～TGD2-141	管道混凝土包封	不同的混凝土强度级别，所套用的定额不同
17	TGD2-142～TGD2-145	安装引上钢管	分为杆上和墙上，钢管直径不同，所套用的定额不同
18	TGD3-001～TGD3-057	砖砌人孔	不同的上覆方式、人孔类型，所套用的定额不同
19	TGD3-058～TGD3-091	砌筑混凝土预制砖人孔	不同的人孔类型，所套用的定额不同
20	TGD4-001～TGD4-010	管道防水	不同的防水方法，所套用的定额不同

11.4.3 管道线路工程的工作流程

管道线路工程的工作流程：施工测量、单盘检测；敷设管道光(电)缆；敷设引上(光)缆；光(电)缆接续与测试。

1. 施工测量、单盘检测

1) 施工测量

工作内容：

(1) 核对图纸、复查路由位置，施工定点画线、做标记，光(电)缆配盘等。

(2) GPS 定位：校表、测量、记录数据等。

2) 单盘检测

检验外观光(电)缆，测试单盘光(电)缆传输特性，记录、整理测试资料等。

2. 敷设管道光(电)缆

工作内容：

(1) 光(电)缆人(手)孔抽水：装拆抽水工具、抽水、清理现场等。

(2) 人工敷设子管：清刷管孔、检查子管外观、敷设子管并试通、固定堵头及塞子、管头做标记等。

(3) 施工准备、穿放引线、敷设光缆、复测光缆、安装托板、包人孔中光缆保护管、做标记等。

3. 敷设引上光(电)缆

工作内容：

(1) 打人(手)孔墙洞：确定位置、打穿墙洞，抹水泥等。

(2) 打穿楼墙洞：确定位置、打穿墙洞，抹水泥等。

(3) 打穿楼层洞：确定位置、打穿楼板洞，上下抹平等。

(4) 安装引上管：引上管的定位、装管、加固等。

(5) 进局光(电)缆防水封堵：封堵填充防水材料，加固等。

(6) 穿放引上光缆：穿保护管、光缆，加管口保护垫，绑扎固定等。

(7) 穿放引上电缆：穿放引线、电缆，固定电缆，包封缆头，充气试验，保护引上管口等。

4. 敷设墙壁光(电)缆

工作内容：

(1) 架设吊线式墙壁光缆(含吊线架设)：定位、安装固定支撑物，布放吊线，收紧做终端，布放并卡挂光缆，处理端头等。

(2) 布放钉固式墙壁光缆：定位、安装固定物，检验、布放光缆，端头处理等。

(3) 架挂自承式墙壁光缆：定位、安装支撑物及配件，布放紧固光缆，做吊线结等。

(4) 墙壁敷设蝶形光缆(含钉固式和自承式)：定位、安装固定物，检验测试光缆，布放光缆等。

5. 光(电)缆接续与测试

工作内容同 9.4.3 节。

11.4.4 管道线路工程的工程量统计

管道线路工程主要工程量清单如表 11.21 所示。

表 11.21　管道线路工程主要工程量清单

序号	定额编号	工程量名称	说　明
1	TXL1-003	光(电)缆工程施工测量(管道)	
2	TXL1-006～TXL1-007	光(电)缆单盘检测(光缆)	
3	TXL4-001～TXL4-003	人(手)孔抽水	人孔与手孔抽水，所套用的定额不同
4	TXL4-004～TXL4-010	人工敷设子管	不同的子管材料、子管孔数，所套用的定额不同
5	TXL4-011～TXL4-018	敷设管道光缆	不同的光缆芯数，所套用的定额不同；室外通道、管廊敷设按照系数计取
6	TXL4-019～TXL4-032	敷设管道电缆	不同的电缆对数、敷设方式，所套用的定额不同；通道、管廊敷设按照系数计取
7	TXL4-033～TXL4-036	打人(手)孔墙洞	不同的孔管数、人孔材质，所套用的定额不同
8	TXL4-037～TXL4-040	打穿楼墙(层)洞	不同的材质，所套用的定额不同
9	TXL4-043～TXL4-046	安装引上钢管	杆上和墙上、不同的钢管管径，所套用的定额不同
10	TXL4-050	穿放引上光缆	
11	TXL4-051～TXL4-052	穿放引上电缆	不同的电缆对数，所套用的定额不同
12	TXL4-053～TXL4-056	架设墙壁光缆	不同的敷设方式，所套用的定额不同
13	TXL4-057～TXL4-062	架设墙壁电缆	不同的敷设方式、电缆对数，所套用的定额不同
14	TXL6-005～TXL6-006	光缆成端接头	束状、带状光缆，所套用的定额不同
15	TXL6-007～TXL6-042	光缆接续	不同的芯数光缆，所套用的定额不同
16	TXL6-043～TXL6-100	光缆中继段测试	不同的光缆线路总长度、光缆芯数，所套用的定额不同

11.4.5 管道线路工程预算的编制方法

本设计为××通信管道光缆线路单项工程的一阶段设计，其工程施工图如图 11-1 所示。

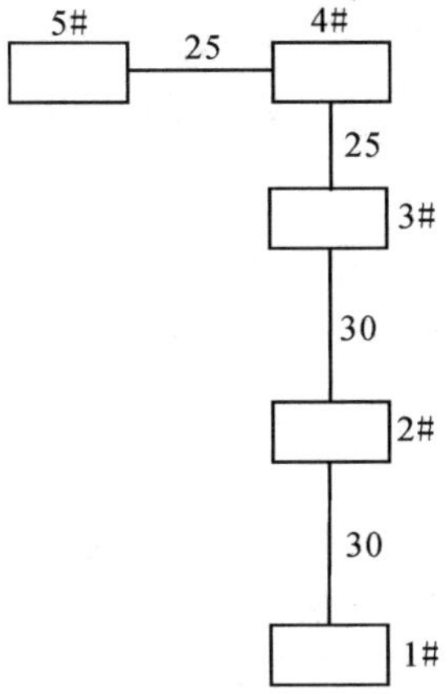

图 11-1　××通信管道光缆线路工程路由图

已知本工程在 1#到 5#人井中布放 24 芯单模光缆，1#～5#均为利旧管道(人工敷设 2 孔子管)，施工地点在青海高原地区(海拔高度约 3200 m)；不做单盘光缆测试和中继段光缆测试；本工程勘察设计费(除税价)为 500 元，监理费(除税价)为 500 元；本工程预算内施工用水、电、蒸汽费按 200 元计取，不计工程干扰费、已完工程及设备保护费、运土费、工程排污费、建设用地及综合赔补费、项目建设管理费、可行性研究费、研究试验费、环境影响评价费、工程保险费、工程招标代理费、生产准备及开办费、建设期利息及其他费用；本工程施工企业驻地距施工现场 30 km，国内配套主材的运距均为 400 km，本工程使用的主要材料均由建筑服务方提供，具体主材单价如表 11.22 所示。

表 11.22　主材单价表

序号	类别	名称	规格	单位	主材单价/元	增值税税率
1	光缆	光缆		m	5.50	13%
2	塑料及塑料制品	聚乙烯塑料管		m	3.00	13%
3		聚乙烯波纹管		m	5.00	13%
4		固定堵头		个	3.00	13%
5		塞子		个	1.00	13%
6		胶带(PVC)		盘	2.00	13%
7	其他	镀锌铁线	ϕ1.5	kg	6.50	13%
8		光缆托板		块	5.00	13%
9		托板垫		块	10.00	13%
10		余缆架		套	15.00	13%
11		标志牌		个	2.00	13%

案例分析

1. 计算工程量

(1) 管道光缆施工测量：施工长度 = 25 + 25 + 30 + 30 = 110 m。

(2) 人工敷设塑料子管(2 孔)：子管数量 = 25 + 25 + 30 + 30 = 110 m。

(3) 敷设管道光缆(24 芯)：光缆长度 = 25 + 25 + 30 + 30 = 110 m。

2. 预算表格填写

1) 工程量预算表和仪器仪表使用费预算表的填写

根据计算出的工程量，查看《通信建设工程预算定额　第四册　通信线路工程》完成工程量预算表和仪器仪表使用费预算表的填写，分别如表 11.23、表 11.24 所示，3200 m 高原地区施工，人工工日系数调整为 1.3。

表 11.23　建筑安装工程工程量预算表(表三甲)

项目名称：××通信管道线路工程　建设单位名称：××联通公司　表格编号：TXL-3 甲　第　全　页

序号	定额编号	项目名称	单位	数量	单位定额值/工日		合计值/工日	
					技工	普工	技工	普工
1	TXL1-003	管道线路工程施工测量	百米	1.1	0.455	0.117	0.50	0.13
2	TXL4-005	人工敷设塑料子管(2 孔)	km	0.11	6.76	10.569	0.74	1.16
3	TXL4-012	敷设管道光缆(24 芯)	千米/条	0.11	8.879	17.004	0.98	1.87
小计							2.22	3.16
系数调整后合计(小计 × 1.15)							2.55	3.64

设计负责人：×××　　审核：×××　　编制：××××　　编制日期：××××年××月

表 11.24　建筑安装工程仪器仪表使用费预算表(表三丙)

项目名称：××通信管道线路工程　　建设单位名称：××联通公司　　TXL-3　丙　第　全　页

序号	定额编号	项目名称	单位	数量	仪表名称	单位定额值		合计值/工日	
						数量/台班	单价/元	数量/台班	合价/元
1	TXL1-003	管道线路工程施工测量	百米	1.1	激光测距仪	0.04	119	0.04	5.24
2	TXL4-005	人工敷设塑料子管(2 孔)	km	0.11	有毒有害气体检测仪	0.3	117	0.03	3.86
3	TXL4-005	人工敷设塑料子管(2 孔)	km	0.11	可燃气体检测仪	0.3	117	0.03	3.86
4	TXL4-012	敷设管道光缆(24 芯)	千米/条	0.11	有毒有害气体检测仪	0.3	117	0.03	3.86
5	TXL4-012	敷设管道光缆(24 芯)	千米/条	0.11	可燃气体检测仪	0.3	117	0.03	3.86
合计									20.68

设计负责人：×××　　审核：×××　　编制：××××　　编制日期：××××年××月

2) 主要材料表的填写

在填写主要材料表时，要根据表 11.23 列出的工程量，统计它们使用的主要材料，如表 11.25 所示。

表 11.25　主 材 统 计 表

序号	定额编号	项目名称	单位	数量	主材名称	规格型号	单位	单位定额值	使用量
1	TXL4-005	人工敷设塑料子管(2 孔)	km	0.11	聚乙烯塑料管		m	2040	224.40
2	TXL4-005	人工敷设塑料子管(2 孔)	km	0.11	固定堵头		个	24.3	2.67
3	TXL4-005	人工敷设塑料子管(2 孔)	km	0.11	塞子		个	49	5.39
4	TXL4-005	人工敷设塑料子管(2 孔)	km	0.11	镀锌铁线	ϕ1.5	kg	3.05	0.34
5	TXL4-012	敷设管道光缆(24 芯)	千米/条	0.11	聚乙烯波纹管		m	26.7	2.94
6	TXL4-012	敷设管道光缆(24 芯)	千米/条	0.11	胶带(PVC)		盘	52	5.72
7	TXL4-012	敷设管道光缆(24 芯)	千米/条	0.11	镀锌铁线	ϕ1.5	kg	3.05	0.34
8	TXL4-012	敷设管道光缆(24 芯)	千米/条	0.11	光缆		m	1015	111.65
9	TXL4-012	敷设管道光缆(24 芯)	千米/条	0.11	光缆托板		块	48.5	5.34
10	TXL4-012	敷设管道光缆(24 芯)	千米/条	0.11	托板垫		块	48.5	5.34
11	TXL4-012	敷设管道光缆(24 芯)	千米/条	0.11	余缆架		套	20	2.20
12	TXL4-012	敷设管道光缆(24 芯)	千米/条	0.11	标志牌		个	20	2.20

对材料进行分类汇总(光缆、电缆、塑料及塑料制品、木材及木制品、水泥及水泥构件和其他)，并将相同材料使用数量进行合并计算，如表 11.26 所示。

表 11.26　主材用量分类汇总表

序号	类别	名称	规格	单位	使用量
1	光缆	光缆		m	111.65
2	塑料及塑料制品	聚乙烯塑料管		m	224.40
3		聚乙烯波纹管		m	2.94
4		固定堵头		个	2.67
5		塞子		个	5.39
6		胶带(PVC)		盘	5.72
7	其他	镀锌铁线	ϕ1.5	kg	0.68
8		光缆托板		块	5.34
9		托板垫		块	5.34
10		余缆架		套	2.20
11		标志牌		个	2.20

根据工程类型、国内配套主材的运距为 400 km 等，查找运杂费、运输保险费、采购及保管费的费率，完成主要材料表的填写，如表 11.27 所示。

表 11.27　主要材料表

工程名称：××通信管道工程　　建设单位名称：××联通公司　　表格编号：TXL-4 甲　第　全　页

序号	器材名称	规格程式	单位	数量	单价/元	合计/元			备注
					除税价	除税价	增值税	含税价	
1	光缆	24 芯	m	111.65	5.50	614.08	79.83	693.90	
光缆小计 1						614.08	79.83	693.90	
运杂费(小计 1 × 1.8%)						11.05	1.44	12.49	
运输保险费(小计 1 × 0.1%)						0.61	0.08	0.69	
采购保管费(小计 1 × 1.1%)						18.42	0.88	19.30	
光缆合计 1						644.16	82.22	726.39	
2	聚乙烯塑料管		m	224.40	3.00	673.20	87.52	760.72	
3	聚乙烯波纹管		m	2.94	5.00	14.70	1.91	16.61	
4	固定堵头		个	2.67	3.00	8.01	1.04	9.05	
5	塞子		个	5.39	1.00	5.39	0.70	6.09	
6	胶带(PVC)		盘	5.72	2.00	11.44	1.49	12.93	
塑料及塑料制品小计 2						712.74	92.66	805.40	
运杂费(小计 2 × 5.8%)						41.34	5.37	46.71	
运输保险费(小计 2 × 0.1%)						0.71	0.09	0.81	
采购保管费(小计 2 × 1.1%)						21.38	1.02	22.40	
塑料及塑料制品合计 2						776.17	99.14	875.32	
9	镀锌铁线	ϕ1.5	kg	0.68	6.50	4.42	0.57	4.99	
10	光缆托板		块	5.34	5.00	26.70	3.47	30.17	
11	托板垫		块	5.34	10.00	53.40	6.94	60.34	
12	余缆架		套	2.20	15.00	33.00	4.29	37.29	
13	标志牌		个	2.20	2.00	4.40	0.57	4.97	
其他类小计 3						121.92	15.85	137.77	
运杂费(小计 3 × 4.8%)						5.85	0.76	6.61	
运输保险费(小计 3 × 0.1%)						0.12	0.02	0.14	
采购保管费(小计 3 × 1.1%)						3.66	0.17	3.83	
其他类合计 3						131.55	16.80	148.35	
总计(合计 1 + 合计 2 + 合计 3)						1551.89	198.17	1750.06	

设计负责人：×××　　审核：×××　　编制：××××　　编制日期：××××年××月

3) *建筑安装工程费用预算表的填写*

填写建筑安装工程费用预算表时，需要按照已知的工程建设条件，确定每项费用的费率，同时注意费用定额中标注的特殊情况等。已知施工企业驻地距施工现场 30 km，临时设施费费率为 2.6%，不计取施工队伍调遣费；已知工程所在地为高原地区，需要计取特殊地区施工增加费；本工程为建设方提供主材，无甲方提供材料，销项税额=建筑安装工程费(除税价) × 9%。由此完成建筑安装工程费用预算表如表 11.28 所示。

表 11.28　建筑安装工程费用预算表(表二)

项目名称：××通信管道线路工程　建设单位名称：××联通公司　表格编号：TXL-2　第　全　页

序号	费用名称	依据和计算方法	合计/元	序号	费用名称	依据和计算方法	合计/元
	建安工程费(含税价)	一＋二＋三＋四	3137.82	7	夜间施工增加费	人工费 × 2.5%	12.82
	建安工程费(除税价)	一＋二＋三	2878.74	8	冬雨季施工增加费	人工费 × 1.8%	9.23
一	直接费	(一)＋(二)	2462.79	9	生产工具用具使用费	人工费 × 1.5%	7.69
(一)	直接工程费	1＋2＋3＋4	2090.17	10	施工用水电蒸汽费	已知条件	200.00
1	人工费	(–1)＋(–2)	512.94	11	特殊地区施工增加费	8 元/天	49.52
–1	技工费	技工总工日 × 114 元/工日	291.15	12	已完工程及设备保护费	不计	0.00
–2	普工费	普工总工日 × 61 元/工日	221.80	13	运土费	不计	0.00
2	材料费	(–1)＋(–2)	1556.55	14	施工队伍调遣费	不计	0.00
–1	主要材料费	来自表 11.27	1551.89	15	大型施工机械调遣费	不计	0.00
–2	辅助材料费	主要材料费 × 0.3%	4.66	二	间接费	(一)＋(二)	313.36
3	机械使用费	来自机械使用费预算表	0.00	(一)	规费	1＋2＋3＋4	172.81
4	仪表使用费	来自表 11.24	20.68	1	工程排污费	不计	0.00
(二)	措施费	1＋2＋…＋15	372.63	2	社会保障费	人工费 × 28.5%	146.19
1	文明施工费	人工费 × 1.5%	7.69	3	住房公积金	人工费 × 4.19%	21.49
2	工地器材搬运费	人工费 × 3.4%	17.44	4	危险作业意外伤害保险费	人工费 × 1%	5.13
3	工程干扰费	不计	0.00	(二)	企业管理费	人工费 × 27.4%	140.55
4	工程点交、场地清理费	人工费 × 3.3%	16.93	三	利润	人工费 × 20%	102.59
5	临时设施费	人工费 × 5.0%	25.65	四	销项税额	建安费 × 9%	259.09
6	工程车辆使用费	人工费 × 5.0%	25.65				

设计负责人：×××　审核：×××　编制：××××　编制日期：××××年××月

4) 工程建设其他费预算表的填写

本工程勘察设计费(除税价)为 500 元；勘察设计费的增值税 = 500 × 6% = 30 元。本工程监理费(除税价)为 500 元；监理设计费的增值税 = 500 × 6% = 30 元。安全生产费(除税价) = 建筑安装工程费(除税价) × 1.5% ≈ 43.18 元；安全生产费的增值税 = 43.18 × 9% = 3.89 元。

由此完成工程建设其他费预算表如表 11.29 所示。

表 11.29　工程建设其他费预算表(表五甲)

项目名称：××通信管道线路工程　建设单位名称：××联通公司　表格编号：TXL-5 甲　第 全 页

序号	费用名称	计算依据及方法	金额/元			备注
			除税价	增值税	含税价	
1	建设用地及综合赔补费	不计	0.00	0.00	0	
2	项目建设管理费	不计	0.00	0.00	0	
3	可行性研究费	不计	0.00	0.00	0	
4	研究试验费	不计	0.00	0.00	0	
5	勘察设计费	已知条件	500.00	30.00	530.00	
6	环境影响评价费	不计	0.00	0.00	0.00	
7	建设工程监理费	已知条件	500.00	30.00	530.00	
8	安全生产费	建安费(除税价) × 1.5%	43.18	3.89	47.07	
9	引进技术及进口设备其他费	不计	0.00	0.00	0.00	
10	工程保险费	不计	0.00	0.00	0.00	
11	工程招标代理费	不计	0.00	0.00	0.00	
12	专利及专利技术使用费	不计	0.00	0.00	0.00	
13	其他费用	不计	0.00	0.00	0.00	
总计			1043.18	63.89	1107.07	
14	生产准备及开办费(运营费)	不计				

设计负责人：×××　　审核：×××　　编制：××××　　编制日期：××××年××月

5) 工程预算总表的填写

建筑安装工程费来自表 11.28，工程建设其他费来自表 11.29。因为本工程是一阶段的设计，所以需要计取预备费，预备费的费率为 4%，预备费的增值税 = 预备费除税价 × 9%。

由此完成的工程预算总表如表 11.30 所示。

表 11.30　工程预算总表

建设项目名称：××通信管道线路工程

项目名称：××通信管道线路工程　建设单位名称：××联通公司　表格编号：TXL-1　第　全　页

序号	表格编号	费用名称	小型建筑工程费/元	需要安装的设备费/元	不需要安装的设备、工器具费/元	建筑安装工程费/元	其他费用/元	预备费/元	总价值/元			
									除税价/元	增值税/元	含税价/元	其中外币
1	TXL-2	建筑安装工程费				2878.74			2878.74	259.09	3137.82	
2	TXL-5甲	工程建设其他费					1043.18		1043.18	63.89	1107.07	
3		合计							3921.92	322.97	4244.89	
4		预备费						156.88	156.88	20.39	177.27	
5		建设期利息										
总计									4078.79	343.37	4422.16	
其中回收费用												

设计负责人：×××　　审核：×××　　编制：××××　　编制日期：××××年××月

3. 撰写编制说明

1) 工程概况

本设计为××平原地区直埋光缆线路单项工程的一阶段设计，管道线路长度 110 m，预算总价值为 4422.16 元。

2) 编制依据及有关费用费率的计取

(1) 工信部通信〔2016〕451 号《工业和信息化部关于印发信息通信建设工程预算定额、工程费用定额及工程概预算编制规程的通知》。

(2) 《通信建设工程预算定额　第四册　通信线路工程》。

(3) 本工程勘察设计费(除税价)为 500 元，监理费(除税价)为 500 元，预算内施工用水、电、蒸汽费按 200 元计取，不计工程干扰费、已完工程及设备保护费、运土费、工程排污费、建设用地及综合赔补费、项目建设管理费、可行性研究费、研究试验费、环境影响评价费、工程保险费、工程招标代理费、生产准备及开办费、建设期利息及其他费用。

3) 工程技术经济指标分析

本工程总投资为 4422.16 元，其中建筑安装工程费为 3137.82 元，工程建设其他费为 1107.07 元，预备费为 177.27 元。各部分费用所占比例如表 11.31 所示。

表 11.31　工程技术经济指标分析表

工程项目名称：××管道光缆线路工程				
序 号	项　　目	单　位	经济指标分析	
			数　量	指　标/%
1	工程总投资(预算)	元	4422.16	100.00
	其中：需要安装的设备	元	0.00	0.00
	建筑安装工程费	元	3137.82	70.96
	预备费	元	177.27	4.01
	工程建设其他费	元	1107.07	25.03
2	光缆总皮长	公里	0.11	
3	折合纤芯公里	纤芯公里	2.64	
4	皮长造价	元/公里	40 201.45	
5	单位工程造价	元/纤芯公里	1675.06	

案例分析

按照任务 7 的拓展案例工程图纸(图 7-29)要求，请根据 2017 版信息通信工程定额进行 B 基站新建管道工程一阶段设计预算的编制，已知条件条件如下。

(1) 本工程位于江苏省非特殊地区，管道土质为普通土，混凝土路面厚度为 100 mm，11#～18# 手孔采用现场浇筑上覆，管道不做基础、不包封。

(2) 施工企业与现场的距离为 30 km，主材运距为 100 km，主材由建筑方提供，材料除税单价如表 11.32 所示。

表 11.32　主 材 单 价 表

序号	名称	规格程式	单位	主材单价(除税)/元	增值税税率
1	ϕ102 塑料管		m	20	13%
2	碎石		t	29	13%
3	水泥	C32.5	t	590	13%
4	粗沙		t	60	13%
5	手孔口圈		套	630	13%
6	拉力环		个	2.5	13%
7	积水罐		套	18	13%
8	光缆托架穿钉		副	2.5	13%
9	光缆托架	120 cm	根	9	13%
10	机制砖		千块	600	13%
11	板方材	III等	m^3	1500	13%
12	塑料管支架		套	10	13%

(3) 本工程勘察设计费(除税价)为 1000 元，监理费(除税价)为 500 元。

(4) 本工程预算内施工用水电蒸汽费 300 元、运土费按 40 元/m^3 计算，不计列工程排污费、建设用地及综合赔补费、项目建设管理费、可行性研究费、研究试验费、环境影响评价费、工程保险费、工程招标代理费、生产准备及开办费、建设期利息及其他费用。

课 后 习 题

1. 判断题

(1) 在套用费用定额时，通信管道工程和通信管道线路工程的费率相同。　(　　)

(2) 通信线路工程只有在城区施工时才计取夜间施工增加费。　(　　)

(3) 冬雨季施工增加费不论什么地区费率都相同。　(　　)

(4) 通信线路工程和通信管道工程的生产工具用具使用费费率都相同。　(　　)

(5) 在统计工程量时，通信线路工程和通信管道工程都需要进行小工日调整。　(　　)

(6) 通信工程计费依据中的人工费包含技工费和普工费。　(　　)

(7) 开挖管道沟及人(手)孔坑工程量统计中土质不同，所套定额相同。　(　　)

(8) 人孔坑抽水工程量统计中水流强度不同，所套用的定额不同。　(　　)

(9) 安装引上钢管工程量统计中钢管直径不同，所套用的定额相同。　(　　)

(10) 人工敷设子管工程量统计中子管孔数不同，所套用的定额相同。　(　　)

2. 填空题

(1) 通信管道工程防水方法有防水砂浆抹面法、______________、玻璃布防水法、聚氨酯防水法。

(2) 通信管道工程预备费的费率为______________。

(3) 通信管道线路工程预备费的费率为______________。

(4) 开挖路面是指人工(机械)______________路面、人工(机械)开挖路面(含结构层)、渣土分类堆放在沟边不影响施工的适当地点等。

3. 简答题

(1) 简述通信管道工程的工作流程。

(2) 简述通信管道线路工程的工作流程。

(3) 简述通信管道工程施工测量的工作内容。

(4) 简述砖砌人(手)孔(现场浇筑上覆)的工作内容。

(5) 简述砖砌人(手)孔(现场吊装上覆)的工作内容。

(6) 简述管道线路工程施工测量的工作内容。

任务 12　基站设备安装工程预算编制

12.1　任务描述

为了将项目二中任务 8 的基站设备安装工程的造价统计出来，小王要求项目组的小张在一周内完成××高校校园基站设备安装工程工程预算的编制。

已知条件如下：

(1) 任务 8××高校校基站设备安装工程的工程图见图 8-1、图 8-2。

(2) 本工程施工企业距离施工现场为 200 km。

(3) 本工程勘察设计费(除税价)为 500 元，监理费(除税价)为 500 元。

(4) 本工程预算内施工用水、电、蒸汽费按 200 元计取，不计工程干扰费、已完工程及设备保护费、运土费、工程排污费、建设用地及综合赔补费、项目建设管理费、可行性研究费、研究试验费、环境影响评价费、工程保险费、工程招标代理费、生产准备及开办费、建设期利息及其他费用。

(5) 本工程使用的主要材料及设备均由建筑服务方提供，材料及设备的平均运距均按 200km 计算，材料及设备单价如表 12.1 所示。

表 12.1　主材及设备单价表

序号	类别	主材及设备名称	规格型号	单位	主材单价/元	增值税税率
1	光缆	软光纤(双头)		条	10	13%
2	电缆	电力电缆	16 mm^2	m	4	13%
3		电力电缆	25 mm^2	m	6	13%
4	其他	加固角钢夹板组		组	30	13%
5		综合机柜		个	800	13%
6		接电端子		个/条	2	13%
7	设备	DCDU		个	2000	13%
8		BBU3900		台	6900	13%

12.2　任务分析

为了完成××高校校园基站设备安装工程的编制，小张首先要完成预算表的填写，然后完成预算编制说明的撰写。

填写预算表前，首先对任务 8 的基站设备安装工程图纸进行全面检查，包括要素是否完整，标注是否有误，技术说明是否表达清晰，有无本工程的工程量表，并收集工信部通信〔2016〕451 定额及勘察设计合同。然后根据任务 8 的图纸进行工程量统计，再套用《通信建设工程预算定额　第一册　通信电源设备安装工程》《通信建设工程预算定额　第三册　无线通信设备安装工程》完成工程量预算表的填写，查机械、仪表台班单价、主材单价后完成机械费用预算表、仪器仪表使用费用预算表、主要材料表的填写，依据费用定额查费率完成建筑安装工程费用预算表、工程建设其他费预算表的填写。之后进行预算总表的填写。最后重新复核检查预算表的正确性。

编制说明从工程概况、编制依据及算法说明、工程技术经济指标分析、其他需要说明的问题 4 个方面进行撰写。

12.3　任务实施

基站设备安装工程预算编制操作过程如下所述。

1. 列出工程量

仔细阅读图纸，列出图 8-1、图 8-2 中所有的工程量。

(1) 安装室内有源落地式综合柜：综合柜数量 = 1 个。

(2) 安装基站主设备(机柜/嵌入式)：主设备数量 = 1 台。

(3) 安装变换器 DCDU：数量 = 1 个。

(4) 放绑软光纤：光纤数量 = 1 条(8 m)。

(5) 布放单芯电力电缆(16 mm^2)：长度 = 16 + 8 + 1 + 2 = 27 m。

(6) 布放双芯电力电缆(25 mm^2)：长度 = 3 m。

2. 填写工程量预算表

套用《通信建设工程预算定额　第一册　通信电源设备安装工程》《通信建设工程预算定额　第三册　无线通信设备安装工程》，因为本工程为扩建工程，所以在定额手册给定工日的基础上再乘以 1.1，完成工程量预算表的填写，如表 12.2 所示。

表 12.2　建筑安装工程量预算表(表三甲)

工程名称：××A 机房 LTE 设备扩容安装工程　建设单位名称：××联通公司　表格编号：TSW-3 甲　第 全 页

序号	定额编号	项目名称	单位	数量	单位定额值/工日		合计值/工日	
					技工	普工	技工	普工
1	TSW1-012	安装室内有源落地式综合柜(扩建工日 × 1.1)	个	1	2.046	0	2.05	0
2	TSW2-052	安装基站主设备(机柜/嵌入式)	台	1	1.188	0	1.19	0
3	TSD3-081	安装变换器 DCDU	个	1	0.583	0	0.58	0
4	TSW1-053	放绑软光纤	米/条	1	0.319	0	0.32	0
5	TSW1-060	室内单芯布放电力电缆(16 mm^2)	十米/条	2.7	0.198	0	0.53	0
6	TSW1-061	室内双芯布放电力电缆(25 mm^2)	十米/条	0.3	0.37125	0	0.11	0
小计							4.78	0.00

设计负责人：×××　　审核：×××　　编制：××××　　编制日期：××××年××月

本工程中无机械、仪器仪表使用，因此无须填写机械费用预算表、仪器仪表使用费用预算表。

3. 依据主材单价表进行主要材料的填写

1) 确定主材使用量

根据表 12.2 找到每个定额下面的主材使用量，结果如表 12.3 所示。

表 12.3　主材统计表

序号	定额编号	项目名称	单位	数量	主材名称	规格型号	单位	定额量	使用量
1	TSW1-012	安装室内有源落地式综合柜	个	1	加固角钢夹板组		组	2.02	2.02
2	TSW1-012	安装室内有源落地式综合柜	个	1	综合机柜		个	1	1.00
3	TSW1-053	放绑软光纤	米/条	1	软光纤(双头)		条	1	1.00
4	TSW1-060	室内布放电力电缆(16 mm^2)	十米/条	2.7	电力电缆		m	10.15	27.41
5	TSW1-060	室内布放电力电缆(16 mm^2)	十米/条	2.7	接电端子		个/条	2.03	5.48
6	TSW1-061	室内布放电力电缆(25 mm^2)	十米/条	0.3	电力电缆		m	10.15	3.05
7	TSW1-061	室内布放电力电缆(25 mm^2)	十米/条	0.3	接电端子		个/条	2.03	0.61

2) 对主材进行分类汇总

对材料进行分类汇总(光缆、电缆、塑料及塑料制品、木材及木制品、水泥及水泥构件和其他)，并将相同材料的使用数量进行合并计算，如表 12.4 所示。

表 12.4　主材分类汇总表

序号	类别	主材名称	规格型号	单位	使用量
1	光缆	软光纤(双头)		条	1
2	电缆	电力电缆	16 mm^2	m	27.41
3		电力电缆	25 mm^2	m	3.05
4	其他	加固角钢夹板组		组	2.02
5		综合机柜		个	1
6		接线端子		个/条	6.09

3) 进行本工程的主要材料表的填写

根据工程类型、国内配套主材的运距为 200km 等，查找运杂费、运输保险费、采购及保管费的费率，完成主要材料表及安装设备表的填写，如表 12.5、表 12.6 所示。

表 12.5　主 要 材 料 表

工程名称：××A 机房 LTE 设备扩容安装工程

建设单位名称：××联通公司　　　　表格编号：TSW-4　甲　A　　　　第　全　页

序号	名称	规格程式	单位	数量	单价/元	合计/元			备注
					除税价	除税价	增值税	含税价	
1	软光纤(双头)		条	1	10	10	1.30	11.30	
小计 1						10	1.30	11.30	
材料运杂费：小计 × 运杂费费率 1.5%						0.15	0.02	0.17	
材料运输保险费：小计 × 保险费费率 0.1%						0.01	0.00	0.01	
材料采购及保管费：小计 × 采购及保管费费率 1%						0.1	0.01	0.11	
合计 1						10.25	1.33	11.58	
2	电力电缆	16 mm^2	m	27.41	4	109.64	14.25	123.89	
3	电力电缆	25 mm^2	m	3.05	6	18.3	2.38	20.68	
小计 2						127.94	16.63	144.57	
材料运杂费：小计 2 × 运杂费费率 1.1%						1.41	0.18	1.59	
材料运输保险费：小计 2 × 保险费费率 0.1%						0.13	0.02	0.14	
材料采购及保管费：小计 2 × 采购及保管费费率 1%						1.28	0.17	1.45	
合计 2						130.75	17.00	147.75	
4	加固角钢夹板组		组	2.02	30	60.6	7.88	68.48	
5	综合机柜		个	1	800	800	104.00	904.00	
6	接电端子		个/条	6.09	2	12.18	1.58	13.76	
小计 3						872.78	113.46	986.24	其他
材料运杂费：小计 3 × 运杂费费率 4%						34.91	4.54	39.45	
材料运输保险费：小计 3 × 保险费费率 0.1%						0.87	0.11	0.99	
材料采购及保管费：小计 3 × 采购及保管费费率 1%						8.73	1.13	9.86	
合计 3						917.29	119.25	1036.54	
总计：合计						1058.30	137.58	1195.87	

设计负责人：×××　　审核：×××　　编制：××××　　编制日期：××××年××月

表 12.6　国内器材预算表

工程名称：××A 机房 LTE 设备扩容安装工程

建设单位名称：××联通公司　　表格编号：TSW-4　　甲　　B　　第　全　页

序号	名称	规格程式	单位	数量	单价/元	合计/元			备注
					除税价	除税价	增值税	含税价	
1	DCDU	DCDU-03B	个	1	2000	2000	260	2260	
2	BBU3910		台	1	6900	6900	897	7797	
小计 1						8900	1157.00	10 057.00	
材料运杂费：小计 × 运杂费费率 0.9%						80.10	10.41	90.51	
材料运输保险费：小计 × 保险费费率 0.4%						35.60	4.63	40.23	
材料采购及保管费：小计 × 采购及保管费费率 0.82%						72.98	9.49	82.47	
合计 1						9088.68	1181.53	10 270.21	
总计：合计						9088.68	1181.53	10 270.21	

设计负责人：×××　　审核：×××　　编制：××××　　编制日期：××××年××月

4. 完成建筑安装工程费用预算表、工程建设其他费预算表的填写

依据费用定额及给定的条件完成查费率完成建筑安装工程费用预算表、工程建设其他费预算表的填写，如表 12.7、表 12.8 所示。

1) 确定各项费率

填写建筑安装工程费用预算表时，需要按照已知的工程建设条件，确定每项费用的费率，同时注意费用定额中标注的特殊情况等。

(1) 已知施工企业驻地距施工现场 200 km，临时设施费费率为 5%。

(2) 已知工程所在地为江苏省的非特殊地区，不计取特殊地区施工增加费。

(3) 本工程为建设方提供主材，无甲提供材料，销项税额 = 建筑安装工程费(除税价) × 9%。

2) 填写工程建设其他费预算表

(1) 本工程勘察设计费(除税价)为 500 元，勘察设计费的增值税 = 500 × 6% = 30 元。

(2) 本工程监理费(除税价)为 500 元，监理费的增值税 = 500 × 6% = 30 元。

(3) 安全生产费(除税价) = 建筑安装工程费(除税价) × 1.5% = 61.91 元，安全生产费的增值税 = 61.91 × 9% = 5.57 元。

表 12.7　建筑安装工程费用预算表(表二)

工程名称：××A 机房 LTE 设备扩容安装工程　建设单位名称：××联通公司 表格编号：TSW-2 第 全 页

序号	费用名称	依据和计算方法	合计/元	序号	费用名称	依据和计算方法	合计/元
	建安工程费(含税价)	一＋二＋三＋四	4498.84	7	夜间施工增加费	人工费 × 2.1%	11.45
	建安工程费(除税价)	一＋二＋三	4127.38	8	冬雨季施工增加费	不计	0.00
一	直接费	(一)＋(二)	3685.32	9	生产工具用具使用费	人工费 × 0.8%	4.36
(一)	直接工程费	1＋2＋3＋4	1635.20	10	施工用水电蒸汽费	给定	200.00
1	人工费	(−1) +(−2)	545.15	11	特殊地区施工增加费	不计	0.00
−1	技工费	技工总工日 × 114 元/工日	545.15	12	已完工程及设备保护费	不计	0.00
−2	普工费	普工总工日 × 61 元/工日	0.00	13	运土费	不计	0.00
2	材料费	(−1) + (−2)	1090.06	14	施工队伍调遣费	174 × 5 × 2	1740.00
−1	主要材料费	来自表 12.5	1058.31	15	大型施工机械调遣费	不计	0.00
−2	辅助材料费	主要材料费 × 3%	35.88	二	间接费	(一) + (二)	333.03
3	机械使用费	来自机械使用费预算表	0.00	(一)	规费	1＋2＋3＋4	183.66
4	仪表使用费	来自仪器仪表使用费预算表	0.00	1	工程排污费	不计	0.00
(二)	措施费	1＋2＋⋯＋15	2050.12	2	社会保障费	人工费 × 28.5%	155.37
1	文明施工费	人工费 × 1.1%	6.00	3	住房公积金	人工费 × 4.19%	22.84
2	工地器材搬运费	人工费 × 1.1%	6.00	4	危险作业意外伤害保险费	人工费 × 1%	5.45
3	工程干扰费	不计	0.00	(二)	企业管理费	人工费 × 27.4%	149.37
4	工程点交费、场地清理费	人工费 × 2.5%	13.63	三	利润	人工费 × 20%	109.03
5	临时设施费	人工费 × 7.6%	41.43	四	销项税额	建安费 × 9%	371.46
6	工程车辆使用费	人工费 × 5%	27.26				

设计负责人：×××　　审核：×××　　编制：××××　　编制日期：××××年××月

表 12.8　工程建设其他费预算表

工程名称：××A 机房 LTE 设备扩容安装工程　建设单位名称：××联通公司　表格编号：TSW-5 甲　第 全 页

序号	费 用 名 称	计算依据及方法	金 额/元			备注
			除税价	增值税	含税价	
1	建设用地及综合赔补费	不计	0.00	0.00	0	
2	项目建设管理费	不计	0.00	0.00	0	
3	可行性研究费	不计	0.00	0.00	0	
4	研究试验费	不计	0.00	0.00	0	
5	勘察设计费	已知条件	500.00	30.00	530.00	
6	环境影响评价费	不计	0.00	0.00	0.00	
7	建设工程监理费	已知条件	500.00	30.00	530.00	
8	安全生产费	建安费(除税价)×1.5%	61.91	5.57	67.48	
9	引进技术及进口设备其他费	不计	0.00	0.00	0.00	
10	工程保险费	不计	0.00	0.00	0.00	
11	工程招标代理费	不计	0.00	0.00	0.00	
12	专利及专利技术使用费	不计	0.00	0.00	0.00	
13	其他费用	不计	0.00	0.00	0.00	
总计			1061.91	65.57	1127.48	
14	生产准备及开办费(运营费)	不计				

设计负责人：×××　　审核：×××　　编制：××××　　编制日期：××××年××月

5. 填写工程预算总表

工程预算总表中建筑安装工程费来自表 12.7，工程建设其他费来自表 12.8。因为本工程是一阶段设计，所以需要计取预备费，预备费的费率为 3%，结果如表 12.9 所示。

表 12.9　工程预算总表

建设项目名称：××高校 A 机房 LTE 深度覆盖项目

工程名称：××A 机房 LTE 设备扩容安装工程　建设单位名称：××联通公司　表格编号：TSW -1 第 全 页

序号	表格编号	费用名称	小型建筑工程费/元	需要安装的设备费/元	不需要安装的设备、工器具费/元	建筑安装工程费/元	其他费用/元	预备费/元	总价值/元			
									除税价	增值税	含税价	其中外币
1	TSW-2	建筑安装工程费		9088.68		4127.38			13 216.06	1552.99	14 769.05	
2	TSW-5 甲	工程建设其他费					1061.91		1061.90	65.57	1127.48	
3		合计							14 277.97	1618.56	15 896.53	
4		预备费						428.34	428.34	55.68	484.02	
5		建设期利息										
总计									14 706.31	1674.25	16 380.56	
其中回收费用												

设计负责人：×××　　审核：×××　　编制：××××　　编制日期：××××年××月

6. 撰写本工程预算的编制说明

1) 工程概况

本设计为××A 机房 LTE 设备扩容单项工程一阶段的设计，预算总价值为 16 380.56 元。

2) 编制依据及有关费用费率的计取

(1) 工信部通信〔2016〕451 号《工业和信息化部关于印发信息通信建设工程预算定额、工程费用定额及工程概预算编制规程的通知》。

(2)《通信建设工程预算定额　第一册　通信电源设备安装工程》《通信建设工程预算定额　第三册　无线通信设备安装工程》。

(3) 本工程勘察设计费(除税价)为 500 元，监理费(除税价)为 500 元，预算内施工用水、电、蒸汽费按 200 元计取，不计工程干扰费、已完工程及设备保护费、运土费、工程排污费、建设用地及综合赔补费、项目建设管理费、可行性研究费、研究试验费、环境影响评价费、工程保险费、工程招标代理费、生产准备及开办费、建设期利息及其他费用。

3) 工程技术经济指标分析

本工程总投资为 16 380.56 元，其中建筑安装工程费为 4498.84 元，工程建设其他费为 1127.48 元，预备费为 484.02 元。各部分费用所占比例如表 12.10 所示。

表 12.10　工程技术经济指标分析表

工程项目名称：××基站设备安装工程				
序 号	项　　目	单 位	经济指标分析	
			数　量	指　标/%
1	工程总投资(预算)	元	16 380.56	100.00
	其中：需要安装的设备	元	10 270.21	62.70%
	建筑安装工程费	元	4498.84	27.46%
	预备费	元	484.02	2.95%
	工程建设其他费	元	1127.48	6.88%

12.4　知 识 解 读

12.4.1　基站设备安装工程的工作流程

基站设备安装工程涉及通信电源设备安装工程、无线通信设备安装工程预算定额。

1. 通信电源设备安装工程的工作流程

通信电源设备安装工程的工作流程包括：安装交直流、不停电电源及配套设备；敷设电源母线、电力电缆及制作终端；安装接地装置。其工程量主要来自《通信建设工程预算定额　第一册　通信电源设备安装工程》，主要包括以下 7 章内容。

1) 安装与调试高、低压供电设备

工作内容：安装与调试高压配电设备，安装与调试变压器，安装与调试低压配电设备，安装与调试直流操作电源屏，安装与调试控制设备。

2) 安装与调试发电机设备

工作内容：安装发电机组，安装发电机组体外排气系统，安装发电机组体外燃油箱 (罐)、机油箱，安装发电机组体外冷却系统，敷设与连接发电机输油管道，安装油、气管管路保护套，发电机组机房降噪，调试发电机系统，安装与调试风力发电机。

3) 安装交直流电源设备、不间断电源设备

工作内容：安装电池组及附属设备，安装太阳能电池，安装与调试交流不间断电源，安

装开关电源设备，安装配电换流设备，联测无人值守供电系统。

4) 机房空调及动力环境监控

工作内容：安装与调试机房空调，安装与调试动力环境监控系统。

5) 敷设电源母线、电力和控制缆线

工作内容：制作安装铜电源母线，安装低压封闭式插接母线槽，布放电力电缆，制作、安装电力电缆端头。

6) 接地装置

工作内容：制作安装接地极、板，敷设接地母线及测试接地网电阻。

7) 安装附属设施

工作内容：安装电缆桥架，安装电源支撑架、吊挂，制作、安装穿墙板，制作、安装铁构件与箱盒，铺地漆布、橡胶垫、加固措施。

对于通信电源设备安装工程的工程量涉及第 3、5、6 章内容。

2. 无线设备安装工程的工作流程

无线设备安装工程的工作流程包括安装机架、缆线及辅助设备；安装和调测天、馈线系统；安装和调测基站系统；联网调测。其工程量主要来自《通信建设工程预算定额　第三册　无线设备安装工程》，主要包括以下 5 章内容。

1) 安装机架、缆线及辅助设备

工作内容：安装室内外缆线走道，安装机架(柜)、配线架(箱)、防雷接地、附属设备，布放设备缆线，安装防护及加固设施。

2) 安装移动通信设备

工作内容：安装、调测移动通信天、馈线，安装、调测基站设备，联网调测，安装、调测无线局域网设备。

3) 安装微波通信设备

工作内容：安装、调测微波天、馈线，安装、调测数字微波设备，调测微波系统，安装、调测一点多址数字微波通信设备，安装、调测视频传输设备。

4) 安装卫星地球站设备

工作内容：安装、调测卫星地球站天、馈线系统，调测地球站设备，调测地球站设备系统，安装、调测 VSAT 卫星地球站设备。

5) 铁塔安装工程

工作内容：安装铁塔组立，基础处理工程。

对于无线通信设备安装工程的工程量涉及第 1、第 2 章内容。

12.4.2　基站设备安装工程的工程量统计

1. 填写主要工程量清单

电源设备安装工程中主要工程量如表 12.11 所示。

表 12.11　电源设备安装工程主要工程量清单

序号	定额编号	工程量名称	说　明
1	TSD3-001～TSD3-005	安装蓄电池抗震架	不同的类型的抗震架，所套用的定额不同
2	TSD3-006～TSD3-030	安装铅酸蓄电池组	不同的规格的蓄电池组，所套用的定额不同
3	TSD3-034	蓄电池补充电	
4	TSD3-035～TSD3-037	蓄电池容量试验	不同的规格的蓄电池组，所套用的定额不同
5	TSD3-050～TSD3-057	安装、调试交流不间断电源	不同的容量，所套用的定额不同
6	TSD3-064～TSD3-066	安装组合式开关电源	不同的容量，所套用的定额不同
7	TSD3-067～TSD3-069	安装开关电源架	不同的容量，所套用的定额不同
8	TSD3-070～TSD3-072	安装高频开关整流模块	不同的容量，所套用的定额不同
9	TSD3-076	开关电源系统调测	
10	TSD3-077	安装落地式交、直流配电屏	
11	TSD3-078	安装墙挂式交、直流配电箱	
12	TSD3-079	安装过压保护装置/防雷箱	
13	TSD3-080	安装变换器组合机架	
14	TSD3-081	安装变换器	
15	TSD3-094	无人值守站内电源设备系统联测	
16	TSD5-021～TSD5-027	室内布放电力电缆	不同的芯线截面积，所套用的定额不同
17	TSD5-039～TSD5-046	制作、安装 1 kV 以下电力电缆端头(芯截面)	不同的芯线截面积，所套用的定额不同
18	TSD6-011	安装室内接地排	
19	TSD6-015	接地网电阻测试	
20	TSD7-005～TSD7-010	安装电缆桥架	不同的安装方式、尺寸，所套用的定额不同

2. 填写无线设备安装工程量表

无线设备安装工程中主要工程量如表 12.12 所示。

表 12.12　无线设备安装工程主要工程量清单

序号	定额编号	工程量名称	说　明
1	TSW1-001	安装室内电缆槽道	
2	TSW1-002、TSW1-003	安装室内电缆走线架	水平、垂直两种
3	TSW1-004、TSW1-005	安装室外馈线走道	水平、沿外墙垂直两种
4	TSW1-012、TSW1-013	安装室内有源综合架(柜)	落地式、嵌墙式两种
5	TSW1-027～TSW1-029	安装防雷箱	不同的安装地点，所套用的定额不同
6	TSW1-031	安装室内接地排	
7	TSW1-032	安装室外接地排	
8	TSW1-035	接地网电阻测试	
9	TSW1-044、TSW1-045	放绑 SYV 类同轴电缆	单芯、多芯两种
10	TSW1-053～TSW1-055	放绑软光纤	不同的布放位置，人工工日需要调整
11	TSW1-058	布放射频拉远单元(RRU)用光缆	
12	TSW1-059	制作光缆成端接头	
13	TSW1-060～TSW1-066	室内布放电力电缆	不同的芯线截面积，所套用的定额不同
14	TSW2-001～TSW2-026	安装移动通信天线	不同的类型、安装位置，所套用的定额不同
15	TSW2-027～TSW2-032	布放射频同轴电缆	不同的型号、长度，所套用的定额不同
16	TSW2-044、TSW2-045	宏基站天、馈线系统调测	1/2、7/8 射频同轴电缆两种
17	TSW2-046	室内分布式天、馈线系统调测	
18	TSW2-048	配合调测天、馈线系统	
19	TSW2-049～TSW2-052	安装基站主设备	不同的安装方式，所套用的定额不同
20	TSW2-053～TSW2-062	安装射频拉远设备	不同的安装位置、长度，所套用的定额不同
21	TSW2-063～TSW2-066	安装小型基站设备	不同的安装位置，所套用的定额不同
22	TSW2-073～TSW2-075	2G 基站系统调测	
23	TSW2-076～TSW2-077	3G 基站系统调测	
24	TSW2-078～TSW2-079	LTE/4G 基站系统调测	
25	TSW2-080、TSW2-081	配合基站系统调测	全向、定向两种
26	TSW2-090、TSW2-091	2G 基站联网调测	全向、定向两种
27	TSW2-092	3G 基站联网调测	
28	TSW2-093	LTE/4G 基站联网调测	
29	TSW2-094	配合联网调测	

12.4.3　基站设备安装工程预算的编制方法

本设计为××基站设备扩容安装单项工程一阶段的设计，其工程施工图如图 12-1 所示。

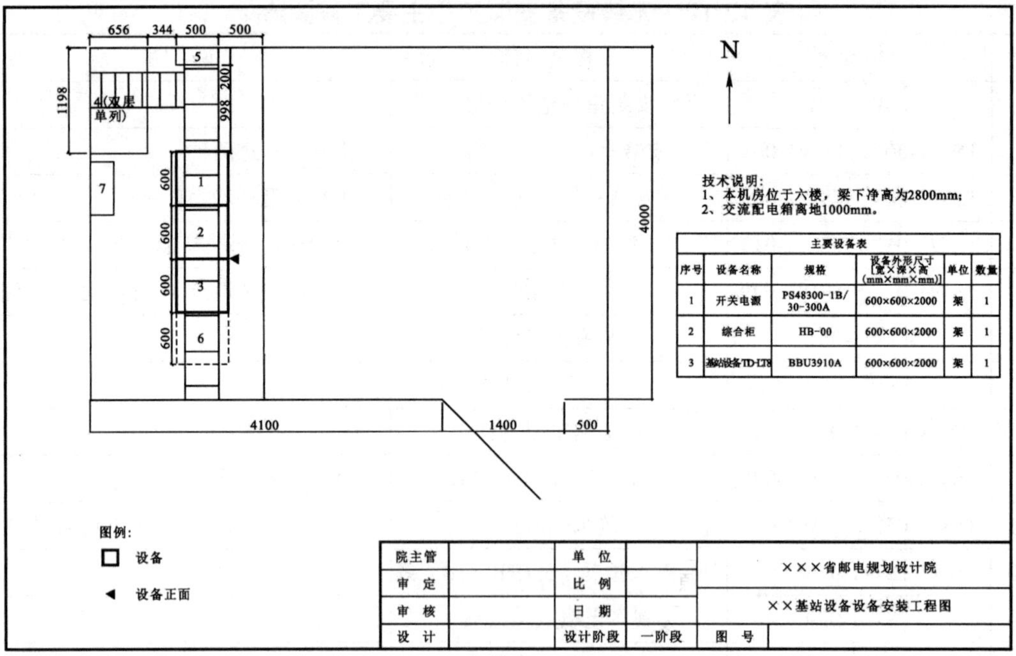

图 12-1　××基站设备安装工程图

(1) 本工程施工企业距离施工现场为 300 km。

(2) 本工程勘察设计费(除税价)为 300 元，监理费(除税价)为 300 元。

(3) 本工程预算内施工用水、电、蒸汽费按 200 元计取，不计工程干扰费、已完工程及设备保护费、运土费、工程排污费、建设用地及综合赔补费、项目建设管理费、可行性研究费、研究试验费、环境影响评价费、工程保险费、工程招标代理费、生产准备及开办费、建设期利息及其他费用。

(4) 本工程使用的主要材料及设备均由建筑服务方提供，材料及设备平均运距均按 400 km 计算，材料单价如表 12.13 所示。

表 12.13　材料及设备单价表

序号	主材及设备名称	规格型号	单位	主材单价/元	增值税税率
1	加固角钢夹板组		组	30.00	13%
2	综合机柜		个	800.00	13%
3	膨胀螺栓	M12×80	套	2.20	13%
4	开关电源		台	4000	13%
5	BBU3910		台	6900	13%

案例分析

1. 计算工程量

(1) 安装组合式开关电源：数量 = 1 架。

(2) 安装落地式综合柜：数量 = 1 个。

(3) 安装基站主设备：数量 = 1 架。

2. 预算表格填写

1) 机械使用费预算表、仪器仪表使用费预算表、工程量预算表的填写

根据计算出的工程量，查看《通信建设工程预算定额　第一册　通信电源设备安装工程》《通信建设工程预算定额　第三册　无线通信设备安装工程》，因为是扩建工程，所以在定额手册给定的工日基础上再乘以 1.1，本工程中无机械、仪器仪表使用，因此无须填写机械使用费预算表和仪器仪表使用费预算表。完成工程量预算表的填写，如表 12.14 所示。

表 12.14　建筑安装工程工程量预算表(表三甲)

工程名称：××基站设备安装工程　建设单位名称：××联通公司　表格编号：TSW-3 甲　第　全　页

序号	定额编号	项目名称	单位	数量	单位定额值/工日		合计值/工日	
					技工	普工	技工	普工
1	TSD3-064	安装组合式开关电源(扩建工日 × 1.1)	架	1	6.072	0	6.07	0
2	TSW1-014	安装室内无源综合柜(落地式)	个	1	1.771	0	1.77	0
3	TSD2-050	安装基站主设备(室内落地式)	架	1	6.512	0	6.51	0
小计							14.36	0.00

设计负责人：×××　　审核：×××　　编制：××××　　编制日期：××××年××月

2) 主要材料表和需要安装的设备表的填写

在填写主要材料表和需要安装的设备表时，要根据表 12.14 列出的工程量，统计它们使用的主要材料，如表 12.15 所示。

表 12.15　主材统计表

序号	定额编号	项目名称	单位	数量	主材名称	规格型号	单位	定额量	使用量
1	TSW1-014	安装室内无源综合柜(落地式)	个	1	加固角钢夹板组		组	2.02	2.02
2	TSW1-014	安装室内无源综合柜(落地式)	个	1	综合机柜		个	1	1.00
3	TSD2-050	安装基站主设备(室内落地式)	架	1	膨胀螺栓	M12×80	套	4.04	4.04

对材料进行分类汇总(光缆、电缆、塑料及塑料制品、木材及木制品、水泥及水泥构件和其他)，并将相同材料使用数量进行合并计算，如表 12.16 所示。

表 12.16　主材分类汇总表

序号	类别	主材名称	规格型号	单位	使用量
1	其他	加固角钢夹板组		组	2.02
2		综合机柜		个	1.00
3		膨胀螺栓	M12×80	套	4.04

根据工程类型、国内配套主材的运距为 400 km 等，查找运杂费、运输保险费、采购保管费的费率，完成主要材料表及需要安装的设备表的填写，如表 12.17、表 12.18 所示。

表 12.17　主要材料表

工程名称：××基站设备安装工程　建设单位名称：××联通公司　表格编号：TSW-4　甲　A　第 全 页

序号	名称	规格程式	单位	数量	单价/元	合计/元			备 注
					除税价	除税价	增值税	含税价	
1	加固角钢夹板组		组	2.02	30	60.6	7.88	68.48	其他
2	综合机柜		个	1.00	800	800	104.00	904.00	
3	膨胀螺栓	M12×80	套	4.04	2.2	8.888	1.16	10.04	
小计 3						869.488	113.03	982.52	
材料运杂费：小计 3 × 运杂费费率 4.8%						41.74	5.43	47.16	
材料运输保险费：小计 3 × 保险费费率 0.1%						0.87	0.11	0.98	
材料采购及保管费：小计 3 × 采购及保管费费率 1%						8.69	1.13	9.83	
合计 3						920.79	119.70	1040.49	
总计：合计						920.79	119.70	1040.49	

设计负责人：×××　　审核：×××　　编制：××××　　编制日期：××××年××月

表 12.18　需要安装的设备表

工程名称：××基站设备安装工程　建设单位名称：××联通公司　表格编号：TSW- 4　甲 B 第 全 页

序号	名称	规格程式	单位	数量	单价/元	合计/元			备注
					除税价	除税价	增值税	含税价	
1	开关电源		个	1	4000	4000	520	4520	
2	BBU3910		台	1	6900	6900	897	7797	
小计 1						10900	1417.00	12 317.00	
材料运杂费：小计 × 运杂费费率 1.1%						119.90	15.59	135.49	
材料运输保险费：小计 × 保险费费率 0.4%						43.60	5.67	49.27	
材料采购及保管费：小计 × 采购及保管费费率 0.82%						89.38	11.62	101.00	
合计 1						11 152.88	1449.87	12 602.75	
总计：合计						11 152.88	1449.87	12 602.75	

设计负责人：×××　　审核：×××　　编制：××××　　编制日期：××××年××月

3) 建筑安装工程费用预算表的填写

填写建筑安装工程费用预算表时，需要按照已知的工程建设条件，确定每项费用的费率，同时注意费用定额中标注的特殊情况等。

(1) 已知施工企业驻地距施工现场 300 km，临时设施费费率为 7.6%。

(2) 本工程为建设方提供主材，无甲提供材料，销项税额 = 建筑安装工程费(除税价) × 9%。

由此完成建筑安装工程费用预算表如表 12.19 所示。

表 12.19　建筑安装工程费用预算表(表二)

工程名称：××基站设备安装工程　建设单位名称：××联通公司　表格编号：TSW - 2　第　全　页

序号	费用名称	依据和计算方法	合计/元	序号	费用名称	依据和计算方法	合计/元
	建安工程费(含税价)	一＋二＋三＋四	7458.28	7	夜间施工增加费	人工费 × 2.1%	34.37
	建安工程费(除税价)	一＋二＋三	6842.46	8	冬雨季施工增加费	不计	0.00
一	直接费	(一)＋(二)	5515.45	9	生产工具用具使用费	人工费 × 0.8%	13.09
(一)	直接工程费	1＋2＋3＋4	2584.88	10	施工用水电蒸汽费	给定	200.00
1	人工费	(–1)＋(–2)	1636.47	11	特殊地区施工增加费	不计	0.00
–1	技工费	技工总工日 × 114 元/工日	1636.47	12	已完工程及设备保护费	不计	0.00
–2	普工费	普工总工日 × 61 元/工日	0.00	13	运土费	不计	0.00
2	材料费	(–1)＋(–2)	948.41	14	施工队伍调遣费	240 × 5 × 2	2400.00
–1	主要材料费	来自表 12.17	920.79	15	大型施工机械调遣费	不计	0.00
–2	辅助材料费	主要材料费 × 3%	27.62	二	间接费	(一)＋(二)	999.72
3	机械使用费	来自机械使用费预算表	0.00	(一)	规费	1＋2＋3＋4	551.33
4	仪表使用费	来自仪器仪表使用费预算表	0.00	1	工程排污费	不计	0.00
(二)	措施费	1＋2＋⋯＋15	2930.57	2	社会保障费	人工费 × 28.5%	466.39
1	文明施工费	人工费 × 1.1%	18.00	3	住房公积金	人工费 × 4.19%	68.57
2	工地器材搬运费	人工费 × 1.1%	18.00	4	危险作业意外伤害保险费	人工费 × 1%	16.36
3	工程干扰费	不计	0.00	(二)	企业管理费	人工费 × 27.4%	448.39
4	工程点交、场地清理费	人工费 × 2.5%	40.91	三	利润	人工费 × 20%	327.29
5	临时设施费	人工费 × 7.6%	124.37	四	销项税额	建安费 × 9%	615.82
6	工程车辆使用费	人工费 × 5%	81.82				

设计负责人：×××　　审核：×××　　编制：××××　　编制日期：××××年××月

4) 工程建设其他费预算表的填写

(1) 本工程勘察设计费(除税价)为 300 元；勘察设计费的增值税 = 300 × 6% = 18 元。

(2) 本工程监理费(除税价)为 300 元；监理设计费的增值税 = 300 × 6% = 18 元。

(3)

$$\text{安全生产费(除税价)} = \text{建筑安装工程费(除税价)} \times 1.5\% \approx 102.64 \text{ 元}$$

$$\text{安全生产费的增值税} = 102.64 \times 9\% = 9.24 \text{ 元}$$

由此完成工程建设其他费预算表如表 12.20 所示。

表 12.20　工程建设其他费预算表

工程名称：××基站设备安装工程　建设单位名称：××联通公司　表格编号：TSW-5 甲　第 全 页

序号	费 用 名 称	计算依据及方法	金 额 /元			备注
			除税价	增值税	含税价	
1	建设用地及综合赔补费	不计	0.00	0.00	0	
2	项目建设管理费	不计	0.00	0.00	0	
3	可行性研究费	不计	0.00	0.00	0	
4	研究试验费	不计	0.00	0.00	0	
5	勘察设计费	已知条件	300.00	18.00	318.00	
6	环境影响评价费	不计	0.00	0.00	0.00	
7	建设工程监理费	已知条件	300.00	18.00	318.00	
8	安全生产费	建安费(除税价) × 1.5%	102.64	9.24	111.87	
9	引进技术及进口设备其他费	不计	0.00	0.00	0.00	
10	工程保险费	不计	0.00	0.00	0.00	
11	工程招标代理费	不计	0.00	0.00	0.00	
12	专利及专利技术使用费	不计	0.00	0.00	0.00	
13	其他费用	不计	0.00	0.00	0.00	
总计			702.64	45.24	747.87	
14	生产准备及开办费(运营费)	不计				

设计负责人：×××　　审核：×××　　编制：××××　　编制日期：××××年××月

5) 工程预算总表的填写

建筑安装工程费来自表 12.19，工程建设其他费来自表 12.20。因为本工程是一阶段设计，所以需要计取预备费，预备费的费率为 3%，预备费的增值税 = 预备费除税价 × 13%。

由此完成的工程预算总表如表 12.21 所示。

表 12.21　工程预算总表(表一)

建设项目名称：××基站设备安装工程

项目名称：××基站设备安装工程　　建设单位名称：××联通公司　　表格编号：TSW-1　第　全　页

序号	表格编号	费用名称	小型建筑工程费/元	需要安装的设备费/元	不需要安装的设备、工器具费/元	建筑安装工程费/元	其他费用/元	预备费/元	总价值/元			
									除税价	增值税	含税价	其中外币
1	TXL-2	建筑安装工程费		11 152.88		6842.46			17 995.34	2065.70	20 061.04	
2	TXL-5甲	工程建设其他费					702.64		702.64	45.24	747.87	
合计									18 697.98	2110.93	20 808.91	
3		预备费						560.94	560.94	72.92	633.86	
4		建设期利息										
总计									19 258.92	2183.86	21 442.77	
其中回收费用												

设计负责人：×××　　审核：×××　　编制：××××　　编制日期：××××年××月

3. 撰写编制说明

1) 工程概况

本设计为××基站设备扩容安装单项工程一阶段的设计，预算总价值为 21 442.77 元。

2) 编制依据及有关费用费率的计取

(1) 工信部通信〔2016〕451 号《工业和信息化部关于印发信息通信建设工程预算定额、工程费用定额及工程概预算编制规程的通知》。

(2)《通信建设工程预算定额　第一册　通信电源设备安装工程》《通信建设工程预算定额　第三册　无线通信设备安装工程》。

(3) 本工程勘察设计费(除税价)为 300 元，监理费(除税价)为 300 元，预算内施工用水、电、蒸汽费按 200 元计取，不计工程干扰费、已完工程及设备保护费、运土费、工程排污费、建设用地及综合赔补费、项目建设管理费、可行性研究费、研究试验费、环境影响评价费、工程保险费、工程招标代理费、生产准备及开办费、建设期利息及其他费用。

3) 工程技术经济指标分析

本工程总投资为 21 442.77 元，其中需要安装的设备费为 12 602.75 元，建筑安装工程费为 7458.28 元，工程建设其他费为 747.87 元，预备费为 633.86 元。各部分费用所占比例如表 12.22 所示。

表 12.22　工程技术经济指标分析表

工程项目名称：××基站设备安装工程				
序 号	项　　目	单　位	经济指标分析	
			数　量	指　标/%
1	工程总投资(预算)	元	21 442.77	100.00
	其中：需要安装的设备	元	12 602.75	58.77%
	建筑安装工程费	元	7458.28	34.78%
	预备费	元	633.86	2.96%
	工程建设其他费	元	747.86	3.49%

拓展案例

任务 8 的拓展案例 B 机房 LTE 设备扩容工程图纸如图 12-2 所示，请根据〔2016〕451 信息通信工程定额进行 LTE 扩容工程一阶段设计预算的编制。

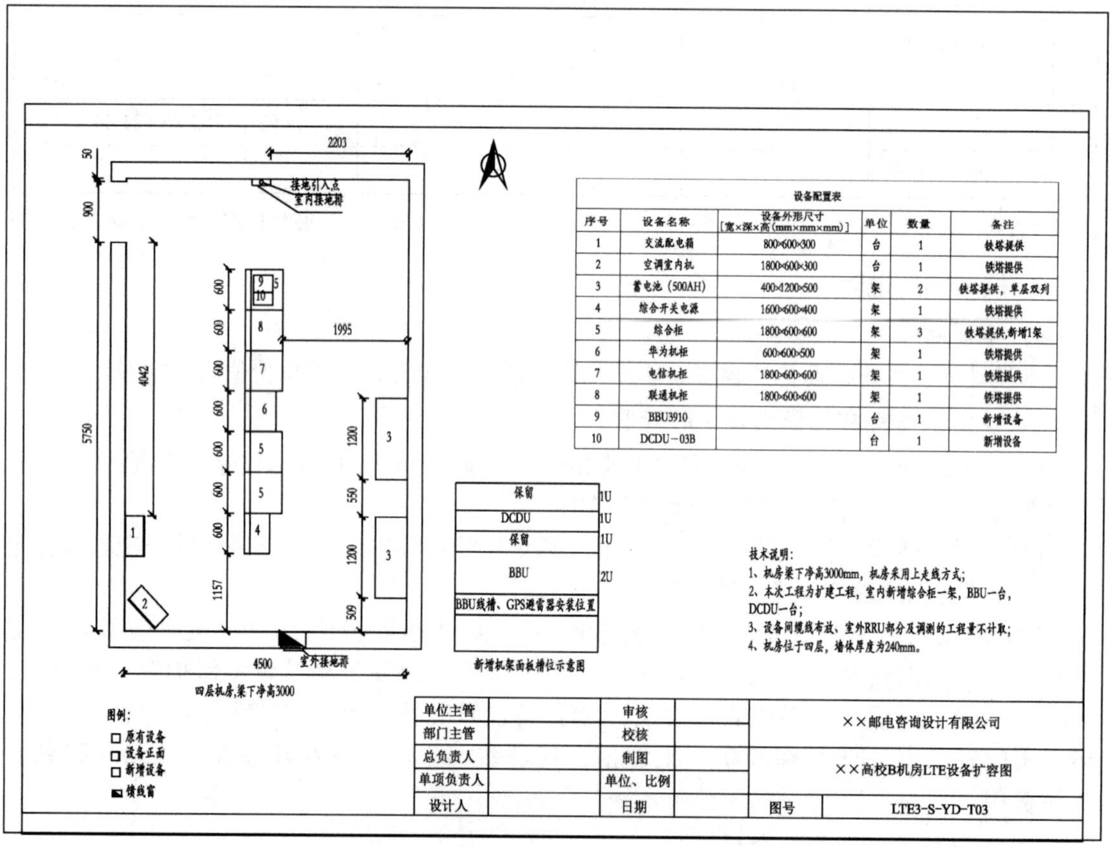

图 12-2　B 机房 LTE 设备扩容工程图

(1) 本工程为 B 机房 LTE 移动通信设备扩容单项工程，施工企业距施工现场距离为 120 km，工程所在地为江苏省××高校校园内。

(2) 本工程的国内设备及主材由建筑方提供，国内设备运距为 240 km，主材运距为

150 km，主材及需要安装的设备除税单价如表 12.23 和表 12.24 所示。

表 12.23　主材单价表

序号	名称	规格程式	单位	主材单价(除税)/元	增值税税率
1	加固角钢夹板组		组	30	13%
2	综合柜		个	800	13%

表 12.24　需要安装的设备单价表

序号	名称	规格型号	单位	单价(除税)/元	增值税税率
1	基站主设备 BBU	BBU3910	台	6900	13%
2	直流电源分配单元 DCDU	DCDU-03B	台	2000	13%

(3) 本工程勘察设计费(除税价)为 1000 元/站，监理费(除税价)为 1500 元/站。

(4) 本工程预算内不计列施工用水电蒸汽费、运土费、工程排污费、建设用地及综合赔补费、项目建设管理费、可行性研究费、研究试验费、环境影响评价费、工程保险费、工程招标代理费、生产准备及开办费、建设期利息及其他费用。

课后习题

1. 判断题

(1) 在套用费用定额时，无线通信设备安装工程和通信线路工程费率相同。（　）

(2) 某无线通信设备安装工程总工日小于 100 时，则在统计工程量时需要进行工日调整。（　）

(3) 通信设备安装工程的冬雨季施工增加费只有在室外施工时才计取。（　）

(4) 不论施工企业距施工现场距离多少，其临时设施费费率都相同。（　）

(5) 在填写国内器材概预算表中需要安装的设备时，其设备运杂费的费率需要查材料运杂费的费率表。（　）

(6) 在统计蓄电池抗震架工程量时，不同安装方式所套定额编号不同。（　）

(7) 在统计安装组合式开关电源工程量时，开关电源容量不同所套定额编号不同。（　）

(8) 在统计室内布放电力电缆工程量时，电缆截面积不同所套定额编号相同。（　）

(9) 在统计安装室外馈线走道工程量时，无论水平还是垂直安装所套定额编号相同。（　）

(10) 在统计安装室内有源综合架工程量时，无论是落地式、嵌墙式所套定额编号相同。（　）

2. 填空题

(1) 射频同轴电缆常用的规格有 1/2 英寸和______________英寸。

(2) 通信设备安装工程预备费的费率为______________。

(3) 在统计安装基站主设备工程量时，不同的安装方式，所套用的定额__________。

(填写相同或不同)

(4) 配合基站系统调测，分为全向、______________两种。

(5) 在安装蓄电池组时，根据蓄电池的数量以及机房面积大小，可以采用单层单列、单层双列、双层单列、______________、多层多列之分。

3. 简答题

(1) 简述通信电源设备安装工程的工作流程。

(2) 简述无线设备安装工程的工作流程。

(3) 在统计蓄电池工程量时会涉及哪些工程量？